高等职业教育新形态一体化教材

Autodesk Navisworks 建筑虚拟仿真技术应用

主编　宋强　黄巍林

中国教育出版传媒集团
高等教育出版社·北京

内容提要

本书是“十四五”职业教育国家规划教材。Autodesk Navisworks 软件是一款用于模型分析、虚拟漫游及仿真和数据整合的全面校审和三维数据协同 BIM 解决方案的软件，具有强大的模型整合能力，可以快速地将多种 BIM 软件产生的二维、三维模型整合成一个完整的模型，以进行后续的虚拟漫游、碰撞检测、冲突检测、4D/5D 施工模拟、渲染、动画制作和数据发布等。本书主要帮助用户了解 Navisworks 软件的价值和作用，掌握 Navisworks 软件的操作应用。全书共分 13 章，介绍了软件的基础知识、基本操作，以及利用 Navisworks 软件进行保存视点，设置第三人进行场景漫游，创建构件集合便于后期应用，图片级渲染，创建各种图元动画及脚本动画，进行冲突检测与审阅，Timeliner 的虚拟施工运用，工程量的计算，链接外部图片或网站数据，以及进行图纸信息整合，数据的批处理发布和导出等内容。

本书可作为高等职业院校、高等专科学校土木建筑类专业的教材，也可作为成人教育及相关岗位的培训教材。授课教师如需要本书配套的教学资源，可发送邮件至 gztj@pub.hep.cn 获取。

图书在版编目(CIP)数据

Autodesk Navisworks 建筑虚拟仿真技术应用／宋强，黄巍林主编. --北京：高等教育出版社，2018.9(2023.9 重印)

ISBN 978-7-04-050013-4

Ⅰ.①A… Ⅱ.①宋… ②黄… Ⅲ.①建筑设计-计算机辅助设计-应用软件-高等职业教育-教材 Ⅳ.①TU201.4

中国版本图书馆 CIP 数据核字(2018)第 139277 号

策划编辑 刘东良　责任编辑 刘东良　封面设计 赵 阳　版式设计 徐艳妮
插图绘制 于 博　责任校对 陈 杨　责任印制 韩 刚

出版发行	高等教育出版社	网　址	http://www.hep.edu.cn
社　址	北京市西城区德外大街 4 号		http://www.hep.com.cn
邮政编码	100120	网上订购	http://www.hepmall.com.cn
印　刷	北京印刷集团有限责任公司		http://www.hepmall.com
开　本	850mm×1168mm 1/16		http://www.hepmall.cn
印　张	11.5		
字　数	290 千字	版　次	2018 年 9 月第 1 版
购书热线	010-58581118	印　次	2023 年 9 月第 3 次印刷
咨询电话	400-810-0598	定　价	29.80 元

本书如有缺页、倒页、脱页等质量问题，请到所购图书销售部门联系调换

物 料 号 50013-B0

配套微课资源索引

前　言

推动经济社会发展绿色化、低碳化是实现高质量发展的关键环节。建筑虚拟仿真技术是运用计算机仿真对建筑建造进行模拟与分析的数字建造技术，可以对建造过程进行事前控制和动态管理，是建筑业绿色发展的重要手段。

Autodesk Navisworks 是一款专业的三维协同和可视化软件，它可以读取多种三维软件生成的数据文件，从而对工程项目进行整合、浏览和审阅，是数字建造领域进行设计协调、施工过程管理、多信息集成应用的重要一环，是发挥 BIM 模型和数据管理价值的重要体现。Autodesk Navisworks 可实现多种 BIM 数据集成管理、沟通展示协调、碰撞检测预案、施工过程预演、工程成本控制以及竣工数据集成等全方位协调和管理工作。

微课

课程内容概述

本书通过大量案例操作，详细介绍了 Navisworks 数据集成、沟通展示、碰撞检测、施工预演及成本控制的过程和操作方法。通过深入浅出的介绍，可帮助读者全面掌握 Navisworks 中各模块的操作和使用，并通过 Navisworks 更好地理解 BIM 中的信息规则和模型规则。

全书共分 13 章，第 1 章为 Navisworks 概述，讲解了软件的产品分类、文件类型以及文件生成；第 2 章讲解了 Navisworks 的基本操作，包括软件的启动、软件的界面、模型的浏览、整合及样式修改；第 3 章讲解了视点的编辑和剖分功能；第 4 章讲解了漫游操作和审阅批注；第 5 章讲解了集合创建、更新和传递，以及“外观集合”“材质集合”“碰撞集合”的创建实例；第 6 章讲解了渲染设置和实现；第 7 章讲解了录制动画、图元动画、剖面动画、相机动画的创建；第 8 章讲解了人机互交的脚本动画；第 9 章讲解了各专业、各类构件间的冲突检测，以及相应的测量和校审；第 10 章讲解了利用 TimeLiner 进行虚拟施工的操作；第 11 章讲解了 Quantification 模块的工程量计算；第 12 章讲解了链接外部图片数据、网址数据，以及整合图纸信息的方法；第 13 章讲解了模型的发布和导出，以及批处理运行和调度命令。

本书注重贯彻落实党的二十大精神，在实训任务中融入思政教育元素，强化培养学生爱党报国、敬业奉献、服务人民的意识，坚定道路自信、理论自信、制度自信、文化自信，培养德智体美劳全面发展的社会主义建设者和接班人。

在学习本书前，请确保您的计算机已经安装了中文版 Autodesk Navisworks Manage 2016 或更新的版本，以方便跟随本书的练习进行操作。

本书也参考了刘庆老师的《Autodesk Navisworks 应用宝典》以及王君峰老师的《Autodesk Navisworks 实战应用思维课堂》，在此表示感谢。

本书作者力求使内容丰满充实，编排层次清晰，表述符合学习和工作参考的要求，但受限于时间、经验和能力，仍不免存在错漏之处，欢迎各位同行专家批评指正、沟通交流。

编　者

2023 年 8 月

目　录

第1章

Navisworks 概述

学习目标

了解 Navisworks 软件的功能，掌握 Navisworks 的产品分类和文件类型，熟悉 Revit 软件生成 NWC 和 NWD 格式文件的方法。

拓展阅读

关于推进建筑信息模型应用的指导意见

单元概述

Autodesk Navisworks 是针对建筑设计行业推出的一款解决方案，用于整合、浏览、查看和管理建筑工程过程中的多种 BIM 模型和信息，提供功能强大且易学、易用的 BIM 数据管理平台，完成建筑工程项目中各环节的协调和管理工作。

Navisworks 有三个不同的产品，分别为 Navisworks Manage、Navisworks Simulate 和 Navisworks Freedom。

拓展阅读

关于加快新型建筑工业化发展的若干意见

Navisworks 有三种原生文件格式，分别为 NWD、NWF 和 NWC。除了上面这三种原生格式外，Navisworks 还可以导出其他数据格式，便于数据交互和传递，这些格式包括 DWF/DWFx 格式、Google Earth KML 格式、FBX 格式、XML 格式和 NWP 材质选项板文件格式。

1.1 Navisworks简介

微课

Navisworks软件简介

Autodesk Navisworks是美国Autodesk(欧特克)公司针对建筑设计行业推出的一款解决方案,用于整合、浏览、查看和管理建筑工程过程中的多种BIM模型和信息,提供功能强大且易学、易用的BIM数据管理平台,完成建筑工程项目中各环节的协调和管理工作。

Navisworks可以读取多种三维软件生成的数据文件,从而对工程项目进行整合、浏览和审阅。在Navisworks中,不论是AutoCAD生成的DWG格式文件,还是3d Max生成的3ds、FBX格式文件,乃至非Autodesk公司的产品,如Bentley Microstation、Dassault Catia、Trimble Sketch Up生成的数据格式文件,均可以被Navisworks读取并整合为统一的BIM模型。

Navisworks提供了一系列查看和浏览工具,如漫游和渲染,允许用户对完整的BIM模型文件进行协调和审查。Navisworks通过优化图形显示与算法,即便使用硬件性能一般的计算机,也能够流畅地查看所有数据模型文件,大大降低了三维运算的系统硬件开销。在Navisworks中,利用系统提供的碰撞检查工具可以快速发现模型中潜在的冲突风险。在审阅过程中可以利用Navisworks提供的“审阅和测量”工具对模型中发现的问题进行标记和讨论,方便团队内部进行项目的沟通。

拓展阅读

基于BIM的现场施工管理信息技术

Navisworks可以整合多种格式的外部数据,如Microsoft Project、Microsoft Excel、PDF等多种软件格式的信息源数据,从而得到信息丰富的BIM数据。例如,可以使用Navisworks整合Microsoft Project生成的施工节点信息。Navisworks会根据Microsoft Project的施工进度数据与BIM模型自动对应,使得每个模型图元具备施工进度计划的时间信息,实现3D模型数据与时间信息的统一,实现4D应用。图1-1所示为本教材第10章中的一个施工进度模拟案例的操作结果。

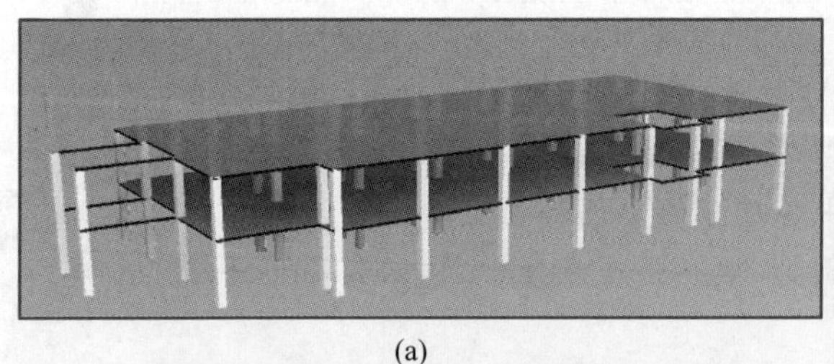

(a)

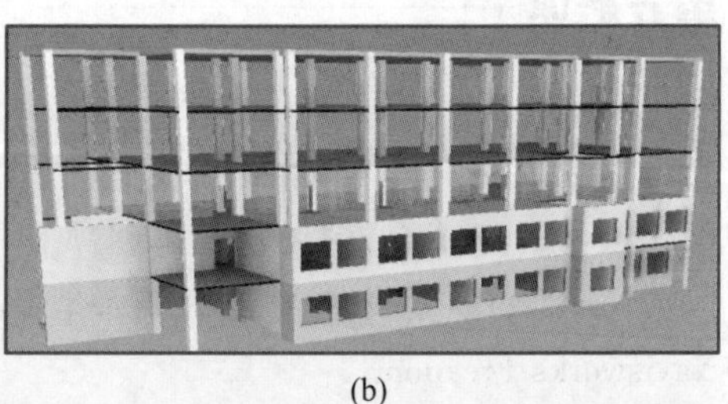

(b)

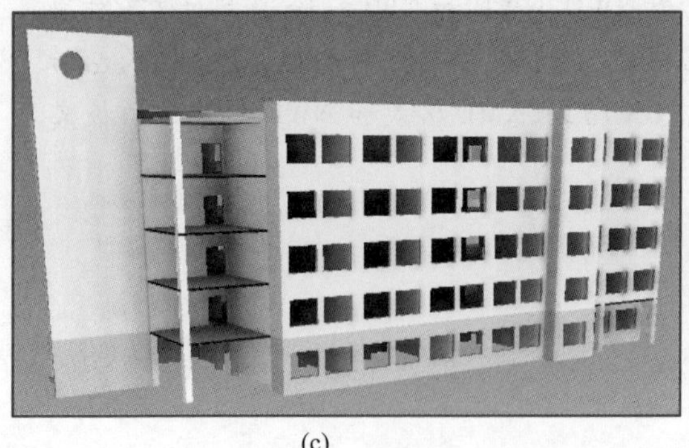

(c)

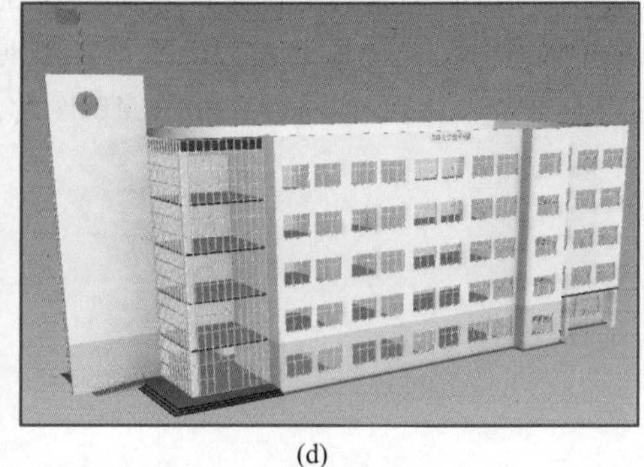

(d)

图1-1 施工进度模拟

Navisworks 是 BIM 环节中实现数据与信息整合的重要一环，它使得 BIM 数据在设计环节与施工环节实现无缝连接，为各领域的工程人员提供高效的沟通及工程数据的整合管理流程。

1.2 Navisworks 的产品分类

Autodesk 根据 Navisworks 中不同功能模块的组合，将 Navisworks 划分为三个不同的产品，分别为 Navisworks Manage、Navisworks Simulate 和 Navisworks Freedom。

Navisworks 三种产品的功能模块区别见表 1-1。

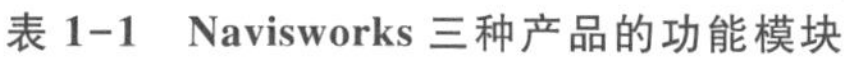
表 1-1 Navisworks 三种产品的功能模块

功能模块	Navisworks Manage	Navisworks Simulate	Navisworks Freedom
1. 查看项目			
1.1 实时导航	•	•	•
1.2 全团队项目审阅	•	•	
2. 模型审阅			
2.1 模型文件和数据链接	•	•	
2.2 审阅工具	•	•	
2.3 NWD 与 NWF 发布	•	•	
2.4 协作工具	•	•	
3. 模型与分析			
3.1 4D、5D 展示	•	•	
3.2 照片及渲染输出	•	•	
3.3 动画制作模块	•	•	
4. 协调			
4.1 碰撞检查	•		
4.2 碰撞管理	•		

注：标注 • 的表示包含该功能模块。

由表 1-1 可见，Navisworks Manage 功能是最完整的，它包含了 Navisworks 的所有功能模块；Navisworks Simulate 缺少碰撞检查和管理模块，其他功能模块都有；Navisworks Freedom 只具备实时导航（漫游）功能，是 Autodesk 针对仅有查看需求的用户所推出的免费版本，用户可以在 www.autodesk.com 免费下载并安装。

1.3 Navisworks 的文件类型

1.3.1 Navisworks 的三种原生文件格式

Autodesk Navisworks 有三种原生文件格式：NWD、NWF 和 NWC。

1. NWD 格式文件

NWD 格式文件包含所有模型几何图形以及特定于 Autodesk Navisworks 的数据，如审阅标记。可以将 NWD 格式文件看作模型当前状态的快照，即此格式包含所有模型和此模型当中的一些标记、视点及相关设置属性等所有数据。

NWD 格式文件非常小,因为它们可以将 CAD 数据最大压缩为原始大小的 80%。

2. NWF 格式文件

NWF 格式文件包含指向原始原生文件(在"选择树"上列出)以及特定于 Autodesk Navisworks 的数据(如审阅标记)的链接。

可以理解为此格式文件是用来管理链接文件的文件,此格式文件不会保存任何模型几何图形,只有一些相关设置属性。这使得 NWF 格式文件的大小比 NWD 格式文件还要小很多。

3. NWC 格式文件

NWC 格式文件为缓存文件。

在 Revit 等设计软件中导出或用 Navisworks 直接打开 Revit 或 CAD 等三维设计软件生成的文件时,将在原始文件所在的目录中创建一个与原始文件同名但文件扩展名为. nwc 的缓存文件。

由于 NWC 格式文件比原始文件小,因此可以加快对常用文件的访问速度。下次在 Navisworks 中打开或附加文件时,若缓存文件较原始文件新,将从相应的缓存文件中读取数据;若缓存文件较旧(即原始文件已更改),Navisworks 将转换和更新文件,并为其重新创建一个 NWC 格式文件。

1.3.2 Navisworks 可导出的文件格式

除了上面这三种原生格式外,Navisworks 还可以导出以下的一些数据格式,以便于数据交互,进行信息的传递。

1. DWF/DWFx 格式

Navisworks 可将三维模型导出为 DWF 或 DWFx 格式的文件,即 Autodesk Design Review 电子校审软件格式。

2. Google Earth KML 格式

可以从 Autodesk Navisworks 导出 Google Earth KML 文件。导出器会创建一个扩展名为.kmz 的压缩 KML 文件,此文件可把模型发布到 Google Earth 上。

3. FBX 格式

FBX 是 Autodesk 影视娱乐行业的通用格式,可在 Max/Maya/Softimage 等软件间进行模型、材质、运作、相机信息的互导,是较好的互导方案。

4. XML 格式

(1) XML 搜索集

具有可执行所处项目相关的复杂搜索条件(包括逻辑语句及判断)。XML 是 Navisworks 使用率非常高的一种格式。

(2) XML 视点文件

视点中包含所有的关联数据,其中包括相机位置、剖面、隐藏项目和材质替代、红线批注、注释、标记和碰撞检查设置。

(3) XML 碰撞报告文件

设定好碰撞检查规则,类似于碰撞集规则的设定文件。

（4）XML 工作空间

XML 格式文件可保存个人习惯的工具面板位置布局及使用习惯。

5. NWP 材质选项板文件

NWP 格式文件是可以用于多个 Navisworks 项目之间传递材质设置的文件，类似于材质库的集合。

1.4 NWC、NWD 文件的生成

Revit 文件如何导入到 Navisworks 中？能生成哪些文件呢？

在计算机中应先安装 Revit，再安装 Navisworks。这样，在 Revit 软件中将会出现“附加模块”选项卡。

• 打开本书配套资源包中“第 1 章\Revit 案例.rvt”，单击“附加模块”，单击“外部工具”下拉箭头，选择“Navisworks 2016”（图 1-2）。

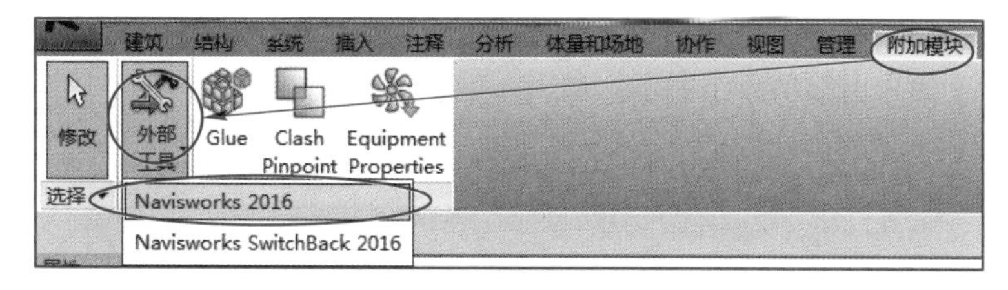

图 1-2 Revit 导出 Navisworks 文件

• 在弹出的“导出场景为”对话框中，单击下方的“Navisworks 设置”（图 1-3），弹出“Navisworks 选项编辑器”（图 1-4）。

图 1-3 点击“Navisworks 设置”

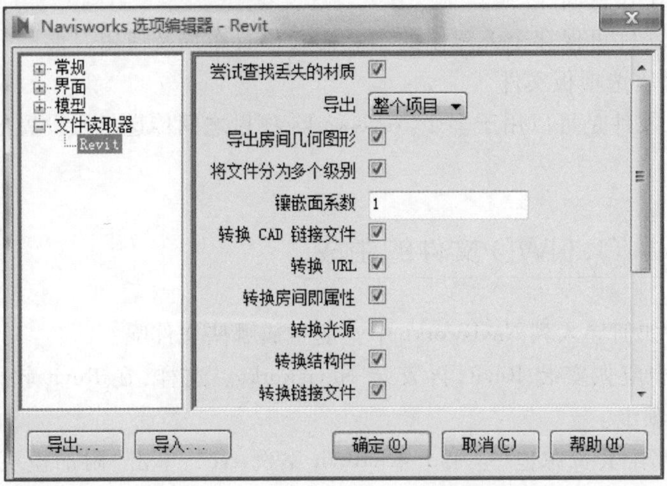

图 1-4 Navisworks 选项编辑器

对图 1-4 的导出选项介绍如下：

1. “导出”选项（图 1-5）

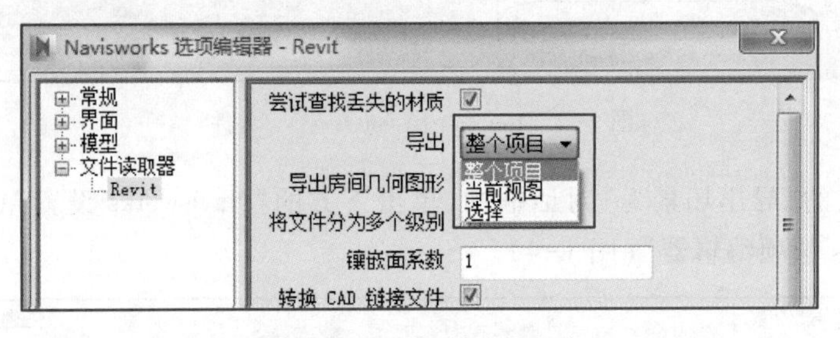

图 1-5 三种“导出”选项

1）整个项目：导出的是 Revit 整个项目的所有三维模型，与 Revit 的可见性设置无关。

2）当前视图：是指在 Revit 项目环境中，当前视图所显示的所有内容。如 Revit 当前视图有隐藏的图元，那么导出的模型中将不包含该隐藏的图元。

3）选择：以当前已经选择的模型作为导出结果。也跟当前视图的可见性无关，只跟是否选择有关。

2. “导出房间几何图形”选项

勾选此选项后，在 Revit 中创建的房间将被导出。在 Navisworks 中表现为透明的三维模型。

3. “将文件分为多个级别”选项

勾选该选项，在导出时会把模型按某种规则进行分类。规则如下：文件-标高-族-类型-实例。如果不勾选，则导出分类不含标高分类。

4. “转换 URL”选项

勾选该选项，在 Revit 文件当中存在的网页超链接（如族构件信息当中的一些生产厂家的网址）将被导出。

5.“转换房间即属性”选项

勾选该选项,将转换出房间的面积、周长、体积及相关标高定位等属性。

6.“转换结构件”选项

该处的结构件并不是柱、梁、板等承重结构构件,而是 Revit 里的部件或零件。勾选后,Revit 中与构件相关的部件或零件将被导出。

7.“转换链接文件”选项

勾选该选项,当前文件中的 Revit 链接文件将随主文件一起导出。

8.“转换元素 ID”选项

勾选该选项,可以把 Revit 文件中的元素 ID 号转换成 Navisworks 可识别的形式。

9.“转换元素参数”选项

勾选该选项,转换绝大部分 Revit 参数信息,一般选择全部。

10.“转换元素特性”选项

转换到 Navisworks 特性面板中,此功能极少用到,一般不选。

• 以上设置完成后,单击“保存”,将保存为 NWC 缓存文件。

• 单击左上方“应用程序按钮”,单击“另存为”(图 1-6)。在弹出的“另存为”对话框中,可以对保存类型进行选择,此处选择“Navisworks 2015(*.nwd)”(图 1-7),单击“保存”按钮。将保存为 NWD 格式文件。

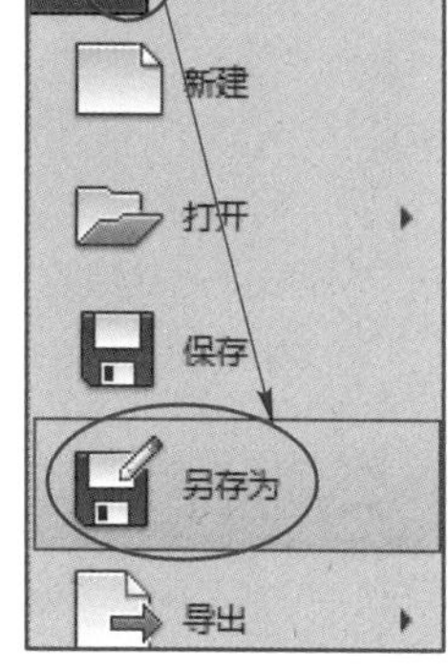

图 1-6 另存为

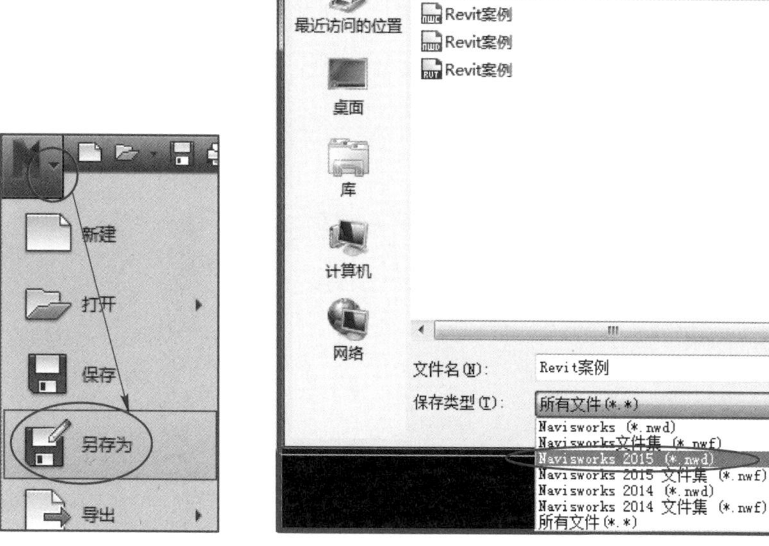

图 1-7 保存类型为“*.nwd”

完成的文件见资源包中“第 1 章\Revit 案例.nwc”“第 1 章\Revit 案例.nwd”。

第 2 章

Navisworks 的基本操作

学习目标

掌握 Navisworks 的启动方法，熟悉 Navisworks 的软件界面，能够自定义 Navisworks 界面，掌握文件选项、全局选项的含义和修改方法。

单元概述

启动 Navisworks Manager 2016 有两种方法。Navisworks 界面包括应用程序按钮、快速访问栏、选项卡、面板、工具窗品、场景区域、状态栏，以及帮助信息中心等。用户可以自定义界面的显示形式。

在 Navisworks 中环境设置分为两大类，分别是文件选项和全局选项。文件选项是指包含在某一个 Navisworks 文件（NWF 和 NWD）中的一些属性设置；全局选项是指 Navisworks 软件本身运行时所包含的相关设置，其不随文件本身传递。

通过鼠标滚轮可以进行模型浏览。通过“项目”面板中的“附加”工具，可以进行模型整合。

Navisworks 无法创建新的模型，只能通过“替代项目”或“项目工具”对模型的颜色、透明度、显示样式以及位置和大小进行编辑和修改。

图 2-1 Navisworks Manager 快捷方式图标

2.1 启动 Navisworks

启动 Navisworks Manager 2016 的两种方法。

方法 1:双击桌面上的 Navisworks Manager 快捷方式图标(图 2-1)。

方法 2:单击桌面上的“开始”—“所有程序”—“Autodesk”—“Autodesk Navisworks Mange 2016”—“Mange 2016”。

2.2 熟悉 Navisworks 界面

拓展阅读
基于大数据的项目成本分析与控制信息技术

微课
启动和熟悉 Navisworks

启动 Navisworks。启动后的 Navisworks 界面如图 2-2 所示。

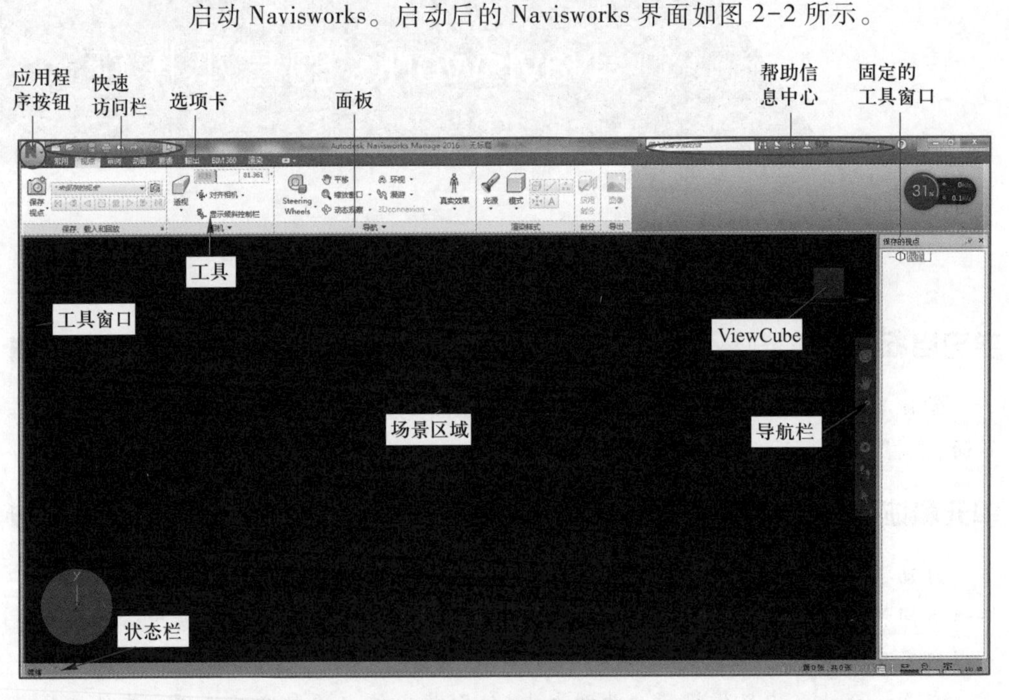

图 2-2 Navisworks 界面

点击“应用程序按钮”—“打开”—“打开”(图 2-3),定位到资源包中“第 2 章\Navisworks界面讲解.nwd”,单击“打开”按钮。

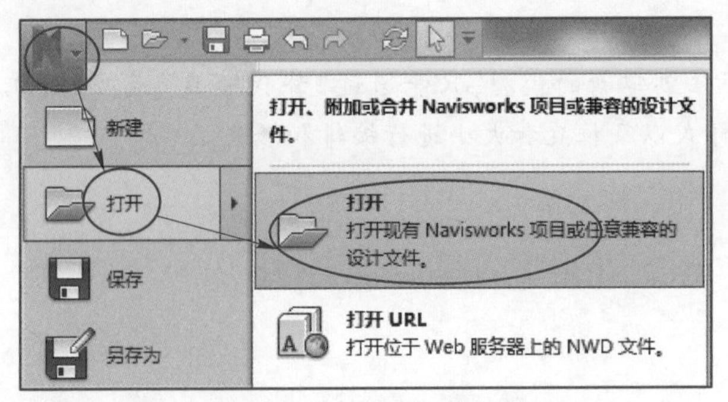

图 2-3 Navisworks 的打开

Navisworks 将载入该场景文件。该场景为青岛某大学的一栋教学楼。

进行以下操作,以熟悉 Navisworks 界面。

- 单击选项卡的名称(图 2-4),可以在各选项卡之间进行切换,每个选项卡中都包括一个或多个由各种工具组成的面板,每个面板都会在下方显示名称。

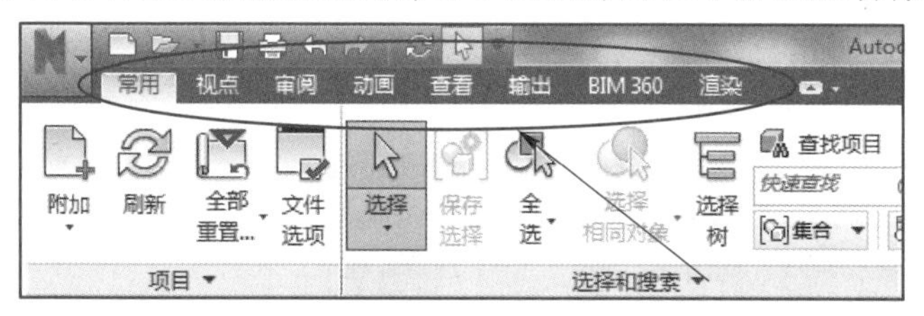

图 2-4 选项卡

- 单击面板上的工具,可以使用各种工具。
- 移动鼠标指针至面板的工具按钮上并稍做停留,Navisworks 会弹出当前工具的名称及文字操作说明。执行如下操作:单击“常用”选项卡,鼠标停在“选择与搜索”面板的“选择树”工具,弹出相应的文字操作说明,说明中括号内的文字表示该工具对应的快捷键,即“Ctrl+F12”快捷键可以打开或关闭选择树(图 2-5)。

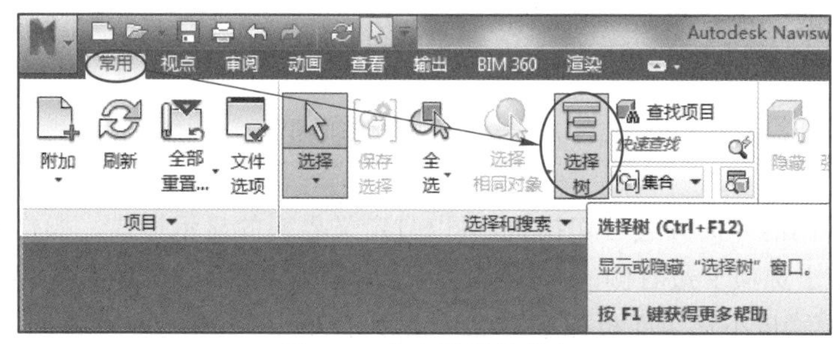

图 2-5 文字说明的弹出

- 在场景区域,用鼠标左键选择任意模型对象时,Navisworks 将显示绿色的“项目工具”上下文选项卡。该选项卡显示了可对所选择图元进行编辑、修改的工具。由于该选项卡与所选择的图元有关,因此将该选项卡称为“上下文选项卡”。执行如下操作:选择一面墙体,单击“项目工具”上下文选项卡,会看到“变换”面板中提供了移动、旋转、缩放等工具(图 2-6)。当按“Esc”键取消选择时,“项目工具”选项卡消失。

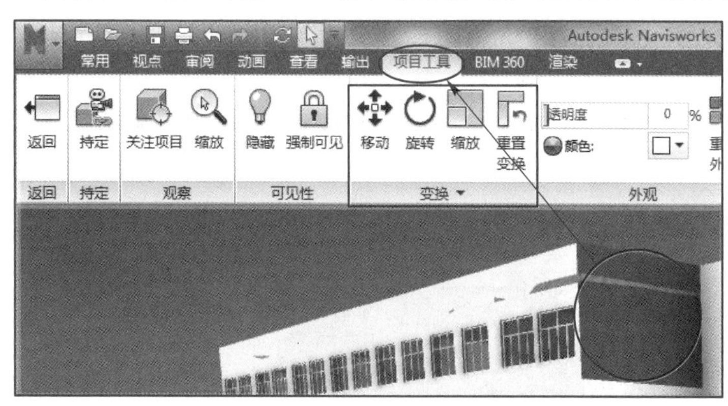

图 2-6 “项目工具”上下文选项卡

• 工具窗口可以固定或隐藏显示。执行如下操作:单击“常用”选项卡“选择和搜索”面板中的“选择树”工具,将弹出“选择树”工具窗口(图 2-7)。单击“选择树”工具窗口右上角的“自动隐藏”按钮,该工具窗口变为固定状态(图 2-8)。类似地,单击该位置图标可将该工具窗口变为自动隐藏状态。单击工具窗口右上角的“关闭”按钮,可关闭该工具窗口。单击“常用”选项卡“选择和搜索”面板中的“选择树”工具,会再次弹出“选择树”工具窗口。

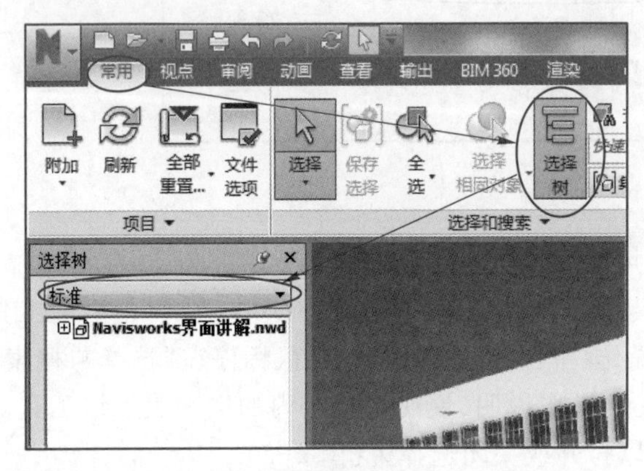

图 2-7 “选择树”工具窗口的弹出

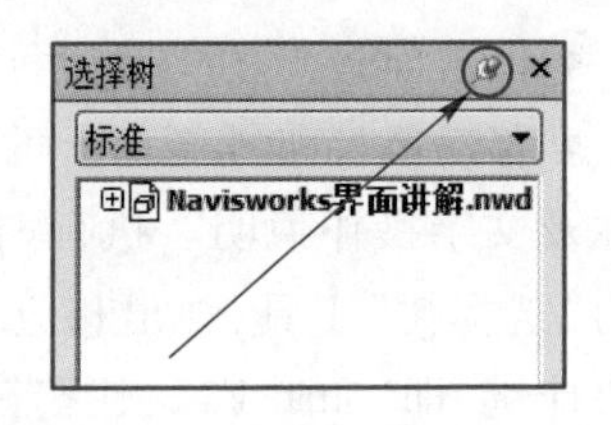

图 2-8 工具窗口的自动隐藏

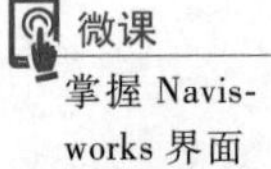

微课 掌握 Navisworks 界面

2.3 掌握自定义 Navisworks 界面的方法

可以在不同的界面间进行切换,也可以自定义界面的显示形式。操作如下。

• 多次单击选项卡最右侧的“最小化为面板按钮”(图 2-9),Navisworks 将在“最小化为面板按钮”“最小化为面板标题”“最小化为选项卡”和“显示完整的功能区”之间循环切换。通过这种方式,可以得到更大的场景区域空间。

图 2-9 最小化为面板按钮

• 在任意选项卡名称上单击鼠标右键,弹出如图 2-10 所示的快捷菜单。可以取消选项卡、面板及面板标题的显示。

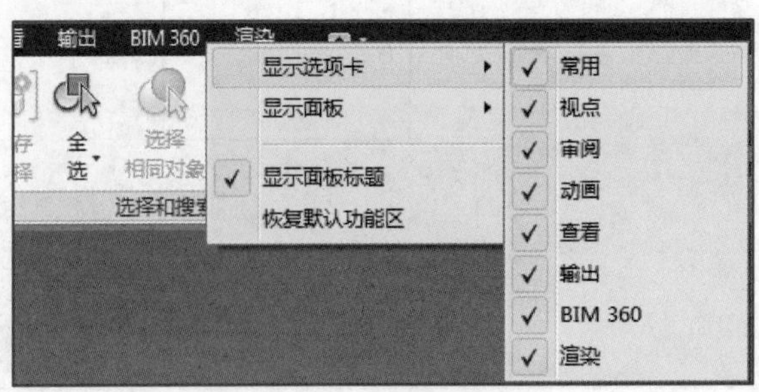

图 2-10 选项卡的显示

• 在正常完整面板状态，单击“查看”选项卡“工作空间”面板中的“载入工作空间”工具下拉按钮，如图 2-11 所示。在弹出的下拉列表中选择“Navisworks 最小”工作空间模式，将切换到“Navisworks 最小”的界面显示状态。继续切换至“Navisworks 安全模式”和“Navisworks 扩展”模式，注意观察界面变化。单击“更多工作空间”选项，可载入设置好的工作空间。

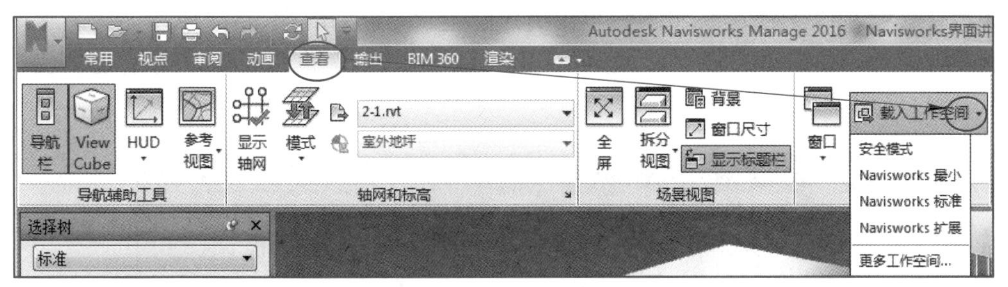

图 2-11 Navisworks 工作空间的切换

• 单击“查看”选项卡“工作空间”面板的“保存工作空间”工具按钮（图 2-12），可以对设置好的工作空间进行保存。

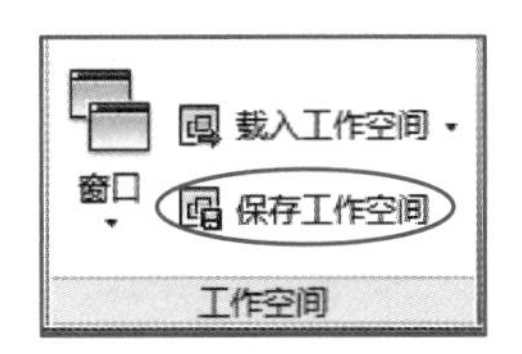

图 2-12 工作空间的保存

【说明】 工作空间为“xml”格式的文件。

• 单击“查看”选项卡“工作空间”面板“窗口”下拉按钮，可以在下拉列表中查看当前 Navisworks 所有可用的工具窗口（图 2-13）。显示或隐藏工具窗口仅需在该列表中勾选或取消勾选相应工具窗口的复选框。

• 单击面板名称不动，拖动至场景区域后松开鼠标，可以将固定面板变为浮动面板。举例操作如下：单击“常用”选项卡切换至“常用”选项卡，单击“选择和搜索”面板的名称不动，拖动至场景区域后松开鼠标，将变为浮动的面板；单击浮动面板右上角的“将面板返回到功能区”工具，可以将面板返回到功能区（图 2-14）。

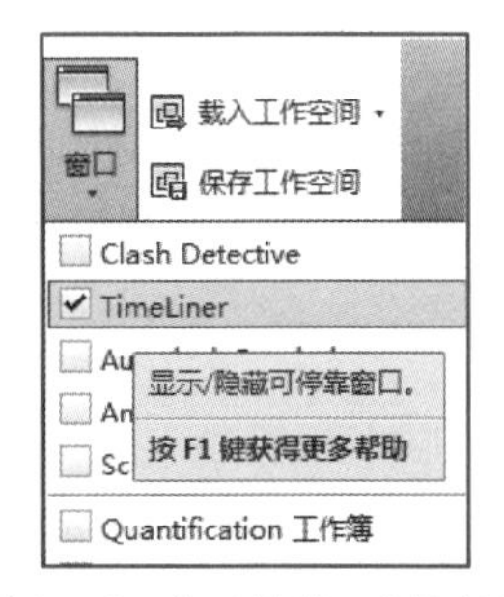

图 2-13 “工具窗口”的打开

图 2-14 面板的固定与浮动

- 可以对工具窗口进行展开，以及改动其位置。以“选择树”工具为例，操作如下：单击“常用”选项卡“选择和搜索”面板中的“选择树”，确保“选择树”处于激活状态（此时场景区域左上角将显示“选择树”）；鼠标停在场景区域左上角“选择树”，将自动展开“选择树”工具窗口，单击面板右上角的“自动隐藏”，可以使“选择树”工具窗口固定显示（图 2-15）。移动鼠标指针至“选择树”工具窗口中上方的蓝色标题栏位置，单击并按住鼠标左键，拖拽鼠标将该面板脱离原位置，Navisworks 将显示上、下、左、右区域指示位置符号。移动鼠标可将“选择树”工具窗口拖动至相应位置，松开鼠标将固定该工具窗口（图 2-16）。

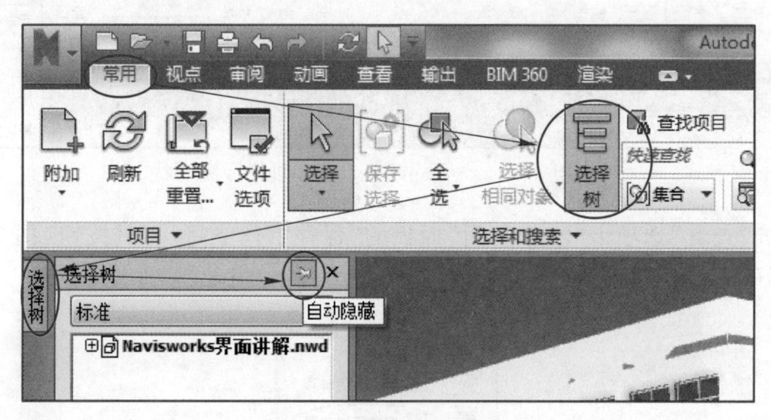

图 2-15　工具窗口的展开

图 2-16　工具窗口的拖拽和固定

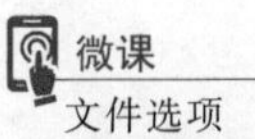
微课
文件选项

2.4 掌握文件选项和全局选项的概念和修改

在 Navisworks 中环境设置分为两大类，分别是文件选项和全局选项。

文件选项是指包含在某一个 Navisworks 文件（NWF 和 NWD）中的一些属性设置，文件复制到哪，里面的相关参数设置就跟到哪。全局选项是指 Navisworks 软件运行时所包含的相关设置，本身不随文件本身传递。

2.4.1 文件选项的设置方法

文件选项可以用来调整模型外观的消隐状态、围绕模型导航的速度以及模型场景中的预设光源亮度。操作如下：

• 打开资源包中“第 2 章\文件选项.nwf”，单击 ViewCube 右上角（图 2-17），把视图角度定在模型的东南角。

• 单击“常用”选项卡“项目”面板中的“文件选项”（图 2-18），或者在打开模型的空白处单击鼠标右键，选择“文件选项”。

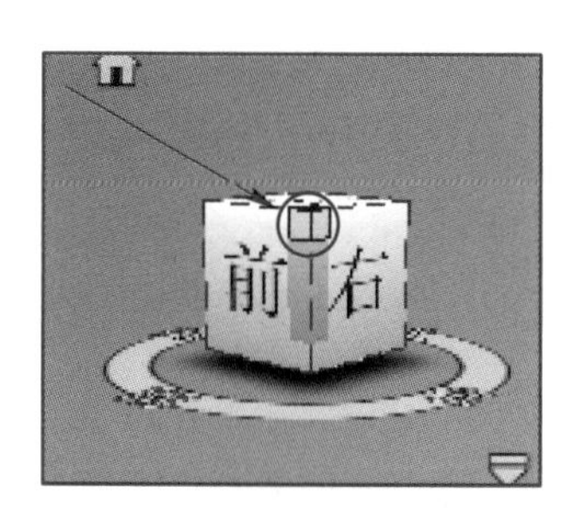

图 2-17 点击 ViewCube 右上角

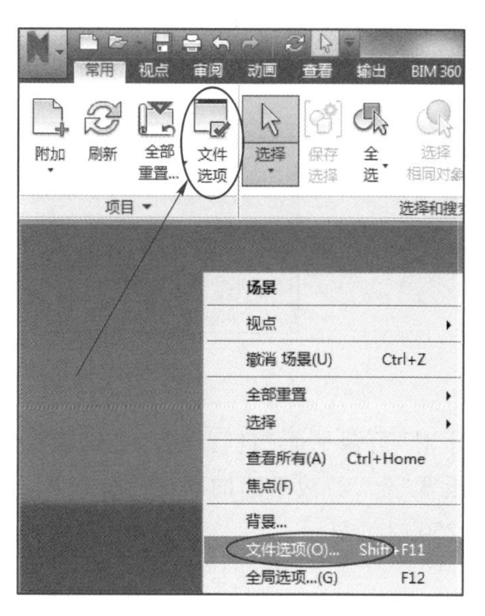

图 2-18 “文件选项”的打开方法

【快捷命令】 打开文件选项的快捷命令为“Shift+F11”。

“文件选项”对话框中有“消隐”“方向”“速度”“头光源”“场景光源”“DataTools”选项卡（图 2-19），解释如下。

图 2-19 “文件选项”对话框

1."消隐"选项卡

对区域或剪裁平面等进行设置,超过该值时对象将被消隐。该功能主要是为了减轻显卡的负担,优化模型显示速度。"背面"包含"关闭""立体""打开"选项(图2-20),优先选择"关闭"选项,该选项可以理解为"闭合",即模型以完整的闭合状态显示出来,而不是通过某些消隐技术来处理掉。其他的两个选项"立体"和"打开",都有隐藏模型背面的功能。

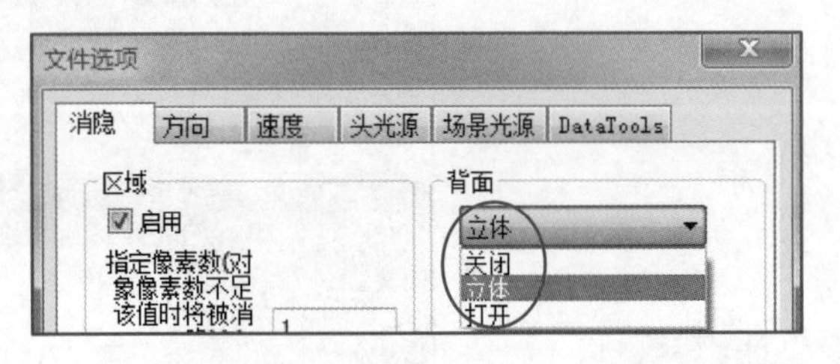

图2-20 "消隐"选项卡

以下对"剪裁平面"进行设置,查看消隐效果。

• 设置"远"剪裁平面的固定值分别为350和250(图2-21)进行观察。图2-22是设置为250时的显示。

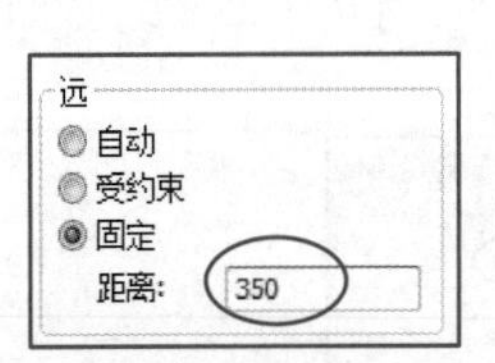

图2-21 "远"剪裁平面的设置

图2-22 "远"剪裁平面设置为250时的显示

2."方向"选项卡

此参数是用来调整模型在软件环境当中的真实方向,分别可以设置整个项目的北和上两个方向。文件默认的上方向是Z轴,北方向是Y轴。在坐标轴对应的数值框中设置0或1即可使方向生效。

【提示】 除了数值外,这里还可以输入"负号",让方向变成之前设置方向的反方向。

3."速度"选项卡

通过帧频的设定,可以调整Navisworks在导航过程中的平滑性,即提高帧频数,可以使漫游和浏览模型的过程更加流畅，但同时模型相关细节的忽略程度将会提高；反之，如果降低帧频，那么在浏览模型时可能会显得不连贯，但细节的忽略程度将会减少，以保证细节完整性。不过这里要注意，细节只在导航的运动过程中被忽略，在导航停止时，细节将全部恢复。

4. “头光源”选项卡

此光源位于当前相机视点顶部。该选项除了可调节此处光阴、高度，还可以调节环境光，即当前场景的总亮度。

5. “场景光源”选项卡

可调整场景中的总亮度（图 2-23）。

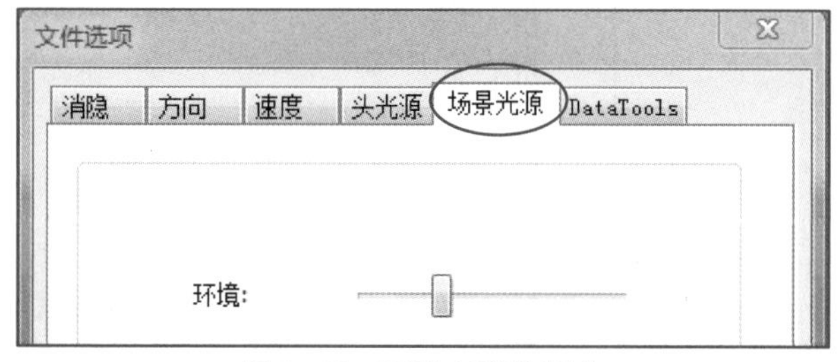

图 2-23 环境亮度的调节

“头光源”和“场景光源”的显示要看当前“视点”选项卡中“光源”工具是否选择了“头光源”或“场景光源”（图 2-24）。

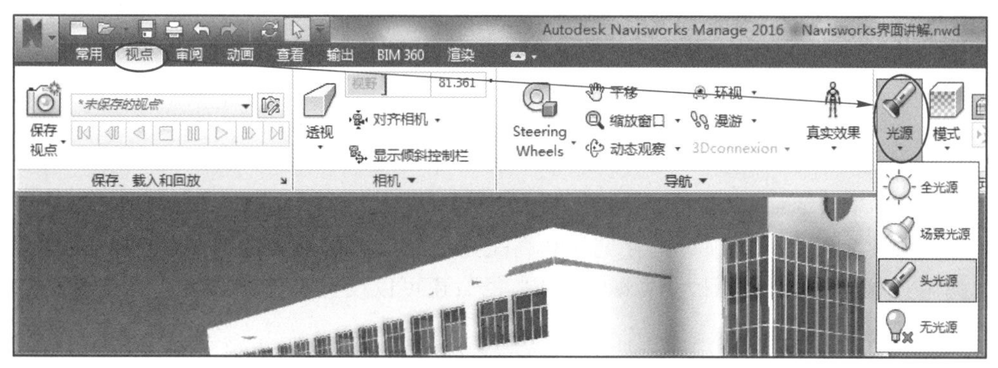

图 2-24 “光源”的显示切换

2.4.2 全局选项的设置方法

全局选项又称为选项编辑器。

- 全局选项的打开：单击 Navisworks 左上角的应用程序按钮，单击“选项”按钮（图 2-25）。

在弹出的“选项编辑器”中常用的选项主要有三大类。分别是“常规”“界面”和“模型”三种（图 2-26）。

1. “常规”选项

“常规”选项可以设置调整 Navisworks 缓冲区大小、文件位置、最近文件历史数量以及自动保存选项的设置。一般采用系统默认的设置即可。

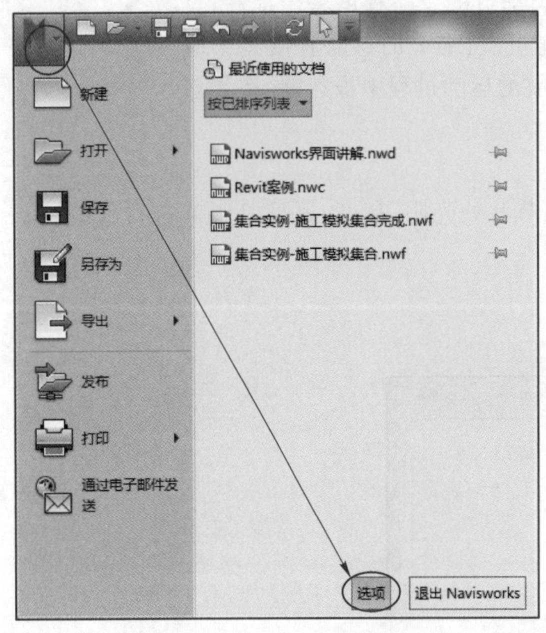

图 2-25 “全局选项”的打开

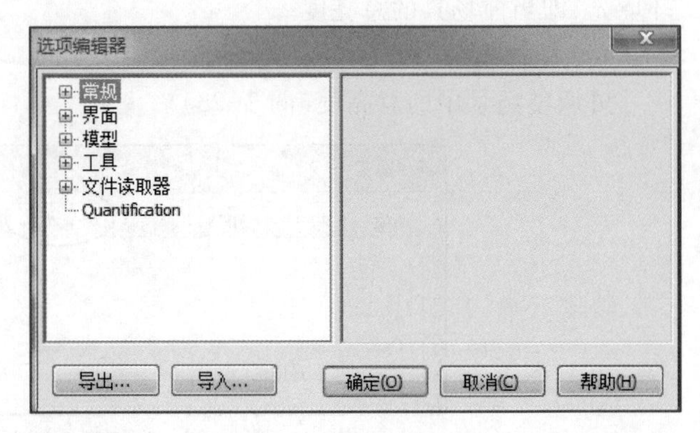

图 2-26 选项编辑器

2.“界面”选项

“界面”选项可以设置并自定义 Navisworks 的一些比较核心的参数。常用的主要有以下几类：

1)“显示单位”界面

使用此界面可自定义 Navisworks 使用的单位等，比如长度单位、角度单位、小数位数及精度。

2)“选择”界面

使用此界面上的选项可配置选择和高亮显示几何图形对象的方式，比如可以控制选择工具默认的选择范围大小，即“拾取半径”；还可以设置对象被选中后的表现方式。

3)“测量”界面

使用此界面上的选项可调整测量线的外观和样式，比如指定测量线的线宽、颜色，以及是否以中心线方式测量最短距离，如两根管的间距。

4)“捕捉”界面

使用此界面上的选项可调整光标捕捉，可以控制捕捉的开关，以及敏感度。

5)“视点默认值”界面

使用此界面上的选项可定义创建属性时随视点一起保存的属性。其属性包括可见性（是否隐藏）、对象的材质、透明度、颜色、线速度和角速度，即每个视点可以设置独立的表现样式和行为。不过这里要说的是，不能大量使用此种独立的视点表现，因为将状态信息保存下来需相对较大的内存。如果后期切换此选项，并不会影响之前创建和保存的视点。

6)“快捷特性”界面

此设置可以自定义鼠标放置位置的构件以及相关构件的属性信息。

做以下操作练习：

- 勾选“显示快捷特性”(图 2-27)，单击“确定”按钮退出选项编辑器。
- 鼠标停在外墙处。此时，外墙信息会自动浮动显示(图 2-28)。

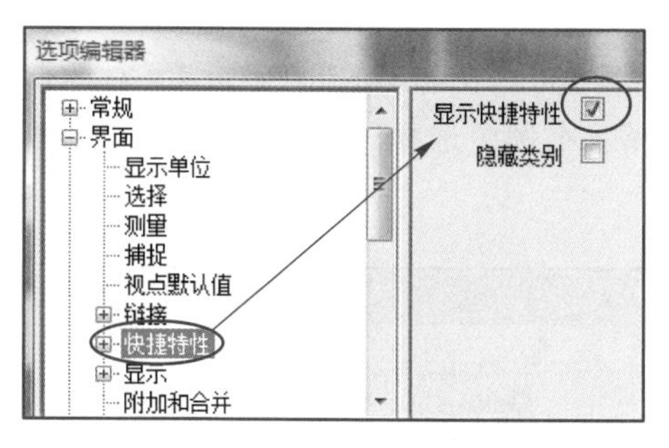

图 2-27　勾选“显示快捷特性”

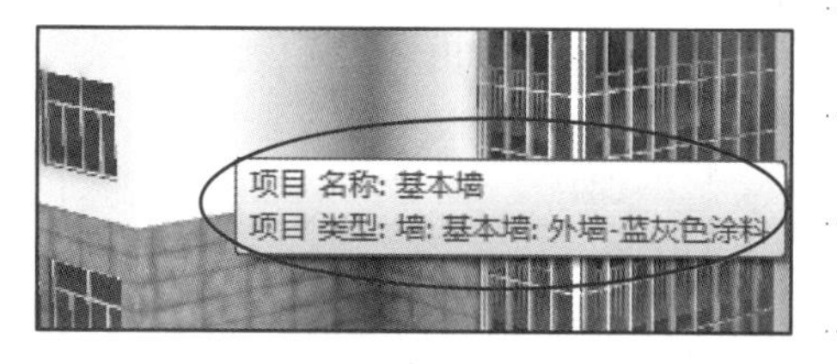

图 2-28　特性的显示

7）“显示”界面

使用此界面上的选项可调整显示性能，用来控制 Navisworks 在显示过程中的一些细节和驱动程序。

8）“轴网”界面

使用此界面上的选项可自定义显示轴网线的开关与样式，可用来进行管线综合定位。

3. “模型”选项

“模型”节点设置中，可以优化 Navisworks 性能，比如能够自动确认可以使用的最大内存，可以自动合并相同的重复几何模型。

做以下操作：

- 勾选“载入时关闭 NWC/NWD 文件”(图 2-29)。

可以在载入时关闭 NWC 或 NWD 文件，这样的好处是可以供多人同时打开存放在网络共享路径中的 NWC 或 NWD 文件进行编辑。

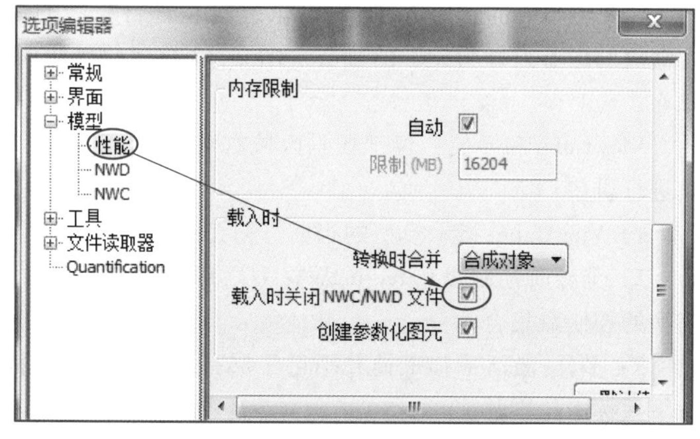

图 2-29　勾选“载入时关闭 NWC/NWD 文件”

模型浏览方法

2.5 掌握模型浏览的方法

● 打开资源包中“第 2 章\项目 A.nwc”。

● 在场景区域单击鼠标右键，选择“背景”（图 2-30），在弹出的“背景设置”对话框中，有“单色”“渐变”“地平线”三种模式可供选择。本例中选择“渐变”（图 2-31），单击“确定”按钮退出。

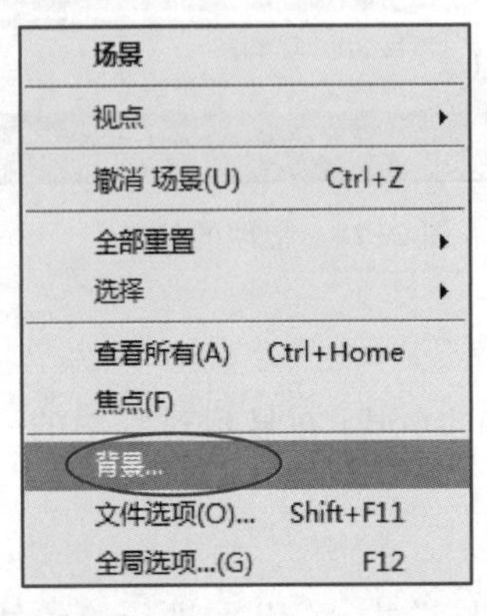

图 2-30 选择“背景”

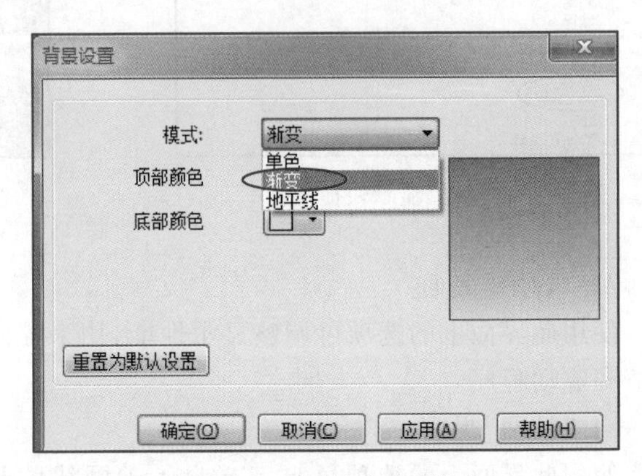

图 2-31 选择“渐变”模式

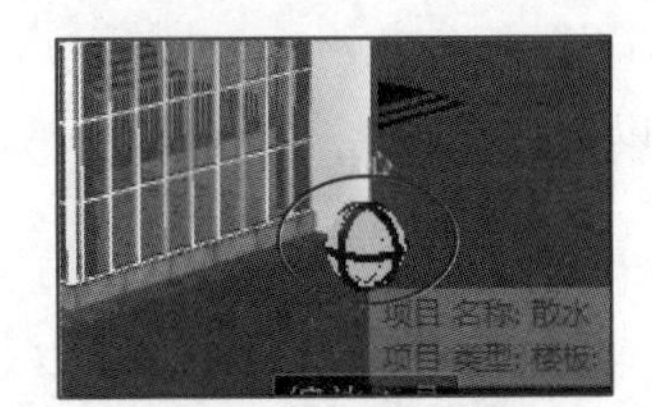

图 2-32 旋转轴心的确定

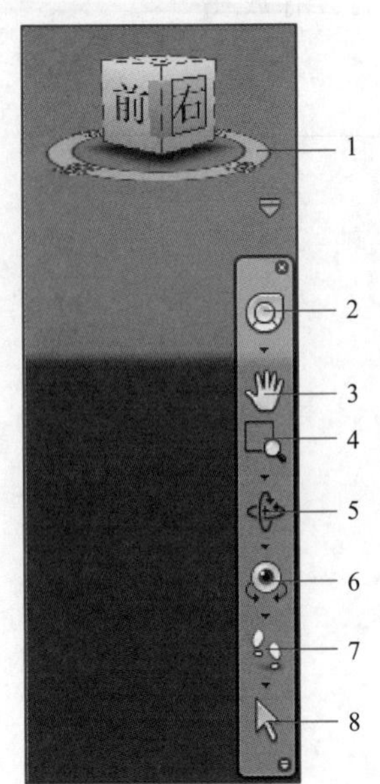

图 2-33 ViewCube 和导航栏

利用鼠标滚轮进行视图的缩放、平移和旋转，具体操作步骤如下：

● 向前或向后滚动滚轮，观察视图，能够实现视图的放大和缩小。

● 按下鼠标滚轮，然后移动鼠标，是视图的平移，平移到合适位置后松开鼠标，平移命令结束。

● 按住键盘 Shift 键不动，然后再按下鼠标滚轮移动鼠标，是视图的旋转。

● 旋转轴心的确定方法：滚动鼠标滚轮进行视图的缩放，此时会发现缩放的中心点即为旋转的轴心。图 2-32 显示的是墙体左下角为旋转轴心。

ViewCube 和导航栏位于场景区域右侧（图 2-2 和图 2-33），下面对其进行讲解：

1）ViewCube：指示模型的当前方向，并用于定向模型的当前视图。

2）全导航控制盘（SteeringWheels）：用于在专用导航工具之间快速切换的控制盘集合。

3）平移：激活平移工具并平行于屏幕移动视图。快捷操作方式为：按下鼠标滚轮平移。

4）缩放：用于增大或减小模型的当前视图比例。此功能生效时可在视图当中把此缩放点设置为模型的旋转轴心。快捷操作方式为：向前或向后滚动鼠标滚轮。

5）动态观察:用于在视图保持固定时围绕轴心点旋转模型。

【快捷键】 Ctrl+7/8。

6）环视:用于垂直和水平旋转当前视图。

【快捷键】 Ctrl+3。

7）漫游和飞行:用于围绕模型移动和控制真实效果设置的一组导航工具,在第 4.1 节中有相应讲解。

【快捷键】 Ctrl+2。

8）选择:用于对构件的选择,相当于“常用”选项卡“选择和搜索”面板中的“选择”工具。

2.6 掌握模型整合的方法

微课
模型整合

• 继续任务 5 中的操作,单击“常用”选项卡“项目”面板中的“附加”工具(图 2-34),选择资源包中“第 2 章\模型整合-项目 B.nwc”,单击“打开”。

• 观察此时的模型,图 2-35、图 2-36、图 2-37 分别是项目 A、项目 B 和附加后的模型。

图 2-34 附加

图 2-35 项目 A

图 2-36 项目 B

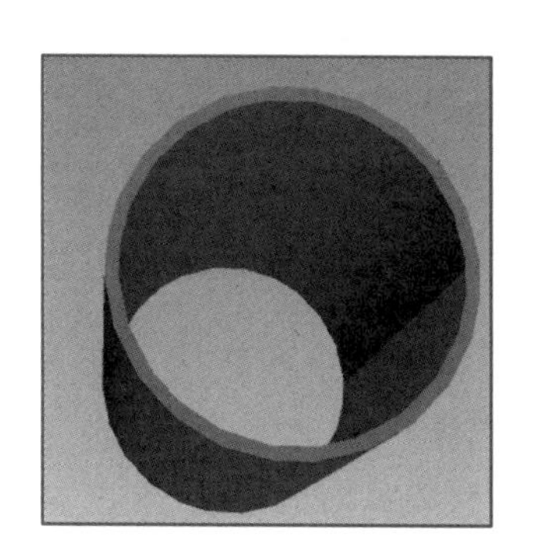

图 2-37 附加后的模型

• 单击“常用”选项卡“选择和搜索”面板中的“选择树”，在“标准”状态下，会看到该模型包含了“项目 A.nwc”和“项目 B.nwc”（图 2-38）。

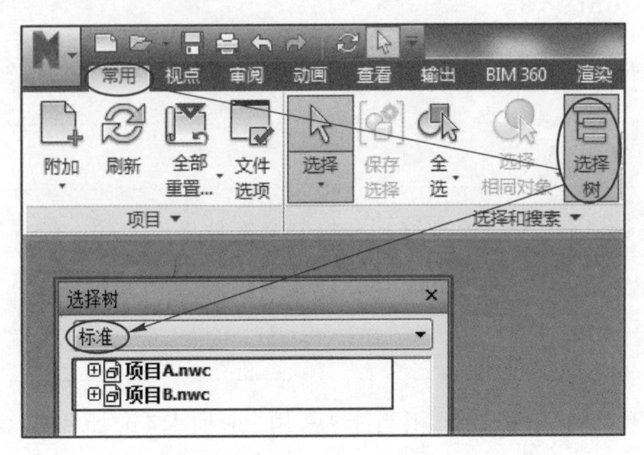

图 2-38 选择树

完成的文件见“第 2 章\项目 AB 整合完成.nwd”。

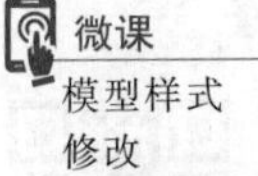
微课
模型样式修改

2.7 掌握模型样式修改的方法

Navisworks 无法创建新的模型，只能对模型的颜色、透明度、显示样式以及位置和大小进行编辑和修改。

2.7.1 “替代项目”修改法

• 打开资源包中“第 2 章\项目 AB 整合完成.nwd”，单击导航栏的选择工具，选择右半边墙体，单击右键，在快捷菜单中选择“替代项目”命令，出现“替代颜色”“替代透明度”“替代变换”三个选择（图 2-39）。

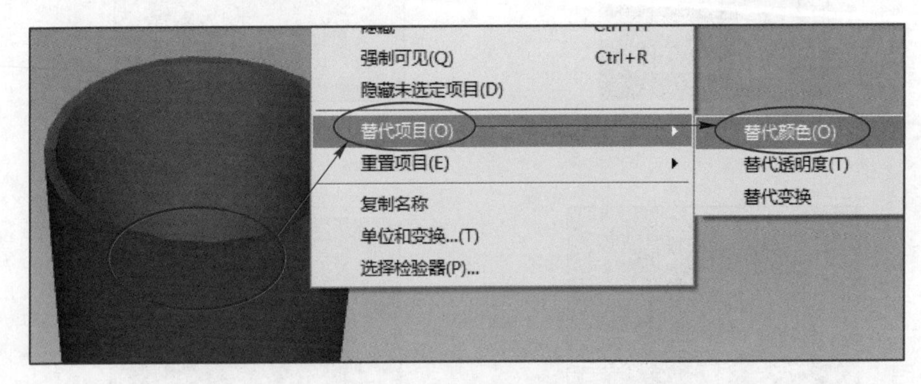

图 2-39 选择“替代项目”

• 分别选择“替代颜色”为黄色、“替代透明度”为“70%”，模型外观如图 2-40 所示。注意：替代模式对应的是“着色”状态下的显示，确保“视点”选项卡“模式”的选择为“着色”。

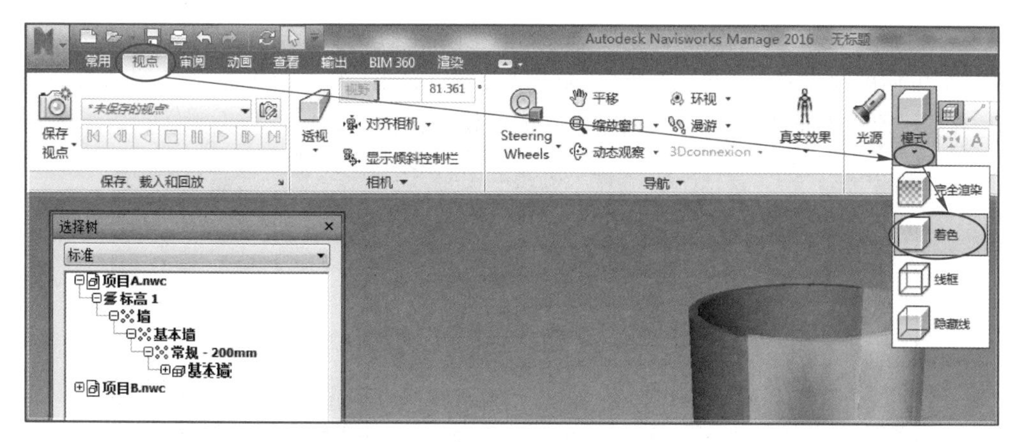

图 2-40 替代后的模型

● 选择右半边墙体，单击鼠标右键，若选择“重置项目”→“重置外观”(图 2-41)，将返回原先的外观状态。本例中，不选择“重置外观”。

完成的文件见“第 2 章\外观替换完成.nwd”。

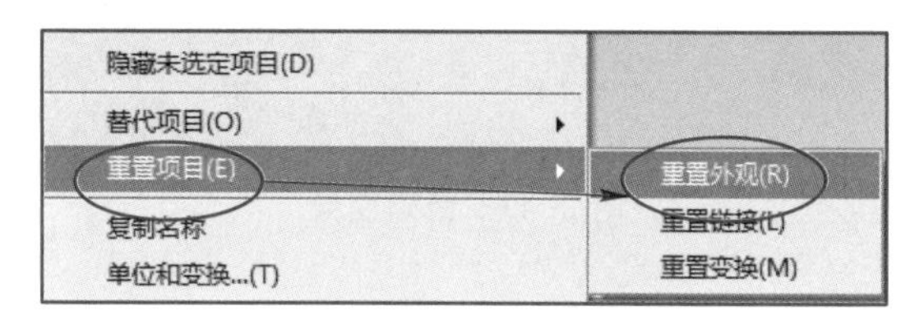

图 2-41 重置外观

2.7.2 “项目工具”修改法

● 选择图 2-42 中右侧的黄色墙体，单击“项目工具”上下文选项卡。

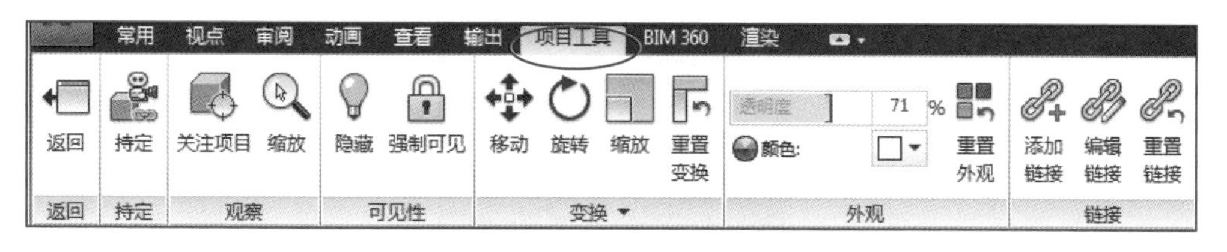

图 2-42 “项目工具”上下文选项卡

● 在“外观”面板中可以进行颜色、透明度以及重置外观操作。

● 在“链接”面板中可以添加、编辑和重置链接。

● 在“可见性”面板中可以进行隐藏操作。

● 在“变换”面板中可以进行移动、旋转、缩放以及重置变换操作。操作步骤为：选择图元，选择一种变换工具(移动、旋转或缩放)，会在该图元上出现相应操作柄，操作该操作柄实现相应的移动、旋转或缩放。

以上操作只能进行粗略的变换。下面以“将图元向 X 方向移动 3 m”为例，对图元进行精确的“变化”操作。

• 选择图 2-43 中右侧的黄色墙体，单击“项目工具”选项卡中的“移动”，此时会出现三个方向的移动箭头，单击“变换”展开“变换”面板，单击面板左下角按钮进行固定，在“X”值文本框中输入“3”，回车。完成的模型见图 2-44。

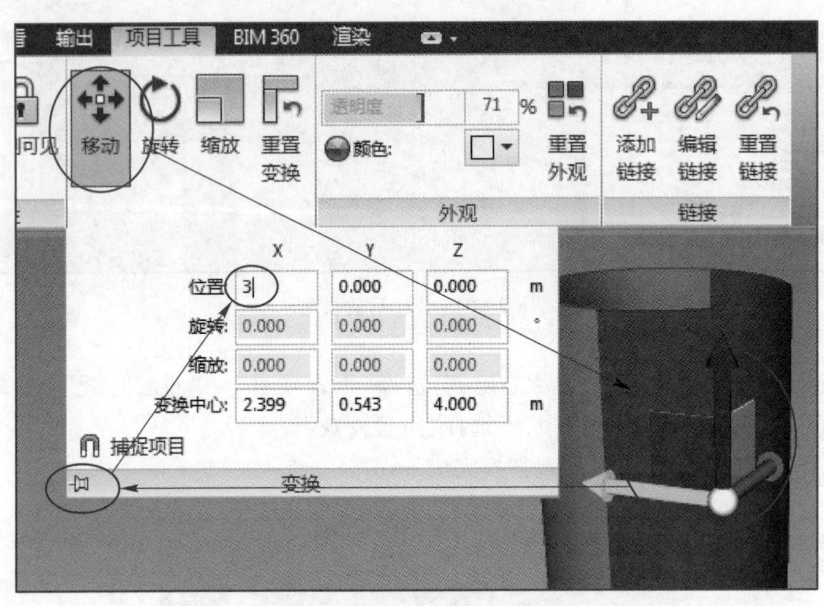

图 2-43 精确变换

图 2-44 变换后的模型

第3章

视点应用

学习目标

掌握视点编辑的方法，包括视点创建、相机设置、视点更新和视点导入与导出。掌握视点剖分功能，包括剖分的启用、剖分的设置、多面剖分的方法和长方体剖分的方法。

单元概述

“视点”是模型特定角度的“快照”。单击“视点”选项卡“保存、载入和回放”面板中的“保存视点”命令，可以保存视点；在“视点”选项卡“相机”面板中可以进行相机设置；在视点名称上单击右键，可以对视点进行“更新”；可以对保存的视点进行导出和导入。

单击“视点”选项卡“剖分”面板中的“启用剖分”命令，在“剖分工具”上下文选项卡中可以设置剖分面，设置“对齐”，以及进行定面剖分、多面剖分、长方体剖分。

3.1 掌握视点编辑的方法

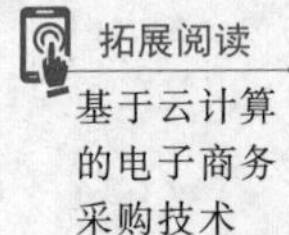

拓展阅读
基于云计算的电子商务采购技术

“视点”是模型特定角度的“快照”。

视点保存的不仅仅是模型相关的视图信息,还可以在视点上面使用红线批注和注释对模型进行相关的审阅和校审工作。同时,因为这些视点并不保存模型的几何信息,而这些信息一般都只是保存在NWF格式的文件中。所以,如果后期模型的几何尺寸等信息被更新,也不会影响之前保存的视点以及在视点上输入的相关批注信息。也就是相当于在几何模型上的一个信息覆盖层,所以这也是一个非常实用的功能。

3.1.1 掌握视点创建的方法

微课
视点创建的方法

- 打开资源包中“第3章\1-视点应用.nwf”。
- 调整东南角轴测45°角顶视图:单击屏幕右上角的ViewCube图标,选择前视图右上角的点(图3-1),场景视图模型视角就变为图3-2所示的视角状态。

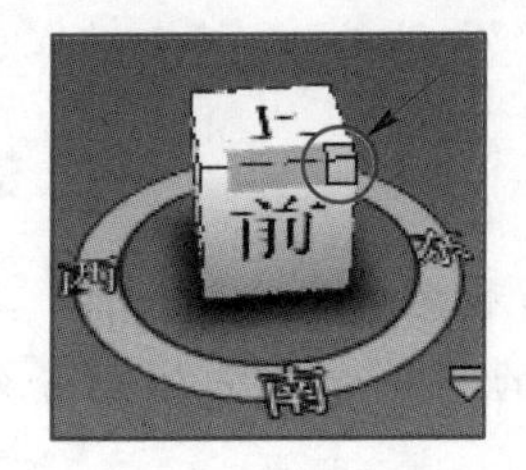

图3-1 单击ViewCube右上角点

图3-2 东南角轴测视角

- 视点的保存:单击“视点”选项卡“保存、载入和回放”面板中的“保存视点”命令(图3-3)。在场景区域将出现“保存的视点”固定窗口,并出现保存下来的视点名称,默认视点名称为“视图”(图3-4)。
- 视点的重命名:在保存的视图名称上单击鼠标右键,选择“重命名”,将其重命名为“东南角轴测45度角顶视图”。完成的文件见“第3章\1-视点应用-东南角轴测45度角顶视图完成”(图3-5)。

图3-3 保存视点工具

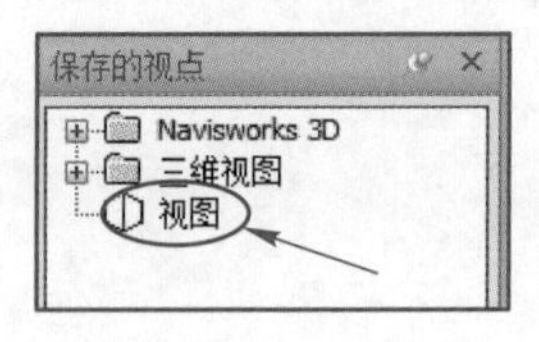

图3-4 保存的视点

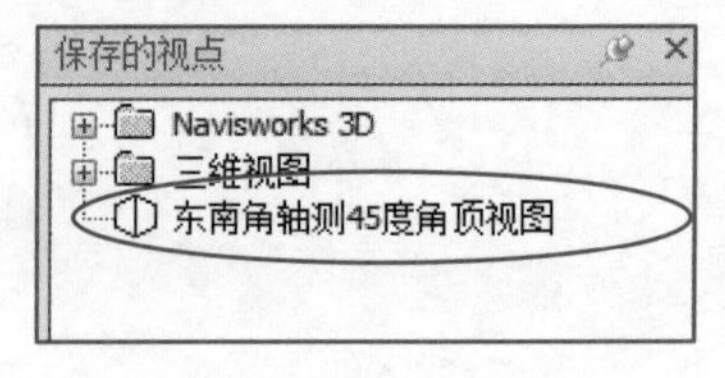

图3-5 重命名视点

- 视点保存的第2种方法:在空白的地方单击鼠标右键,选择“视点”→“保存的视点”→“保存视点”(图3-6),对视点进行保存。

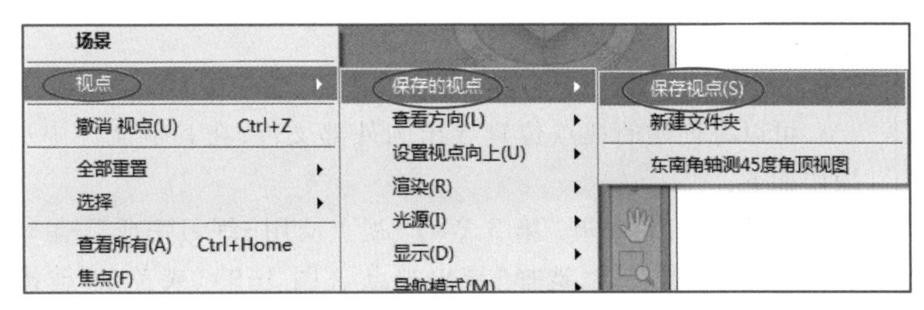

图 3-6 选择“保存视点”

- 视点的获取：单击视点名称，即可回到相应的视点位置。

3.1.2 掌握相机设置的方法

在“视点”选项卡“相机”面板中进行相机设置(图 3-7)。

- 正式透视的切换：单击“透视”下拉菜单，可将视图切换成“正视”或“透视”状态。
- 视野的调节：修改“视野”数值，可调节视野大小。人的正常视野设置为 60~70。
- 对齐相机：在“对齐相机”下拉菜单中可以选择 X、Y、Z 等对齐方式。该选项多用在相机歪了时，摆正恢复正常视角。

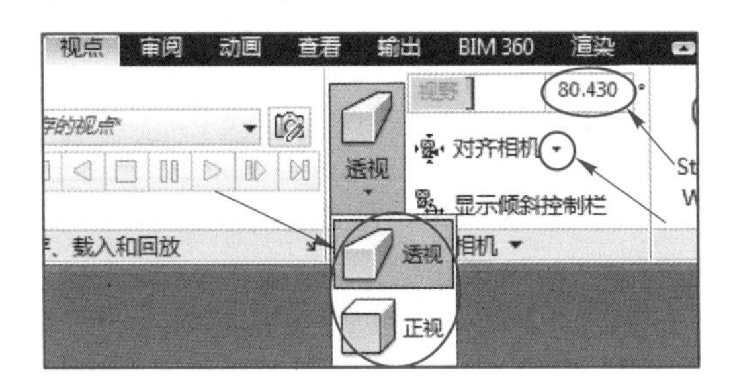

图 3-7 相机面板

3.1.3 掌握视点更新的方法

当保存过某个视点之后，通过调整又发现另外一个角度可能更合适。这时如果想把这个角度保存到之前的那个视点名称上时，可以进行如下操作：

- 在“保存的视点”面板中选中想替换的视点名称，单击鼠标右键，选择“更新”(图 3-8)。

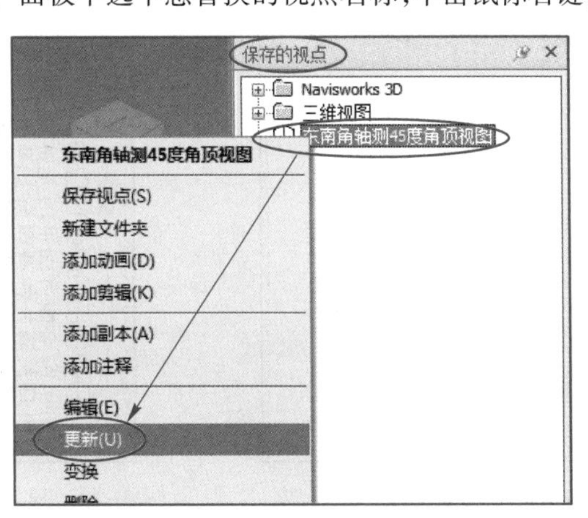

图 3-8 视点更新

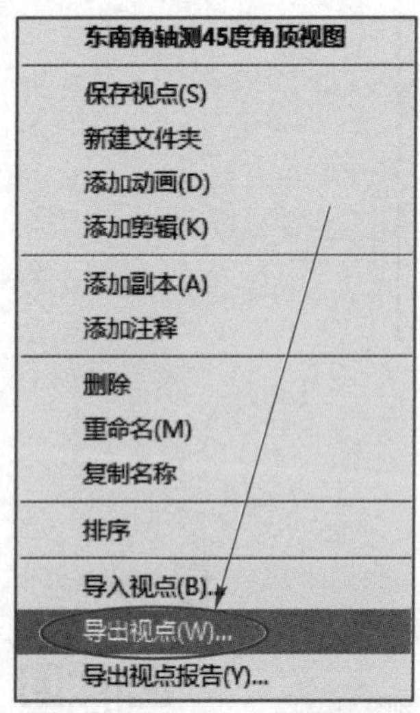

图 3-9 选择"导出视点"

3.1.4 视点导入与导出

可以将创建的视点位置导出为外部文件，在其他文件中进行导入。操作如下：

- 视点导出：打开"第 3 章\1-视点应用-练习完成"，在"保存的视点"窗口中单击右键，选择"导出视点"(图 3-9)，或者在"输出"选项卡中"导出数据"面板上，选择"视点"命令(图 3-10)，命名导出的视点文件名称为"1-视点应用-视点导出完成"。

【快捷键】 Ctrl+Shift+V。

导出扩展名为.xml 的文件，此文件只包含位置信息，不包含任何模型数据，所以文件很小，传输也很方便。

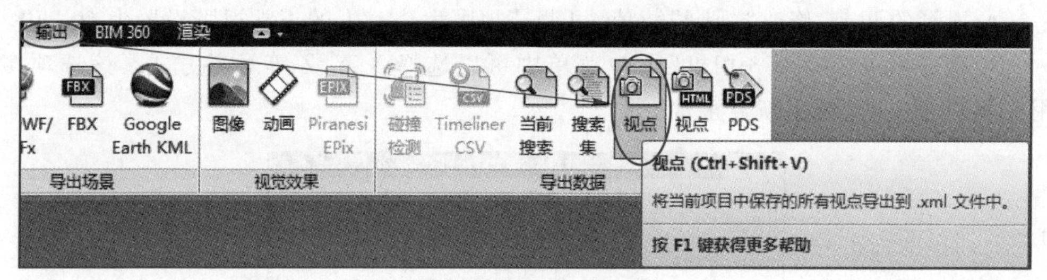

图 3-10 视点的导出

- 视点导入：打开"第 3 章\1-视点应用-东南角轴侧 45 度角顶视图完成.nwf"，在"保存的视点"窗口中单击右键，选择"导入视点"(图 3-11)，选择以上导出的文件"第 3 章\1-视点应用-视点导出完成.xml"。此时，"保存的视点"面板中将导入相应视点(图 3-12)。

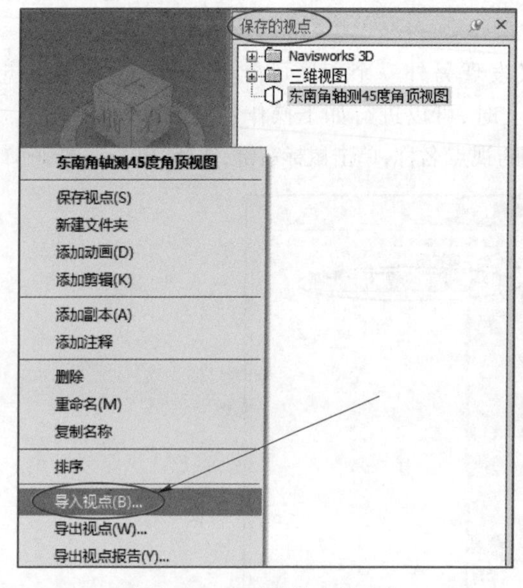

图 3-11 选择"导入视点"

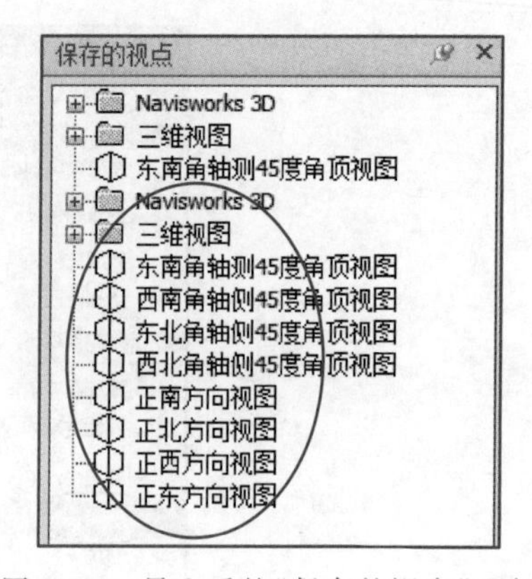

图 3-12 导入后的"保存的视点"面板

结果文件见“第 3 章\1-视点应用-视点导入完成.nwf”。

3.2 掌握视点剖分功能

3.2.1 掌握剖分的启用

• 打开“第 3 章\1-视点应用-东南角轴侧 45 度角顶视图完成.nwf”,单击“保存的视点”窗口中的“东南角轴侧 45 度角顶视图”视点。

• 启用剖分:单击“视点”选项卡“剖分”面板中的“启用剖分”命令(图 3-13),此时会切换到“剖分工具”上下文选项卡。

图 3-13 启用剖分

3.2.2 掌握剖分的设置

• 设置顶部剖分,并移动剖分面的操作如下:单击“剖分工具”上下文选项卡“平面设置”面板中的“对齐”下拉菜单,选择“顶部”;单击“变换”面板中的“移动”(图 3-14),将出现剖分面和移动箭头,拖拽箭头可移动剖分面。

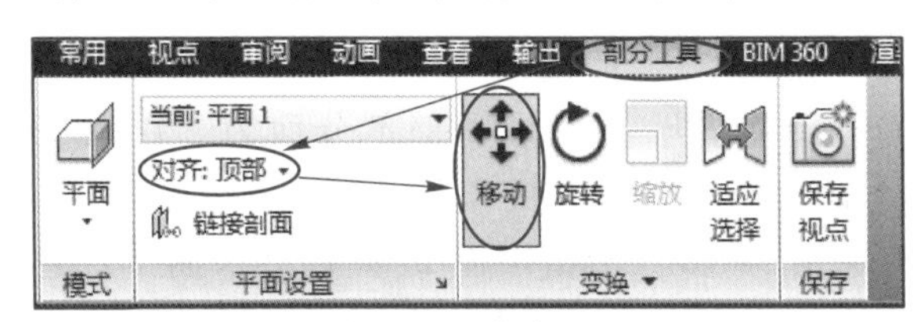

图 3-14 移动工具

• 通过单击“对齐”下拉菜单,可以有“顶、底、前、后、左、右”等剖切方向。

• 定位置剖分,如在高度为 9.2 m 处进行剖分,操作如下:确保剖切模式为“平面”、仅“平面 1”被激活、对齐方式为“顶部”(图 3-15),单击“移动”→“变换”,将 Z 值改为“9.2”,回车(图 3-16)。

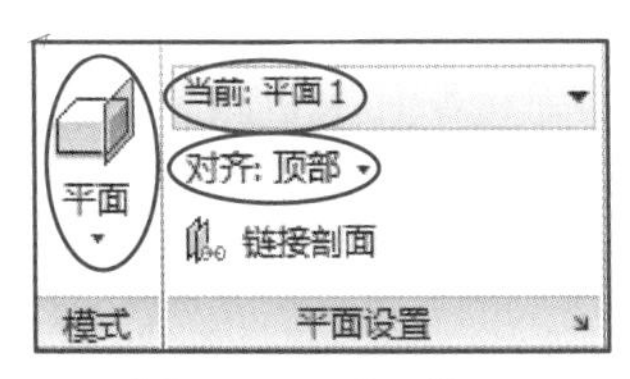

图 3-15 平面设置

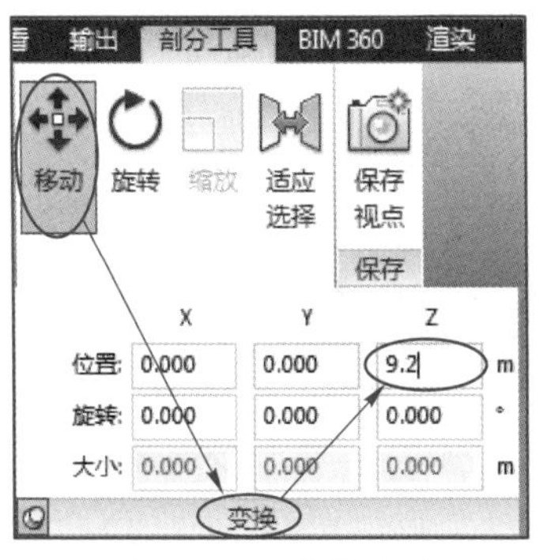

图 3-16 Z 值的修改

• 定面剖分，如以二楼楼板底面为剖分面，操作如下：利用缩放、平移、旋转等操作，将视图定位到二楼楼板底的仰视角度；选择对齐方式为“与曲面对齐”，单击二楼楼板底（图 3-17），即可实现以二楼楼板底面为剖分面的目的。此时，可以再将“对齐”方式切换成“顶部”或“底部”进行观看。

图 3-17 定面剖分

3.2.3 掌握多面剖分的方法

• 多面剖分，如单独剖分出二楼，即顶部剖分面为二层顶（高度为 8.4 m）、底部剖分面为一层顶（高度为 4.2 m），操作如下：激活平面 1，设置对齐方式为“顶部”，设置 Z 值为 8.4（图 3-18），激活平面 2（即点亮平面 2 灯泡，图 3-19）并切换到平面 2，设置对齐方式为“底部”，设置 Z 值为 4.2 m（图 3-20）。此时二楼单独显示（图 3-21）。

完成的文件见“第 3 章\2-视点剖分-多面剖分完成.nwf”。

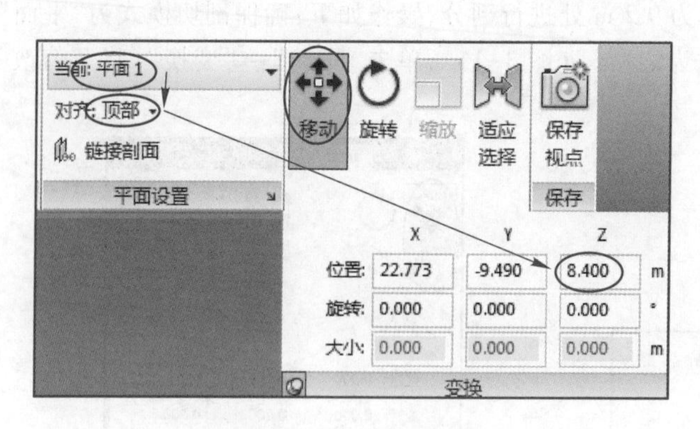

图 3-18 设置 Z 值

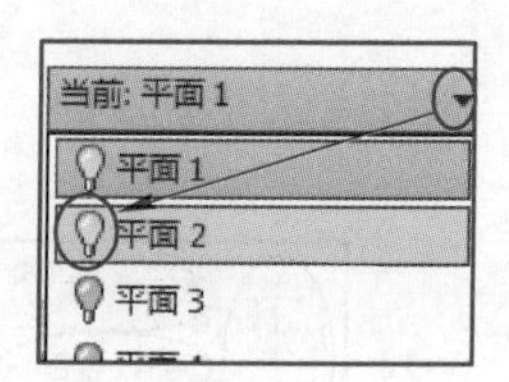

图 3-19 激活平面 2

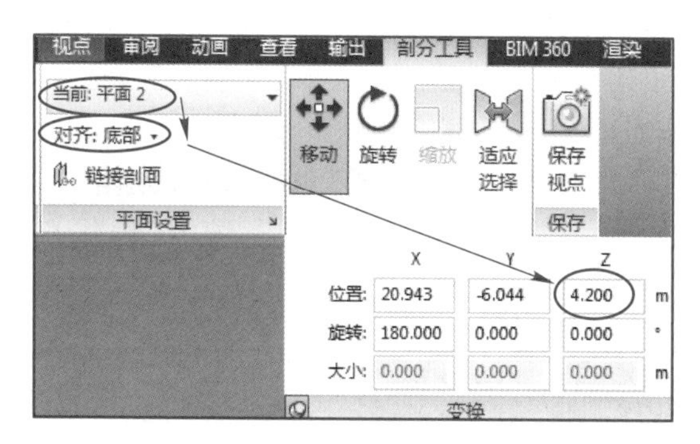

图 3-20 设置平面 2 的 Z 值

图 3-21 模型的显示

• 链接剖分:若在“平面设置”里激活“链接剖面”(图 3-22),那么之前设置的平面 1 与平面 2 之间相隔 4.2 m 的这个间距尺寸就可以固定保留下来。即,此时无论移动平面 1 还是移动平面 2,它们都会同时以固定间距 4.2 m 的层高进行剖切移动。

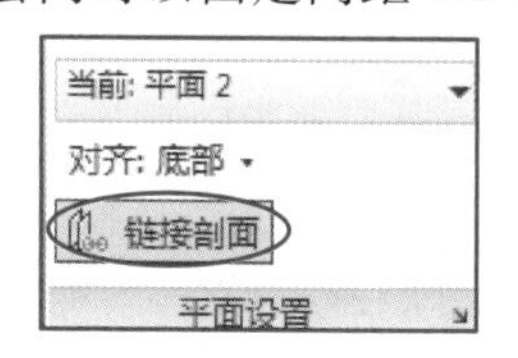

图 3-22 链接剖面

3.2.4 掌握长方体剖分的方法

• 长方体剖分:单击“模式”面板,将“平面”切换成“长方体”(图 3-23)。此时,模型被一个长方体的六个面进行了三维剖切,同时还可以通过“变换”面板里的“移动”“旋转”和“缩放”命令对这个六面剖切框进行位置、角度以及剖切范围大小的调整。

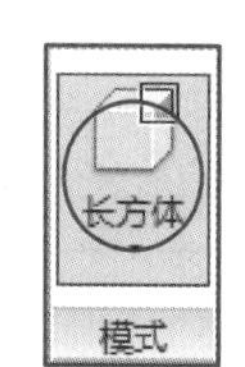

图 3-23 “长方体”模式

虽然通过上面这些变换命令可以实现三维多面剖切的功能，但是想快速实现某个指定区域的剖切框定位还是不太方便。此时可以使用“适应选择”工具，以剖分出东侧楼梯间为例，具体操作如下：

• 首先，使东部楼梯间完全显示：“模式”设置为“长方体”，单击“变换”面板中的“缩放”，单击出现的缩放图标，对长方体框进行缩放，确保东侧楼梯间完全显示（图3-24）。

图3-24 缩放使东侧楼梯间完全显示

• 其次，按住Ctrl键加选东侧楼梯间三面墙（图3-25），单击“变换”面板中的“适用选择”工具。将形成以这三面墙为界面的长方体剖分框（图3-26）。

• 最后，单击“缩放”，拖拽出现的缩放图标的“上”箭头，对长方体剖分框进行高度缩放，使东侧楼梯间完全可见（图3-27）。

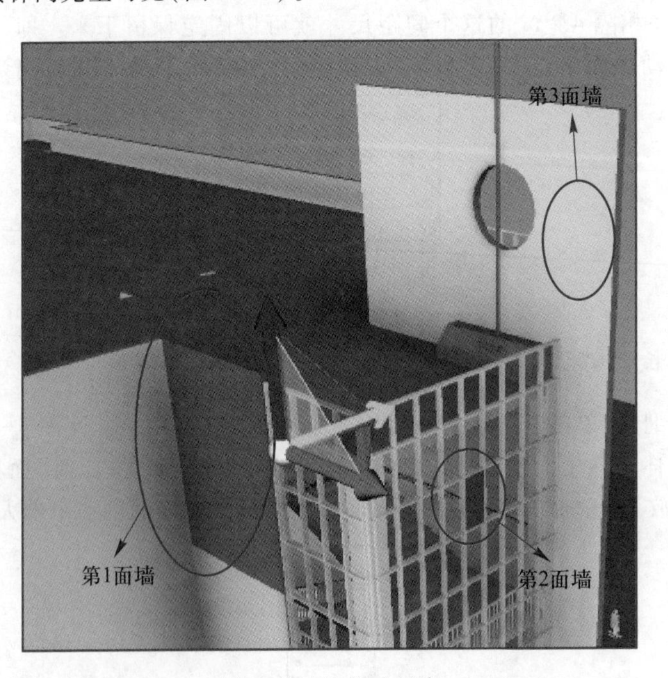

图3-25 选择三面墙

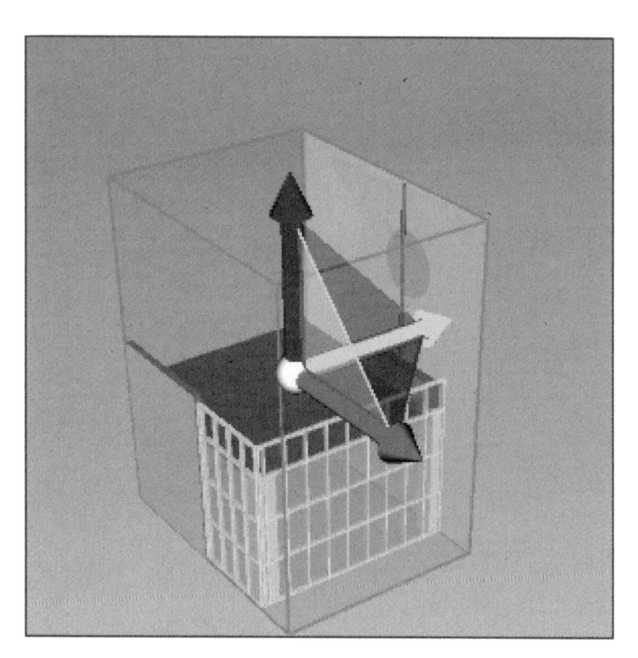

图 3-26 以三面墙为界面的长方体剖分框

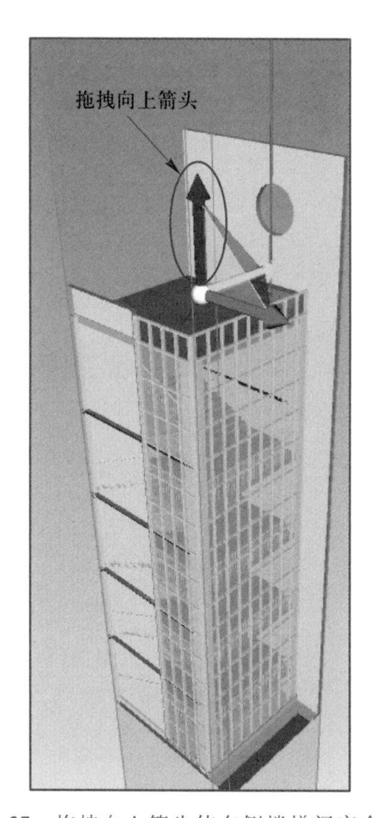

图 3-27 拖拽向上箭头使东侧楼梯间完全可见

第4章

场景漫游

学习目标

掌握漫游的操作技巧，以及当前视点编辑的方法、引入外部模型做为第三人的方法和审阅批注的方法。

单元概述

单击“视点”选项卡“导航”面板中的“漫游”，可以执行漫游命令。漫游有“碰撞”“重力”“蹲伏”“第三人”四种效果。可以对漫游的相机属性、运动属性及第三人等属性进行编辑，以调整漫游的线速度、角速度且能将第三人更换为“工地女性戴安全帽”等其他人物，也可以引入外部模型做为第三人。

掌握审阅批注的方法，包括点到点、点到多点、点直线、累加、角度和区域。可以对测量方向或面进行锁定，并进行红线批注和添加标记。

拓展阅读
基于互联网的项目多方协同管理技术

微课
漫游操作

4.1 掌握漫游操作

“漫游”是在模型中用类似于行走的方式进行移动。“飞行”是以飞行模拟器的方式在模型中移动的模式。“飞行”移动行为对操作者的手感要求较高，需要用到的机会也不多，所以本小节只介绍“漫游”模式。

“漫游”模式的打开有以下两种方法：

- 打开“第4章\漫游.nwd”，方法一：单击“视点”选项卡“导航”面板中的“漫游”命令(图4-1)。
- 方法二：单击导航工具栏中的“漫游”(图4-2)。

【快捷键】 Ctrl+2。

图4-1 工具面板中的“漫游”工具

执行“漫游”命令后，有“重力”“碰撞”“蹲伏”及“第三人”四种真实效果(图4-3)。

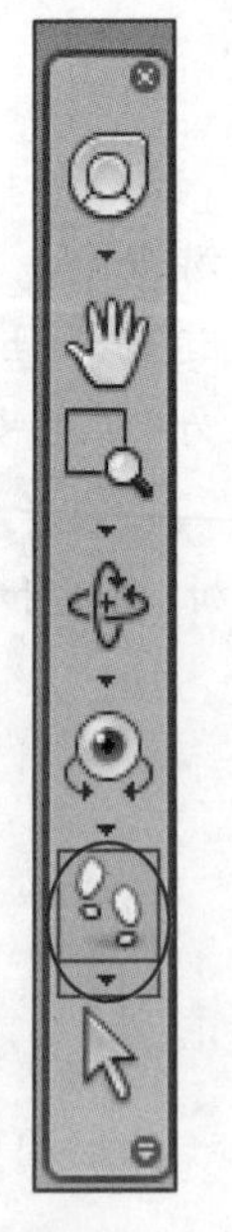

图4-2 导航栏中的“漫游”工具

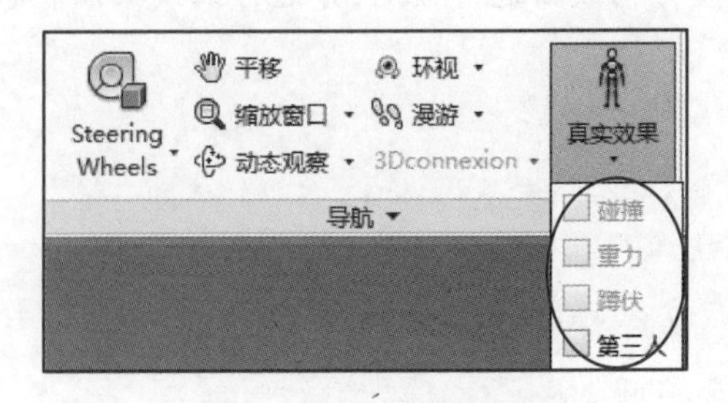

图4-3 漫游的四种真实效果

1. 碰撞

打开此功能后，在漫游过程中遇到障碍物时会被阻挡，无法通过。在障碍物比较低，且重力开关被打开的情况下，可以产生一个向上爬的行为结果。比如，爬上楼梯或随地形走动。

2. 重力

此功能会模拟在真实世界环境中，当前视角的观察者具有重力向下拉的一个作用力。当打开“重力”时，会同时打开“碰撞”。

3. 蹲伏

在观察者遇到障碍物时，会运用蹲下这个动作来尝试通过此区域，此功能是配合“碰撞”一起使用。

4. 第三人

启用后，会在当前观察者正前方看到一个人或物的实体角色。而且这个实体角色与“碰撞”“重力”及“蹲伏”一起使用时，会更加真实地表现出这些物理特征。而且该实体角色还可以自定义其尺寸、外形和视角角度的位置。

继续进行如下操作，以熟悉漫游命令：

• 打开“保存视点”面板（“视点”选项卡“保存视点“工具），单击“保存的视点”面板中的“漫游”视点，勾选“碰撞”“重力”和“第三人”开关，此时会出现第三人（图 4-4）。

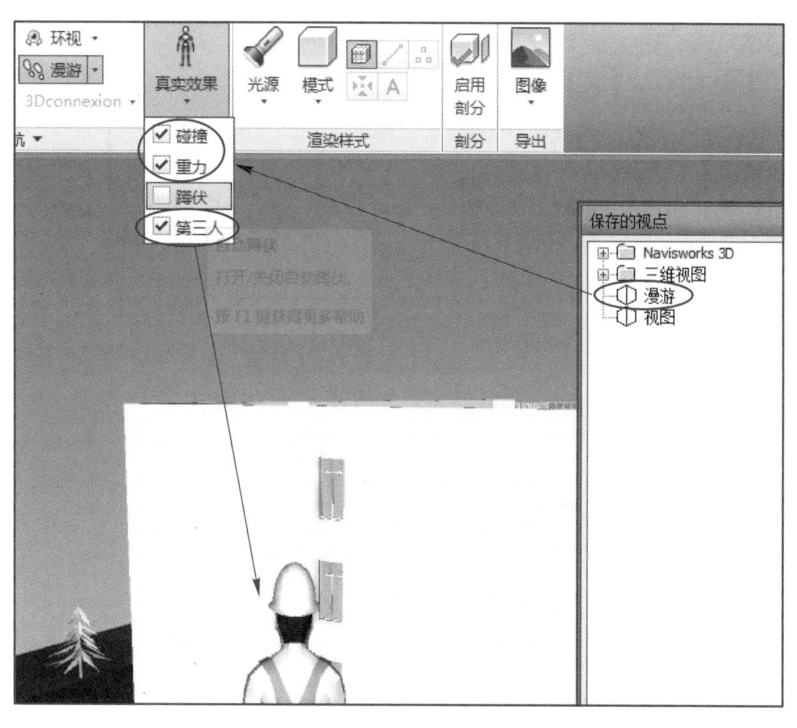

图 4-4　真实效果的开启

• 按住鼠标左键不放，并推动鼠标朝前方进行移动。这样，视角角度就会按照指定的方向进行一定速度的移动了。

鼠标推动的力度决定移动的速度，所以要控制适当的力度进行漫游。在行走的过程中，因为重力的作用，当前视角会向下掉，直到找到一个水平支撑面（例如场地或楼板上）来支撑这个视角的观察者。所以在漫游的过程中，需要视角一直处于这个水平支撑面上，否则当前视角会一直往下掉，无法回到之前的正常视角下。所以，在漫游的时候，应该尽量在需要重点观察的区域保存当前视点。这样，就可以随时切换到之前观察过的地区，也避免因为失去重力支撑面导致之前的视角丢失。

在漫游过程中除了通过鼠标左右移动控制运动方向外，还可以通过鼠标中轴滚轮的滚动来改变当前视角的仰角，实现抬头或低头的效果。

由于重力的作用碰撞功能会自动打开。所以如果遇到障碍物无法通过时，可以关闭碰撞功能。

在漫游的过程当中，通过鼠标控制行走方向操控感比较自由，但是刚开始这种相对自由的感觉可能会一时不太容易找到正常行走的状态，还可以通过键盘上的上、下、左、右四个方向键来调整运动方向。对于鼠标操控得不太好的人来说，初期练习用方向键可能会更简单些，但运动效果会相对比较生硬。所以就流畅性来说，还是建议用鼠标操控漫游，对于后期演示或观察更加的有利。

如果在一个比较大的项目内部漫游，很多时候会发现不知道走到哪了，失去了方向感。这时可以单击“查看”选项卡“导航辅助工具”面板中的“HUD”，勾选“轴网位置”(图 4-5)；并勾选“参考视图”中的“平面视图”“剖面视图”(图 4-6)。

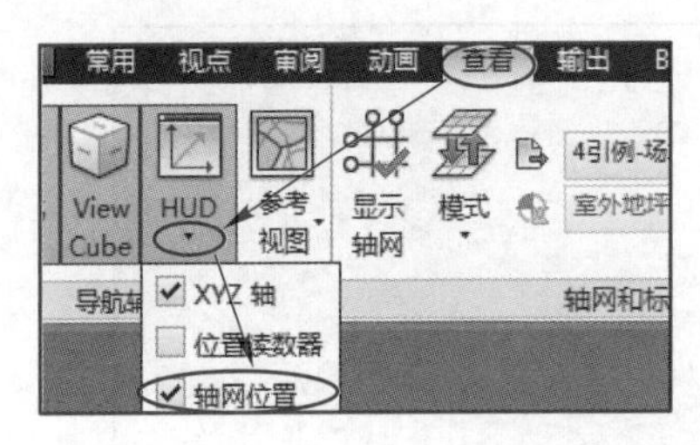

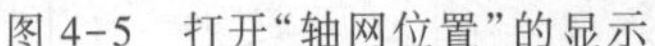

图 4-5 打开“轴网位置”的显示

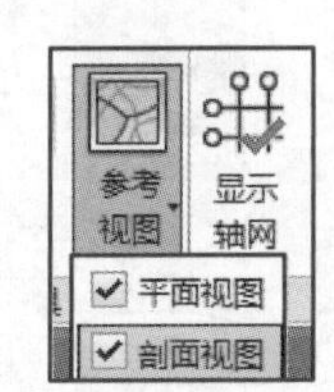

图 4-6 打开“平面视图”“剖面视图”的显示

这样，会出现平面和剖面的预览窗口，然后在预览窗口中可以看到一个白色的箭头，在漫游行走的时候会同步跟着移动，这个箭头指向的方向就代表视点的朝向和行走方向(图 4-7)。

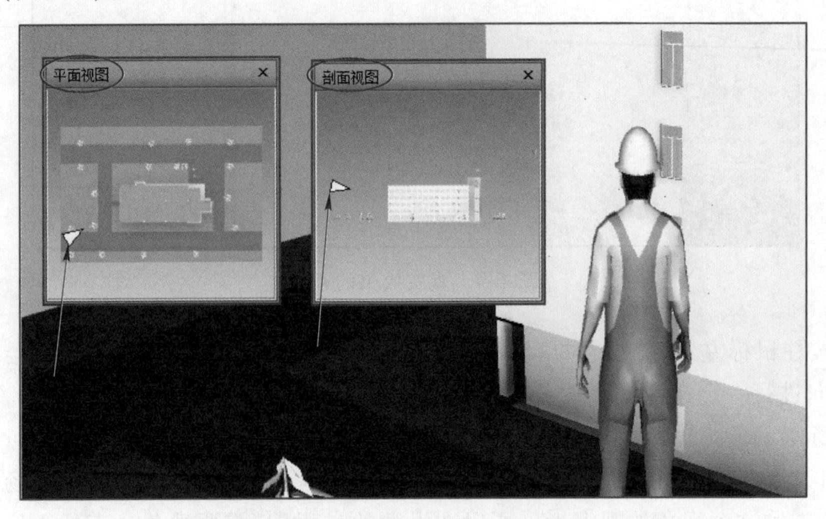

图 4-7 平面视图、剖面视图的显示

4.2 掌握当前视点的编辑

微课
编辑当前视点

可以对漫游的相机、运动及第三人等属性进行编辑。以调整第三人的线速度为 3 m/s、角速度为 30°/s，且将第三人更换为“工地女性”、相机距第三人距离为 1.5 m 为例，具体操作如下：

• 激活第三人开关，单击“视点”选项卡“保存、载入和回放”面板中的“编辑当前视点”命令（图 4-8）；或者在场景视图当中空白的区域，单击鼠标右键，选择“视点”-“编辑当前视点”（图 4-9）。

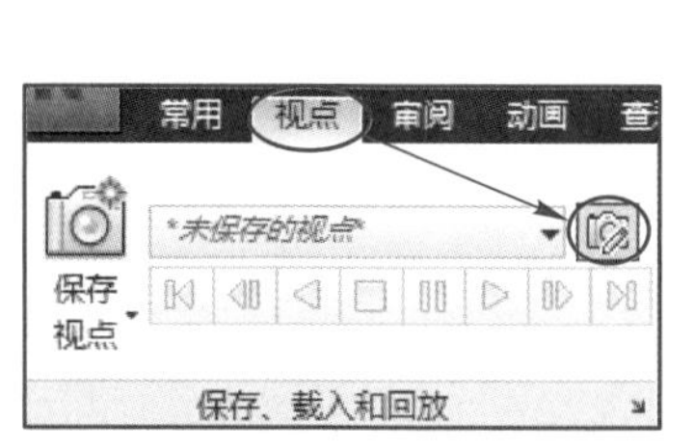

图 4-8 单击“编辑当前视点”工具

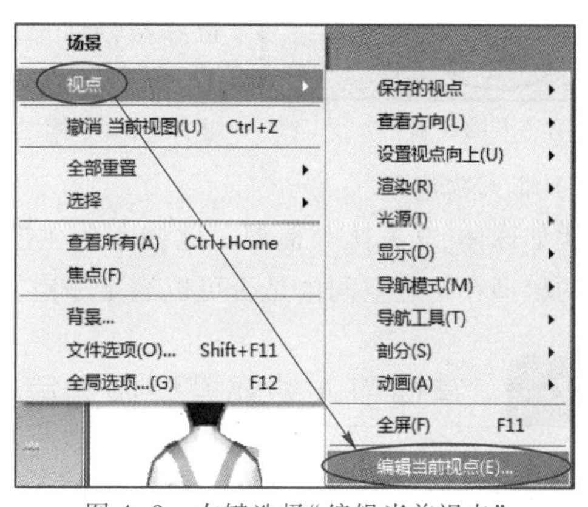

图 4-9 右键选择“编辑当前视点”

• 在弹出的“编辑视点”对话框中，可以调节相机的位置、观察点、视野等属性，以及运动的线速度、角速度属性，以及碰撞属性。更改线速度为“3”、角速度为“30”，单击碰撞中的“设置”（图 4-10），弹出“碰撞”对话框。

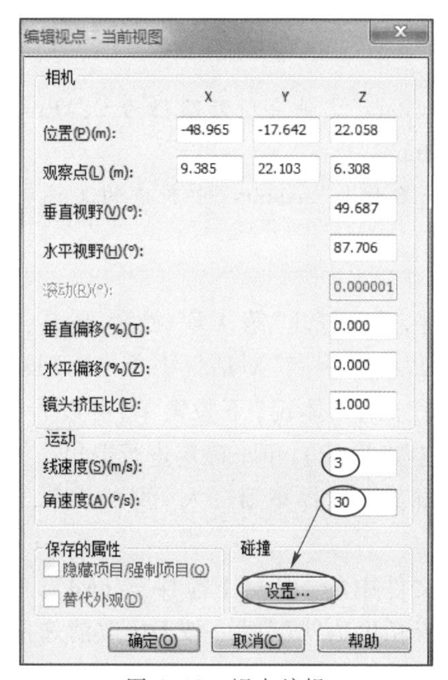

图 4-10 视点编辑

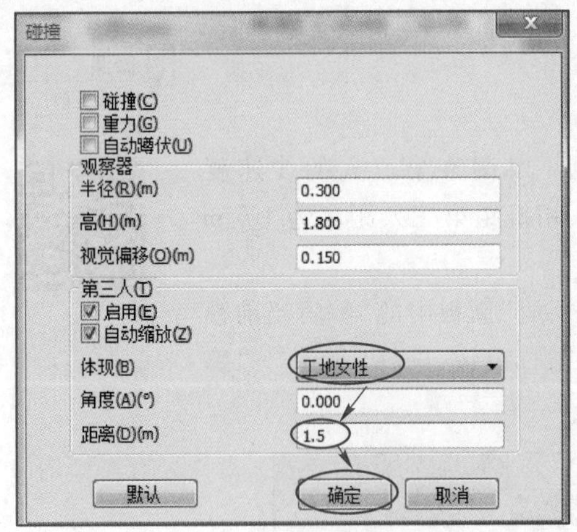

图 4-11 第三人的编辑

• 在弹出的“碰撞”对话框中，可以调节观察者的半径、高度等属性，以及第三人属性。单击“体现”下拉菜单，选择“工地女性”，且将“距离”改为“1.5”，单击“确定”(图 4-11)。

完成的文件见“第 4 章\漫游-视点更改完成.nwf”。

系统自带的第三人包括一些人物造型和非人物造型，一般有如下作用：

1) 人物造型

人物造型用来模拟碰撞行为。比如，可以观察某设备层检修通道是否可以让正常人通过。如果站着通不过，那么蹲着是否能通过等，以此来判断是否满足设计要求，以及相关技术指标和范围等。

2) 非人物造型

比如球体、立方体等造型。这些角色主要是用来判断一些碰撞行为。比如，指定尺寸的模型在特定空间内是否可以满足净空要求(例如地下室)。

4.3 掌握引入外部模型做为第三人的方法

微课
引入外部模型作为第三人

可以添加第三人物形象。以将已有的“混凝土搅拌车.rvt”添加为第三人为例，具体操作如下：

• 用 Navisworks 软件打开“第 4 章\混凝土搅拌车.rvt”，另存为“混凝土搅拌车.nwd”。

• 在 Navisworks 安装目录下的“avatars”文件夹中，新建名为“混凝土搅拌车”的文件夹，将“混凝土搅拌车.nwd”复制到该文件夹。

【说明】

(1) 一般情况下，“avatars”文件夹所处路径为 C:\Program Files\Autodesk\Navisworks Manage 2016\avatars。

(2) 新建的第三人物名称与“avatars”中新建的文件夹名称相同，与 nwd 文件的名称无关。

• 关闭 Navisworks 软件，重新打开“第 4 章\漫游.nwd”。单击“视点”选项卡中的“编辑视点”命令，在弹出的“编辑视点”对话框中单击“碰撞”中的设置，在弹出的“碰撞”对话框中单击“第三人”框中“体现”下拉菜单，可以看到新出现的“混凝土搅拌车”，选择“混凝土搅拌车”(图 4-12)，单击确定进行退出。

这时会看到新出现的混凝土搅拌车第三人(图 4-13)，但是此时的第三人为倒转状况。如下操作进行改正：

• 双击打开“avatars”文件中的“混凝土搅拌车.nwd”，单击选择混凝土搅拌车模型，单击鼠标右键，修改选择精度为“文件”。按 Esc 取消选择后，再次选择混凝土搅拌车模型，确保整个模型被选正。

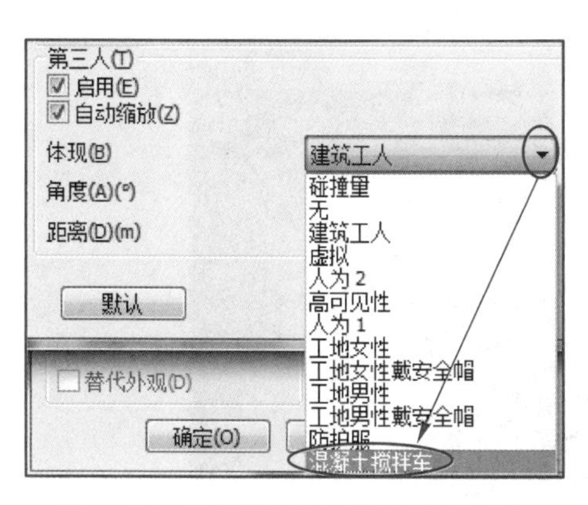

图 4-12 选择“混凝土搅拌车”第三人

图 4-13 出现的第三人

- 选择“项目工具”上下文选项卡,选择“变换”面板中的“旋转”,单击“变换”展开“变换”面板,修改“旋转”的“X”值为“-90”,按回车键,将混凝土搅拌车在 YZ 平面内选择 90°,操作过程和旋转完成的模型见图 4-14。再次选择模型,执行“旋转”命令,将“Y”值改为“180”,按回车键,操作过程和旋转完成的模型见图 4-15。

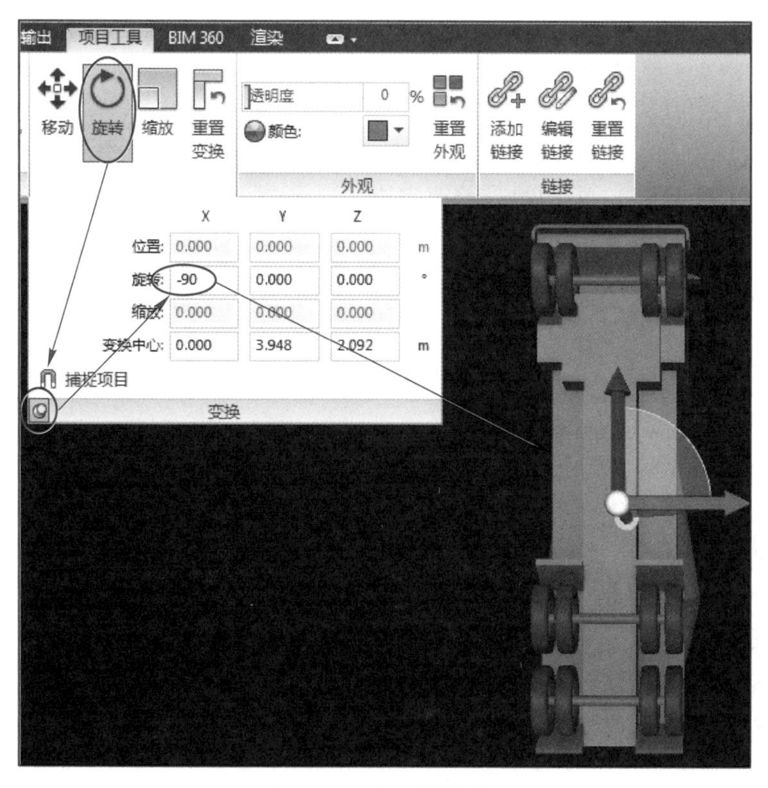

图 4-14 “X”值旋转

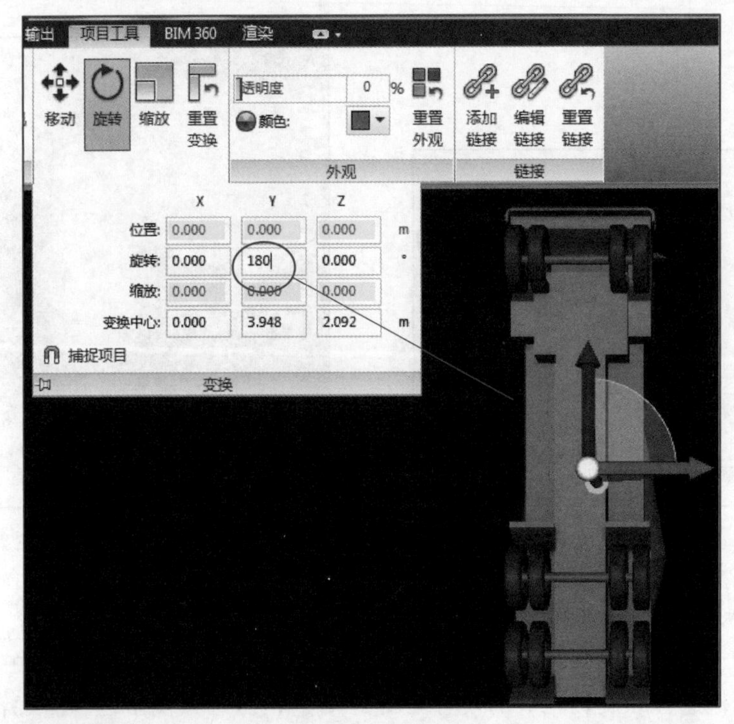

图 4-15 “Y”值旋转

• 将“混凝土搅拌车.nwd”保存退出,重新打开“第 4 章\漫游.nwd”,重新按照图 4-12 所示方法选择“混凝土搅拌车”。这时会看到混凝土搅拌车模型方位正确(图 4-16),但是大小仍需要调整。

• 再次执行“编辑视点”命令,单击“碰撞”中的“设置”,修改“半径”为“2.100”,高度为“4.200”(图 4-17),单击确定,修改完毕。

图 4-16 混凝土搅拌车第三人

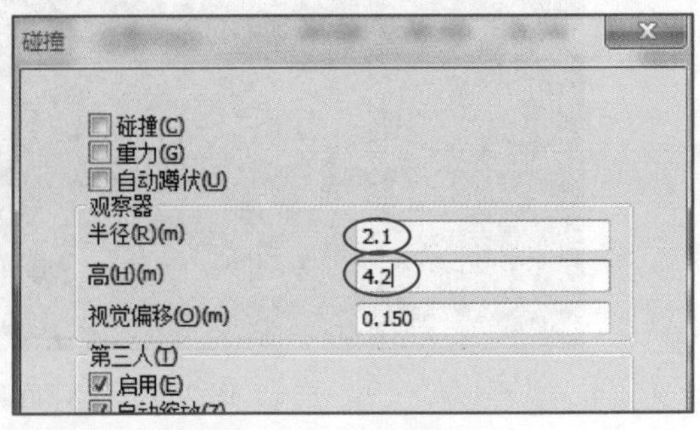

图 4-17 观察器修改

【注】 MAX、Inventor 等软件也可以导出 NWC 格式文件，再用 Navisworks 另存为 NWD 格式，就可用于第三人。

4.4 掌握审阅批注的方法

Navisworks 的“审阅”功能区中，包括“测量”“红线批注”“标记”和“注释”面板。

4.4.1 掌握“审阅批注”全局选项的设置方法

- 打开“第 4 章\审阅批注.nwf”，打开 Navisworks 的选项编辑器界面(快捷键 F12)。
- 在“界面”-“测量”中有相关测量参数，确认一下其相关参数是否为图 4-18 的状态。其中，“三维”是指测量出来的测量线在空间中会被三维实体遮挡，通常情况下很少会用到此功能，这里不选；“在场景视图中显示测量值”，由于需要在视图中看到测量出来的相关数值，需要选上；“使用中心线”常用在测量管线之间的距离时，可以通过此开关来切换管线中心线之间的距离和管线表面之间的净距离。

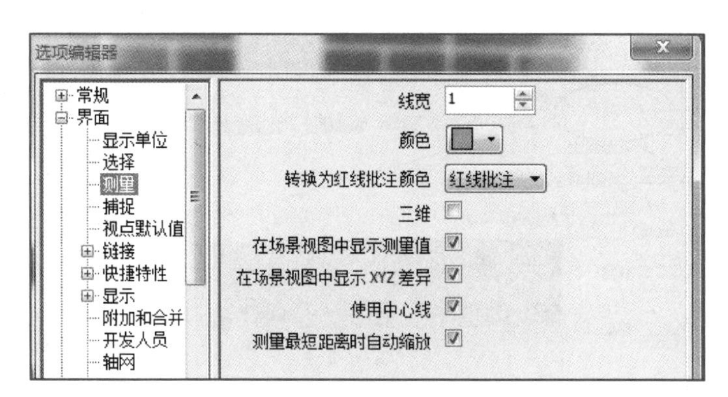

图 4-18 “测量”全局选项

- 在“界面”-“捕捉”中有相关捕捉参数(图 4-19)，确认所有捕捉点被打开。

图 4-19 “捕捉”全局选项

4.4.2 掌握测量方法

微课
测量(2)

测量命令包括点到点、点到多点、点直线、累加、角度和区域,并可以对测量方向或面进行锁定,具体操作如下:

- 单击“保存的视点”面板中的“审阅批注视点”(图 4-20)。

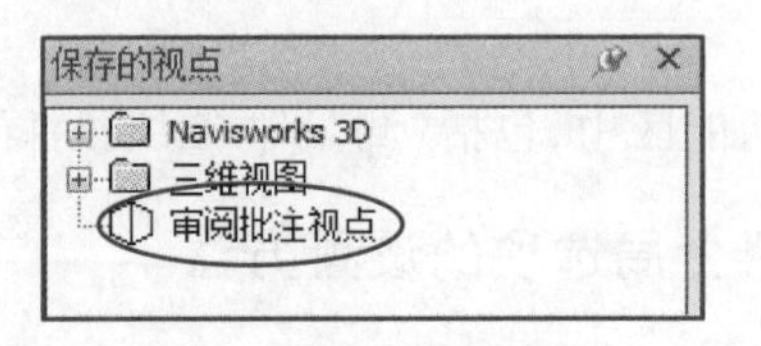

图 4-20 审阅批注视点

- 点到点:单击“审阅”选项卡“测量”下拉菜单中的“点到点”命令。依次单击一层柱子的上边缘点和下边缘点,出现测量数据“4.650 m”(图 4-21)。

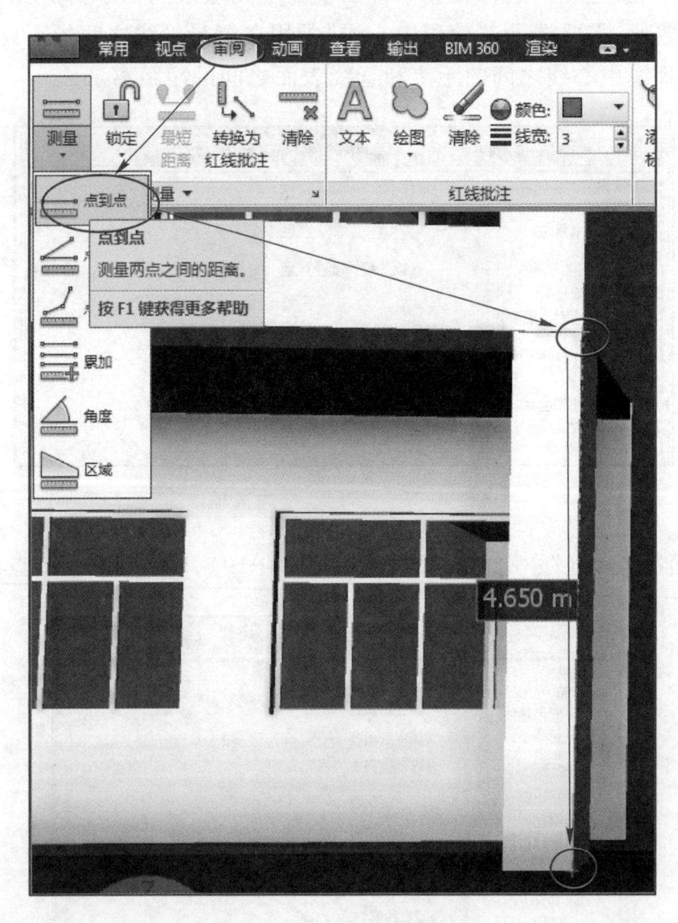

图 4-21 “点到点”测量

- “方向”的锁定:单击“点到点”命令,单击“锁定”下拉命令中的“Z 轴”(图 4-22),即约束到 Z 轴的方向进行测量。依次单击二楼楼板和地面,出现测量数据“4.470 m”。

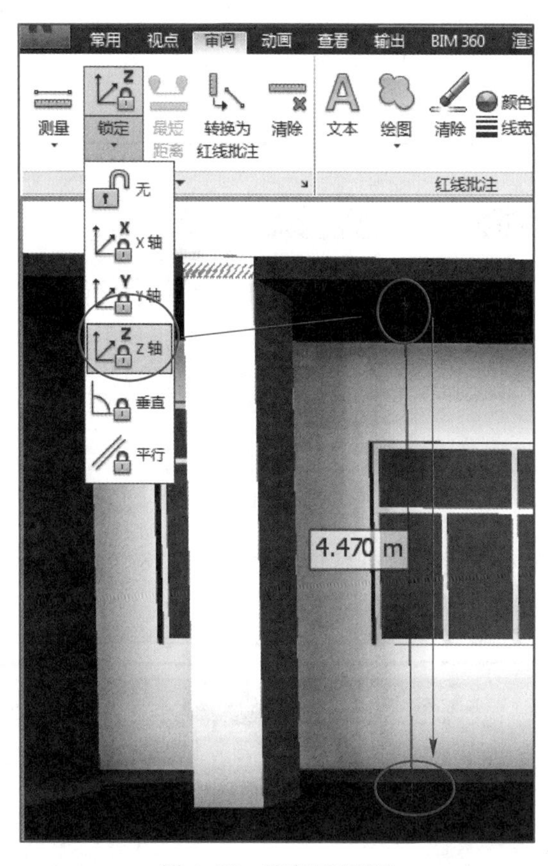

图 4-22 锁定“Z”测量

• 点到多点：单击“点到多点”命令，“锁定”改为“无”。单击墙面上任意点进行测量。该命令是从一个固定点出发，测量多个点到该固定点的距离(图 4-23)。

• “平行”的锁定：单击“点到多点”，单击“锁定”中的“平行”，这时会看到左下角状态栏提示“若要使用‘锁定’，请单击模型中的曲面”，单击一楼墙面。此时，所有测量命令均在墙面所处平面内执行。即便单击柱子，测量点仍为该点所对应的墙面上的点(图 4-24)。

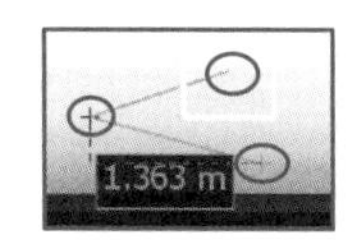

图 4-23 “点到多点”测量

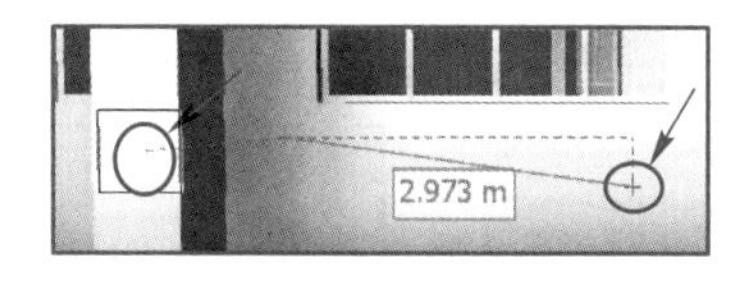

图 4-24 “平行”测量

• “垂直”的锁定：单击“点到多点”，单击“锁定”中的“垂直”，这时会看到左下角状态栏提示“若要使用‘锁定’，请单击模型中的曲面”，单击一楼墙面。此时，所有测量命令均在与墙面垂直所处的面内执行。在墙面上单击一点，在柱子外表面单击一点，显示距离为 2.080 m(图 4-25)。

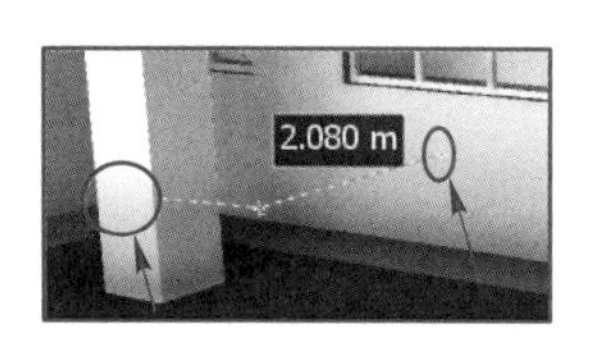

图 4-25 “垂直”测量

• 点直线:用于测量周长。单击“点直线”命令,依次单击窗户四个角点,并回到第一个角点,此时显示窗户周长“10.200 m”(图4-26)。建议在单击角点之前,执行“平行”锁定,锁定到墙面。

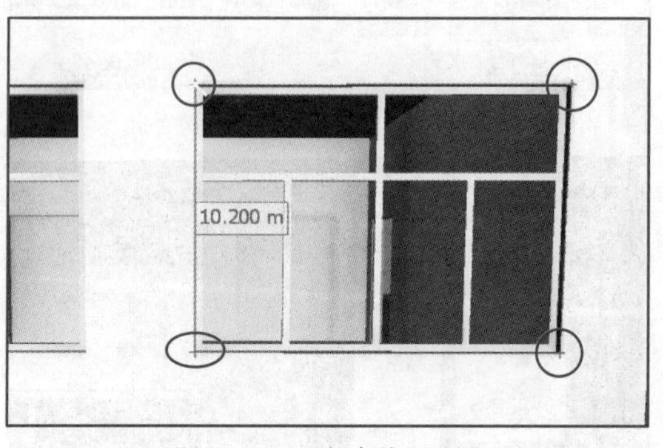

图4-26 “点直线”测量

• 累加:用于测量不连续点的边界长度之和。单击“累加”命令,依次单击窗户两个竖梃的起始点,得出两个竖梃长度之和(图4-27)。

图4-27 “累加”测量

• 角度:用于测量坡度或转角的角度值。单击“角度”,“锁定”改为“无”,依次单击图4-28中柱子的右上角点、左上角点和左边缘线上一点,得到角度为“90.000°”。

图4-28 “角度”测量

● 区域：用于面积测量。单击"区域"，单击"锁定"中的"无"（或"平行"，单击墙面），依次单击窗户的四个角点，得到窗户面积（图 4-29）。

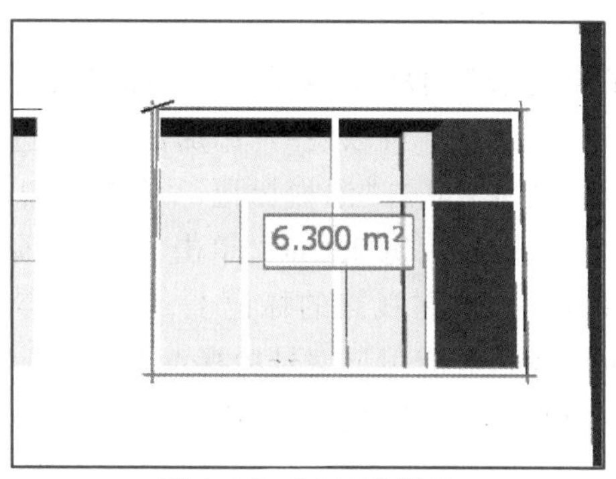

图 4-29 "区域"测量

● 转换为红线批注：使用"区域"命令得到窗户面积后，单击"测量"面板中的"转换为红线批注"（图 4-30）。在"保存的视点"窗口会出现保存的视点（图 4-31），将其重命名为"窗户测量"。

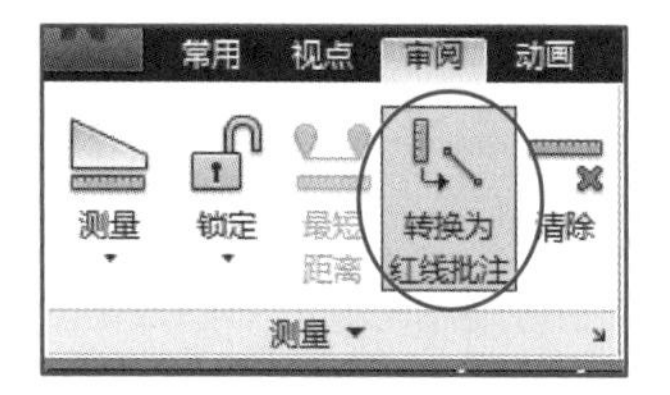

图 4-30 转换为红线批注

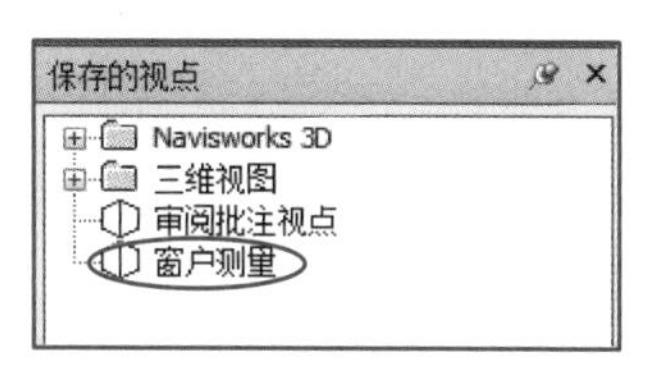

图 4-31 自动视点保存

完成的文件见"第 4 章\审阅批注-完成.nwf"。

4.4.3 掌握红线批注的方法

● 红线批注面板（图 4-32）：单击红线批注面板中的"文本""绘图"可以在场景区域内写文字、绘制问题区域，单击"清除"可以对批注进行删除，单击"颜色""线宽"对批注线进行编辑。举例操作如下：单击红线批注面板中的"文本"，单击窗户上方，输入标注文字"窗户面积：6.300 平方米"。单击"绘图"，在左侧窗户处绘制云线，单击文本，在该窗户下方标注文字"该窗户修改为 C2"，见图 4-33。

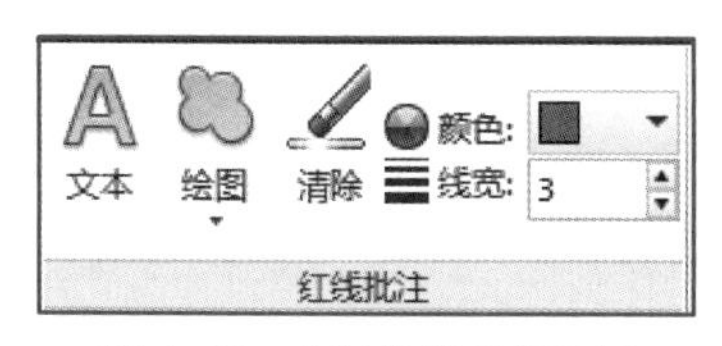

图 4-32 "红线批注"面板

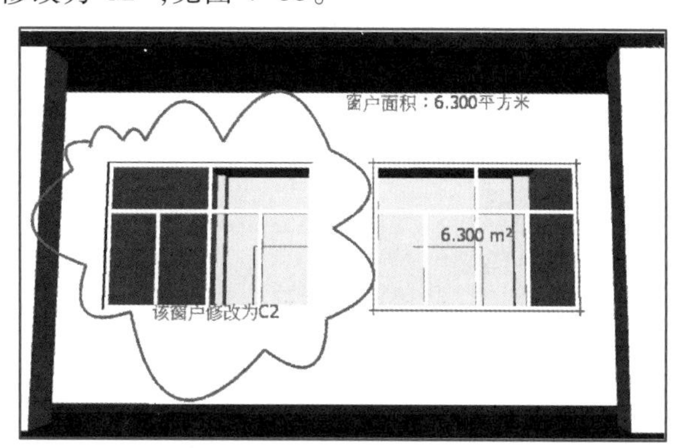

图 4-33 "审阅批注"完成

完成的文件见“第4章\审阅批注-完成.nwf”。

4.4.4 掌握添加标记的方法

• “添加标记”与“查看注释”:假设此视点有较多的问题,如果把所有的文字都书写到场景区域,会使视点描述杂乱。可以使用“添加标记”来进行问题说明,单击“查看注释”进行标记查看。操作如下:单击“添加标记”,单击右侧窗户下方,在弹出的“添加注释”对话框中输入“窗户长3 m,宽2.1 m”,单击“查看注释”,查看添加的注释。

有多个标记时,把鼠标光标放在视点的标记上,注释内容将切换为所预选的注释内容;点击注释可以随时切换到对应标记编号的视点上。

完成的文件见“第4章\审阅批注-完成.nwf”。

【注意】 对于之前保存相关批注的视点,可以从管理的角度上优化。如把所有“添加标记”和“转换为红线批注”所产生的视点作一些命名上的描述和管理上的归类,并以文件夹实行归类和汇总。

第5章

集　合

学习目标

掌握集合创建的方法，包括“选择集”的创建方法和“搜索集”的创建方法。掌握集合更新以及集合传递的方法。掌握不同分类集合的创建方法，包括“外观集合”“材质集合”“碰撞集合”和“施工模拟集合”。

单元概述

单击“常用”选项卡“选择和搜索”面板中的“集合”下拉菜单，选择“管理集”功能，打开集合窗口。选择相应构件，在集合窗口进行保存，能够形成“选择集”。打开“查找项目”，通过特性查找，能够形成“搜索集”。完成以下搜索集的制作：“所有窗户”“所有C2窗”“F1层C2窗”“F1层C2窗和F2层C1窗”“不包含标记为‘311’的F1层C2窗和F2层C1窗”。

在选择集上单击右键，选择“更新”命令，能够实现集合更新。在“集合”窗口中右上角单击“导入/导出”按钮，能够实现集合传递。

进行不同分类集合的创建，包括“外观集合”“材质集合”“碰撞集合”。

5.1 掌握集合创建的方法

集合在 Navisworks 中是一个重要的功能,我们所需要创建的动画、渲染、碰撞检查和进度模拟等核心功能都是建立在集合的基础上。所以,集合可以说是 Navisworks 中最核心也是最基础的功能。集合创建与管理的好坏,会直接影响到后期的所有方面。

拓展阅读
基于移动互联网的项目动态管理信息技术

集合的概念:具有某种特定性质的事物的总体。这里的“事物”是指 Navisworks 当中某些特定性质模型的总体,也是模型被选中状态的一种保存。比如说,在模型当中,所有混凝土的结构柱、直径 40 mm 以下的消防管道、所有家具、一层的照明设备等,诸如此类的具有某些共同特征的模型集合。

在 Navisworks 中创建集合有两种形式:一种叫选择集,是通过手动选择一些指定的模型形成的集合;第二种叫搜索集,是通过 Navisworks 中内置的查找工具,通过一些特定的规则形成的模型的集合。

微课
选择集

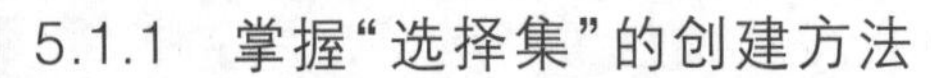

5.1.1 掌握“选择集”的创建方法

- 打开“练习文件\第 4 章\集合实例. nwf”文件。
- 集合的打开:单击“常用”选项卡“选择和搜索”面板中的“集合”下拉菜单,选择“管理集”功能,打开集合窗口(图 5-1)。

【快捷键】 Shift+F2。

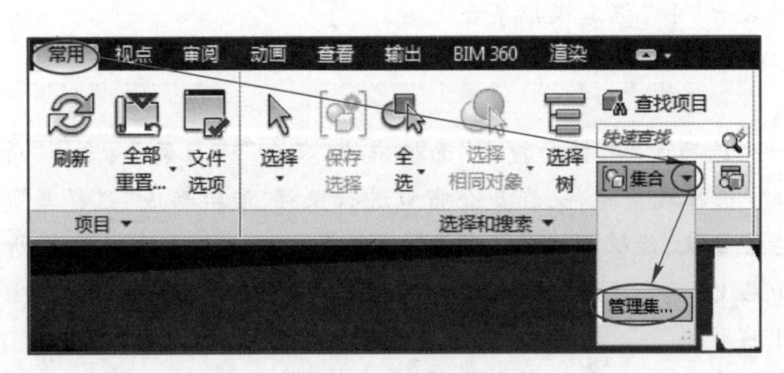

图 5-1 打开集合

创建选择集的方法有两种:第一种方法是选择相应构件,拖拽到集合面板。第二种是选择相应构件,在集合面板中单击右键进行保存创建。以创建西侧走廊窗集合为例,操作如下:

- 选择精度的设定:单击“常用”选项卡“选择和搜索”面板下拉菜单,单击“选取精度”下拉菜单,选择“最高层级的对象”(图 5-2)。
- 第一种方法:确保光标处于选择状态(即“常用选项卡”中“选择”工具处于被选择状态),按住 Ctrl 键,选择四扇西侧走廊窗,将其拖拽进“集合”面板;右键单击生成的集合名称,将其重命名为“西侧走廊窗”(图 5-3)。

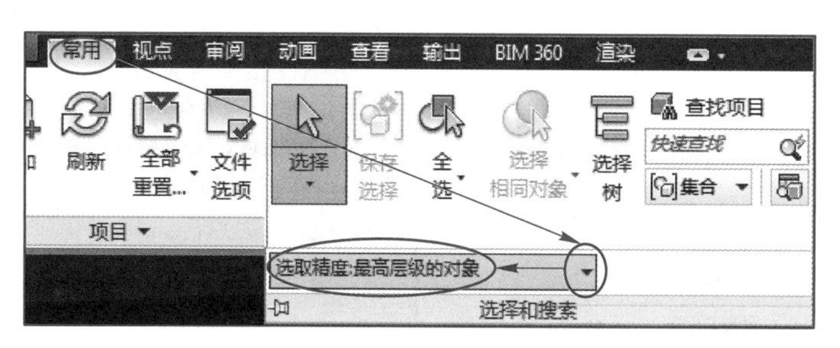

图 5-2 选取精度“最高层级的对象”

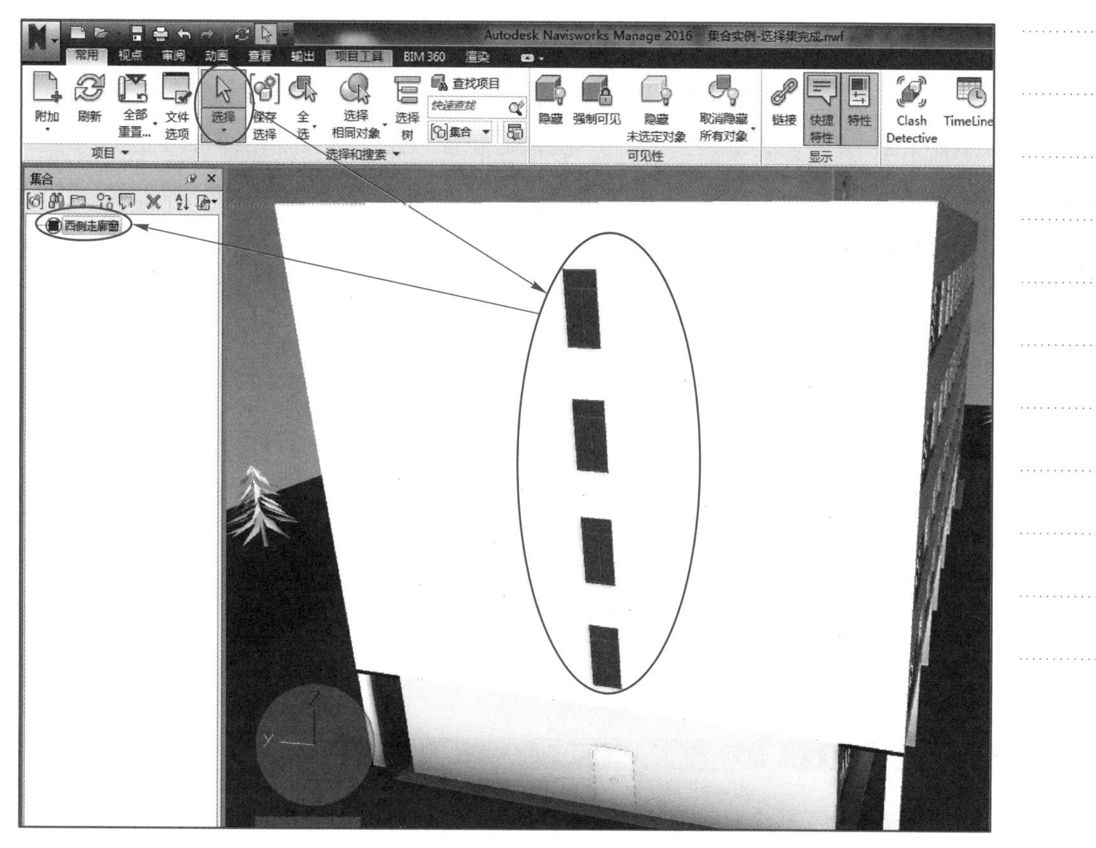

图 5-3 “拖拽”为选择集

• 第二种方法:选择四扇西侧走廊窗后,在集合面板单击右键,选择“保存选择”(图 5-4)。

完成的文件见“第 4 章\集合实例-选择集完成.nwf”。

对于选取精度的操作:在选择构件的时候,需要指定这些构件的选取精度。以刚才选择的窗为例,可以单独选择这个窗的窗框、窗梃或玻璃,以选择窗框、窗梃或玻璃为例,具体操作如下:

• 选择其中一个窗户,在这个窗户上单击右键,选择“几何图形”精度(图 5-5)。

• 按“ESC”键取消选择,重新选取,即可选择窗框、窗梃或玻璃等构件。

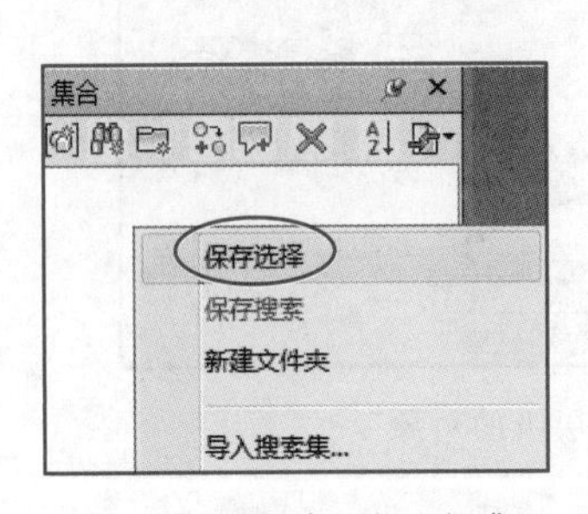

图 5-4 “保存”为选择集

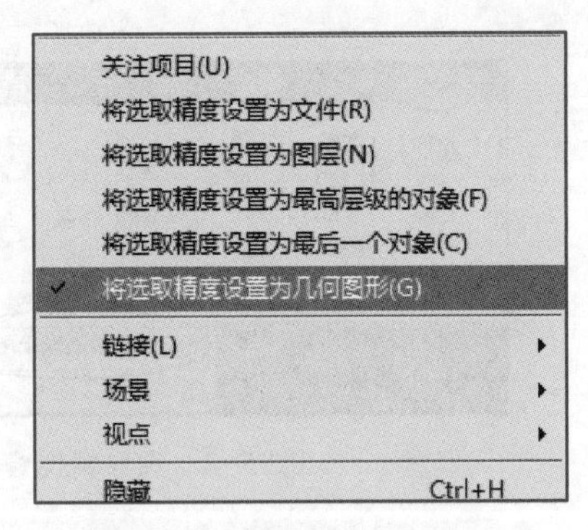

图 5-5 选择精度“几何图形”

5.1.2 掌握“搜索集”的创建方法

搜索集,是一种动态的模型集合,它保存的是一些搜索条件或项目特性,而不是一个选择结果。

比如,制定一个“标高为 F1 的所有结构柱”的搜索条件,如果模型有变化并重新更新 Navisworks 文件后,制定的这个搜索集会自动查找符合“标高为 F1 的所有结构柱”的构件,将符合该条件的模型构件更新到该搜索集。

以下列实训任务操作为例,进行说明。

1. 选择所有窗户

● 搜索集的准备——打开“集合”“查找项目”和“特性”面板:打开“第 5 章\集合实例.nwf”,单击“常用”选项卡“选择和搜索”面板中的“管理集”和“查找项目”(图 5-6),单击“显示”面板中的“特性”(图 5-7)。

【补充说明】 为使场景区域足够大,可关闭其他面板,仅保留“集合”“查找项目”和“特性”面板。

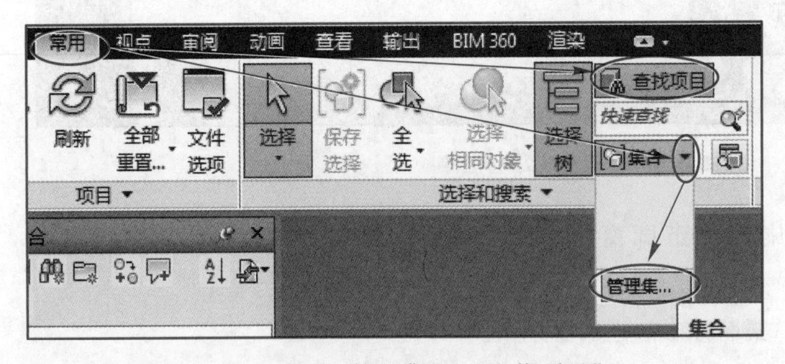

图 5-6 打开“管理集”和“查找项目”

图 5-7 打开“特性”

● 搜索条件的查看:将选取精度改为“最高层级的对象”,选择一扇窗,在“特性”面板中看到其“项目”的“类型”值为“窗”(图 5-8)。

● 创建搜索集:在“查找项目”对话框,确定“类别”为“项目”、“特性”为“类型”、“条件”为“=”、“值”为“窗”,单击“查找全部”(图 5-9)。

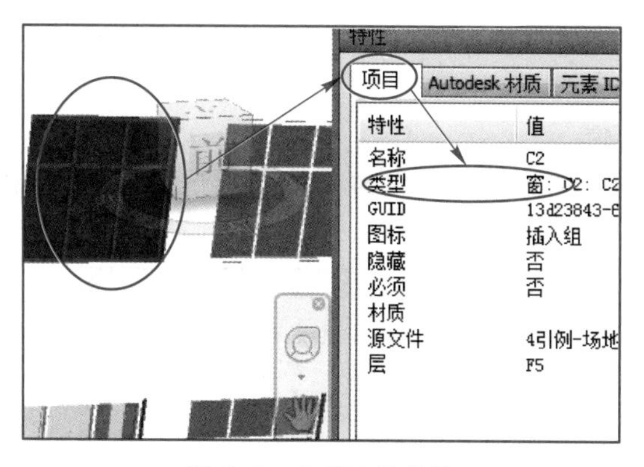

图 5-8 查看窗的特性

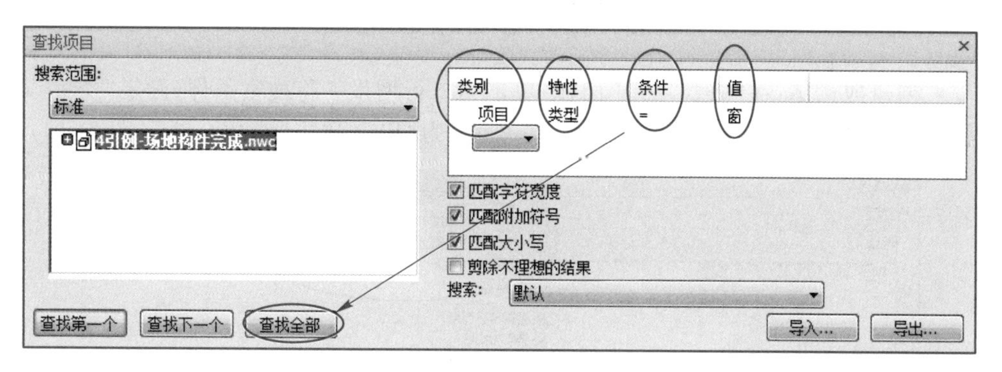

图 5-9 查找窗

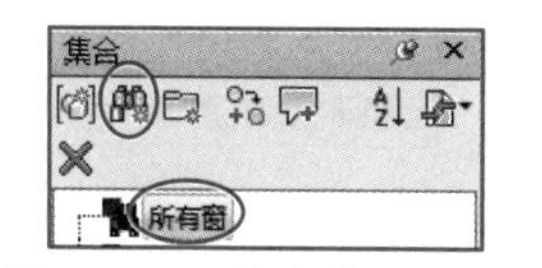

图 5-10 “搜索集”的保存

• 搜索集的创建：单击“集合”面板中的第二个图标“保存搜索”，生成搜索集，修改该搜索集名称为“所有窗”（图 5-10）。

【注】 搜索集的创建必须要单击“保存搜索”，生成的搜索集图标为“望远镜”样式。不能单击“保存选择”，否则会生成选择集，而不是搜索集。

2. 选择所有 C2 窗

• 搜索条件的查看：构件的名称位于“项目”的“名称”中。

• 创建搜索集：在“查找项目”对话框中，确定“类别”为“项目”、“特性”为“名称”、“条件”为“=”、“值”为“C2”，单击“查找全部”（图 5-11）。

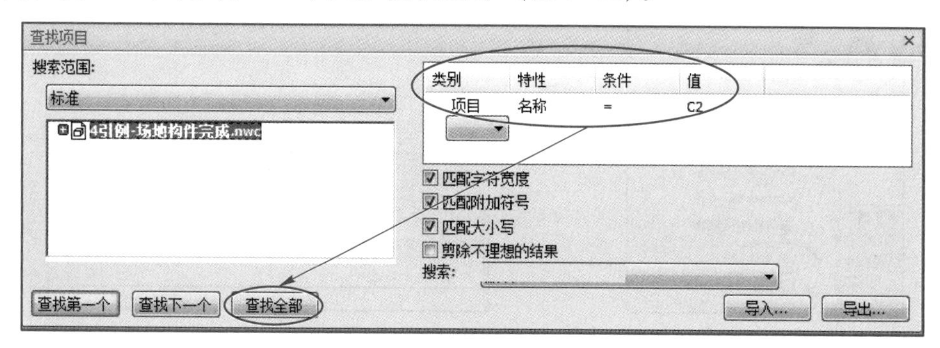

图 5-11 查找 C2

• 搜索集的创建：单击“集合”面板中的“保存搜索”，生成搜索集，修改该搜索集名称为“所有C2窗”。

3. 选择F1层C2窗

• 搜索条件的查看：任意选择一扇窗，在“特性”面板查看构件所在楼层位于“标高”的“名称”中（图5-12）。

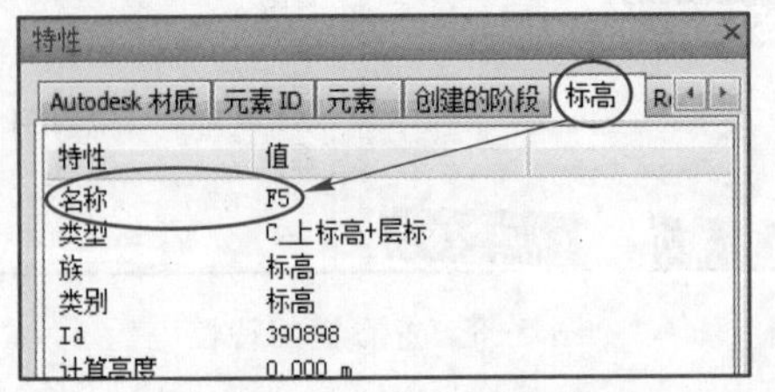

图5-12　查看标高所处位置

• 创建搜索集：在“查找项目”面板，单击第二行增设一行搜索条件，确定“类别”为“标高”、“特性”为“名称”、“条件”为“=”、“值”为“F1”，单击“查找全部”（图5-13）。

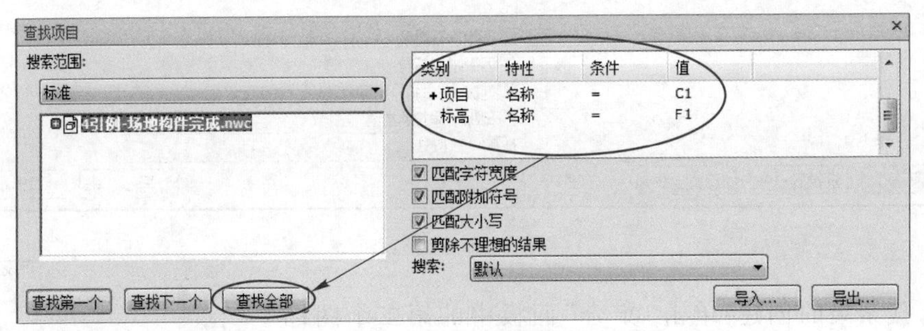

图5-13　查找项目

• 搜索集的创建：单击“集合”面板中的“保存搜索”，生成搜索集，修改该搜索集名称为“F1层C2窗”。

4. 选择F1层C2窗和F2层C1窗

• 创建搜索集：在“查找项目”面板，单击第三行，单击鼠标右键选择“OR条件”，此时会在第三行前方出现“+”号（图5-14）。增设第三行条件“类别”为“项目”、“特性”为“名称”、“条件”为“=”、“值”为“C1”，第四行条件“类别”为“标高”、“特性”为“名称”、“条件”为“=”、“值”为“F2”，单击“查找全部”（图5-15）。

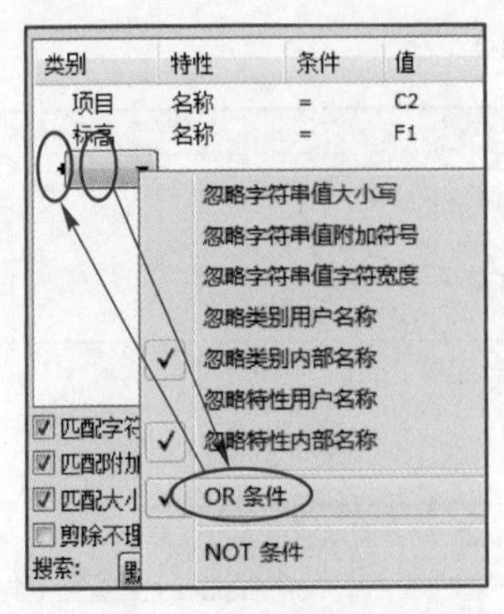

图5-14　右键选择“OR条件”

类别	特性	条件	值
项目	名称	=	C2
标高	名称	=	F1
+项目	名称	=	C1
标高	名称	=	F2

图5-15　查找项目

● 搜索集的创建:单击“集合”面板中的“保存搜索”,生成搜索集,修改该搜索集名称为“F1 层 C2 窗和 F2 层 C1 窗”。

5.1.3 选择不包含标记为“311”的 F1 层 C2 窗和 F2 层 C1 窗

● 搜索条件的查看:任意选择一扇窗,看到窗的标记位于“元素”的“标记”中(图 5-16)。

● 创建搜索集:在“查找项目”面板,单击第五行,单击鼠标右键选择“NOT 条件”,此时会在第五行前方出现不包含的符号(图 5-17)。增设第五行条件“类别”为“元素”、“特性”为“标记”、“条件”为“=”、“值”为“311”,单击“查找全部”。此时会发现,位于建筑物南侧二楼最右侧的窗户未被选中(图 5-18)。

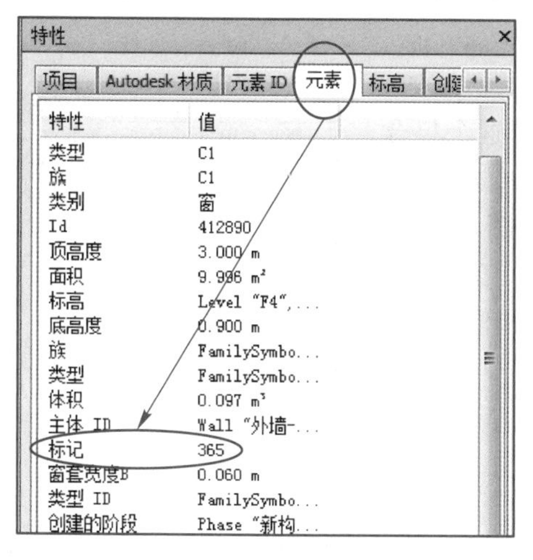

图 5-16 标记特性所处位置

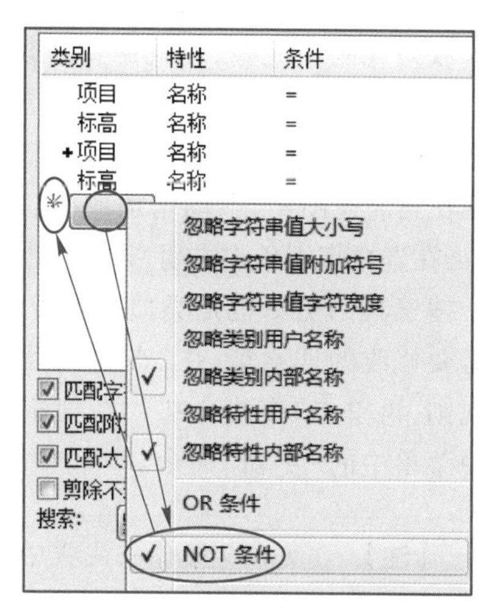

图 5-17 右键选择“NOT 条件”

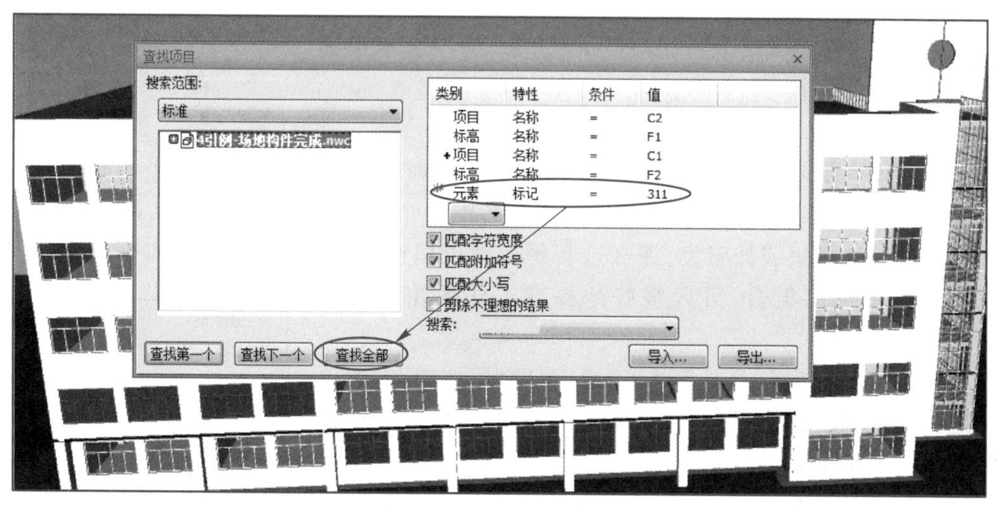

图 5-18 查找项目

● 搜索集的创建:单击“集合”面板中的“保存搜索”,生成搜索集,修改该搜索集名称为“不含标记 311 的 F1 层 C2 窗和 F2 层 C1 窗”。

完成的文件见“第5章\集合实例-搜索集完成.nwf”。

【说明】 Navisworks中的构件特性均来自于原始的Revit文件。因此,在使用Revit创建模型之前就应首先明确模型的应用点,并制作命名标准,再在Revit中进行模型创建。以便在后期的Navisworks软件中进行相应的施工工艺模拟、施工方案模拟、施工组织模拟、渲染或工程量计算等操作。

微课
集合更新和传递

5.2 掌握集合更新的方法

之前讲过了选择集和搜索集的创建,但是如果发现创建的选择集或搜索集不符合要求或是规则不完整,那就需要修改并更新。

对于选择集来讲,因为是手动选择创建的,所以如果要修改此集合,也需要在“集合”窗口中先选择这个集合,然后在当前视图中,手动增加或减少相应构件,选择完成后,再在选择集上单击右键,选择“更新”命令(图5-19)。

搜索集的更新也是类似的流程:在“集合”窗口上单击需要修改的搜索集,在“查找项目”中查看和修改之前的规则,再单击“查找全部”,在搜索集名称上单击右键,选中菜单中的“更新”命令。

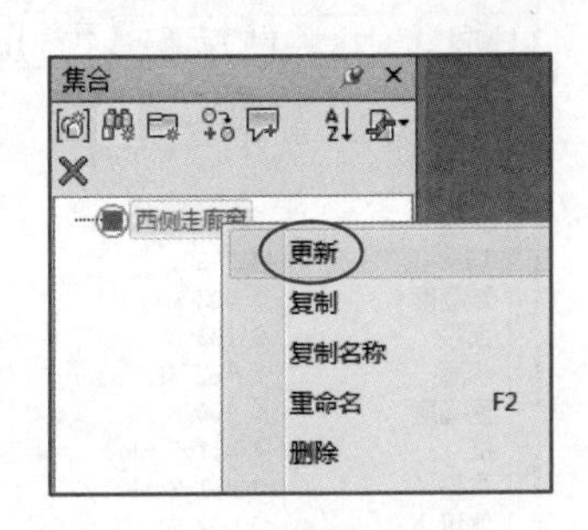

图5-19 集合的更新

【注】 “更新”操作一定是在“查找全部”后,在“集合”名称上单击“鼠标右键”进行更新,如果单击鼠标左键将回到原来的集合。所以一定注意,“更新”操作一定是用鼠标右键来单击,而不是用左键来选择。

5.3 掌握集合传递的方法

集合传递也被称为集合共享。它是一个非常高效和实用的功能,相当于如果在一个大项目中,有很多个子项,那么只需要在其中一个子项的Navisworks文件中建立起一套合适的选择集或搜索集,那么这套集合就可以被独立地保存下来,其他子项文件就不用重新再建集合,可以很好地提高工作效率。操作如下:

- 在“集合”窗口右上角单击“导入/导出”按钮,在菜单上选择“导出搜索集…”(图5-20)。这时软件会把此集合保存为一个xml格式的文件。
- 在下一个Navisworks文件当中,使用“导入搜索集”,就可以把这些集合状态传递进来,形成自己的集合。

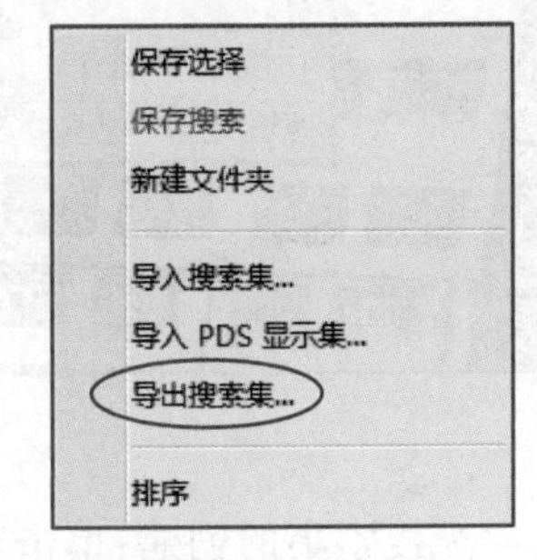

图5-20 导出搜索集

虽然说这个功能的名称是“导入搜索集”,实际上里面也包括了定制好的“选择集”。当然,集合的传递或者说是共享,是有前提的，那就是需要有一套标准和规则。通俗一点，也就是我们常说的共用性。比如说,如果两个项目之间,存在各种构件的命名方式不统一、材料说明不一致等情况,那么这两个项目的集合文件也就不通用,也没有共享的必要了。

所以说,建模和设计的标准和规则需要统一和规范。比如设计绘图的时候,墙体、结构柱、门窗、机电专业的管道的命名和分类,系统的划分。以及建模过程中墙体和结构柱等竖向构件需要分层建立等。这些行为要形成一个统一的标准和规范,这样各个项目之间的集合传递才有意义。

5.4 掌握不同分类集合的创建

集合是 Navisworks 中最重要的基础功能,而创建集合的目的也是为了配合后面的渲染、碰撞、动画以及进度等主要功能。所以针对不同的功能,集合在创建的时候也会有一定的区分和针对性。当然也可能会有一些功能的集合存在一些共性,即有些集合可以同时属于不同的集合分类。比如结构的梁柱集合可以既属于外观集,又属于碰撞集,这样可以重复利用。下面来分类说明一下,这些功能集合的创建的特点和一些注意事项。

5.4.1 掌握“外观集合”的创建与应用

微课

外观集合创建和应用(1)

1. 掌握“外观集合”的创建

外观集合,是为了快速修改模型外观而定制的集合。这里的外观其实指的就是模型的颜色和透明度,它通常是和“外观配置器”一起来配合使用的。“外观配置器”具有通过集合来创建和管理模型外观配置文件的功能。所以要使用这个功能,一定需要先创建好合适的外观集合。

- 创建集合:按照表 5-1 的查找条件,建立墙体、门窗、幕墙、楼板等外观集合。

表 5-1 “外观集合”查找条件

序号	集合名称	逻辑	类别	特性	条件	值
1	墙体(图 5-21)		元素	类别	=	墙
2	门窗(图 5-22)		元素	类别	=	门
		OR	元素	类别	=	窗
3	幕墙(图 5-23)		元素	类别	=	幕墙嵌板
		OR	元素	类别	=	幕墙竖梃
4	楼板、地坪、坡道(图 5-24)		元素	类别	=	楼板
		OR	元素	类别	=	建筑地坪
		OR	元素	类别	=	坡道
5	结构柱		元素	类别	=	结构柱
6	屋顶		元素	类别	=	屋顶

续表

序号	集合名称	逻辑	类别	特性	条件	值
7	楼梯		元素	类别	=	楼梯
		OR	元素	类别	=	栏杆扶手
8	旗帜（图 5-25）		元素	族	=	旗帜
9	模型文字（图 5-26）		元素	族	=	模型文字

【说明】 若模型中有梁，则梁的搜索条件是“元素”“类别”“=”和“结构框架”。

类别	特性	条件	值
元素	类别	=	墙

图 5-21 墙体集合

类别	特性	条件	值
元素	类别	=	门
+元素	类别	=	窗

图 5-22 门窗集合

类别	特性	条件	值
元素	类别	=	幕墙嵌板
+元素	类别	=	幕墙竖梃

图 5-23 幕墙集合

类别	特性	条件	值
元素	类别	=	楼板
+元素	类别	=	建筑地坪
+元素	类别	=	坡道

图 5-24 楼板、地坪、坡道集合

类别	特性	条件	值
元素	族	=	旗帜

图 5-25 旗帜集合

类别	特性	条件	值
元素	族	=	模型文字

图 5-26 模型文字集合

• 在“集合”窗口中,单击鼠标右键,选择“新建文件夹”命令,建立一个名为“外观”的文件夹,把刚才创建好的搜索集选中并拖拽到此目录中,见图 5-27。

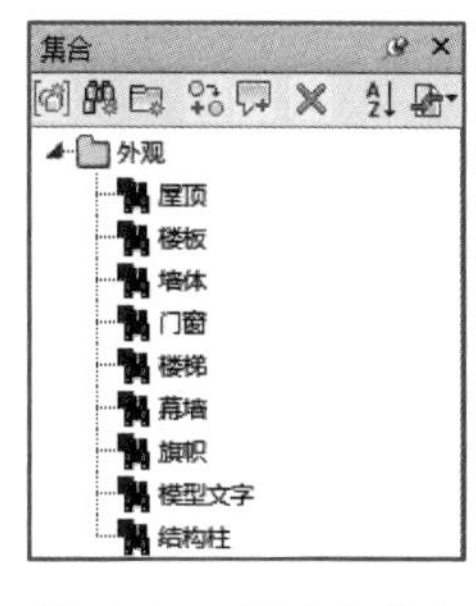

图 5-27 新建文件夹保存外观集

完成的文件见“第 5 章\集合实例-外观集合完成.nwf”。

2. 掌握“外观集合”的应用

外观集合,是为了快速修改模型外观而定制的集合。下面给集合赋予颜色,操作如下:

• 点击“常用”选项卡“工具”面板上的“Appearance Profiler”(即外观配置器,图 5-28)。

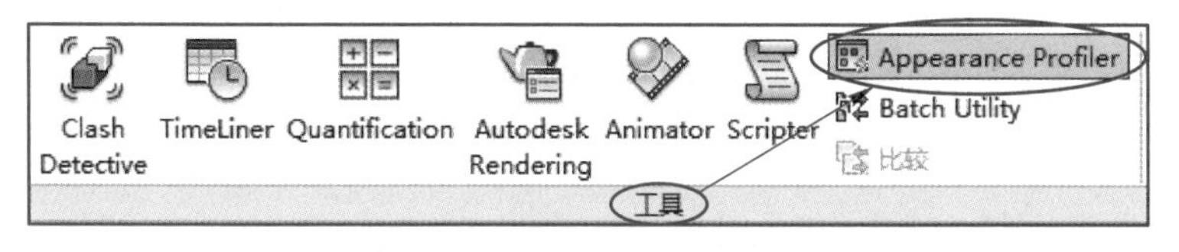

图 5-28 外观适配器

• 在弹出的“Appearance Profiler”对话框中,切换选择器为“按集合”,选取“结构柱”集合,颜色设置为深褐色,透明度设置为 0,单击“添加”(图 5-29)。

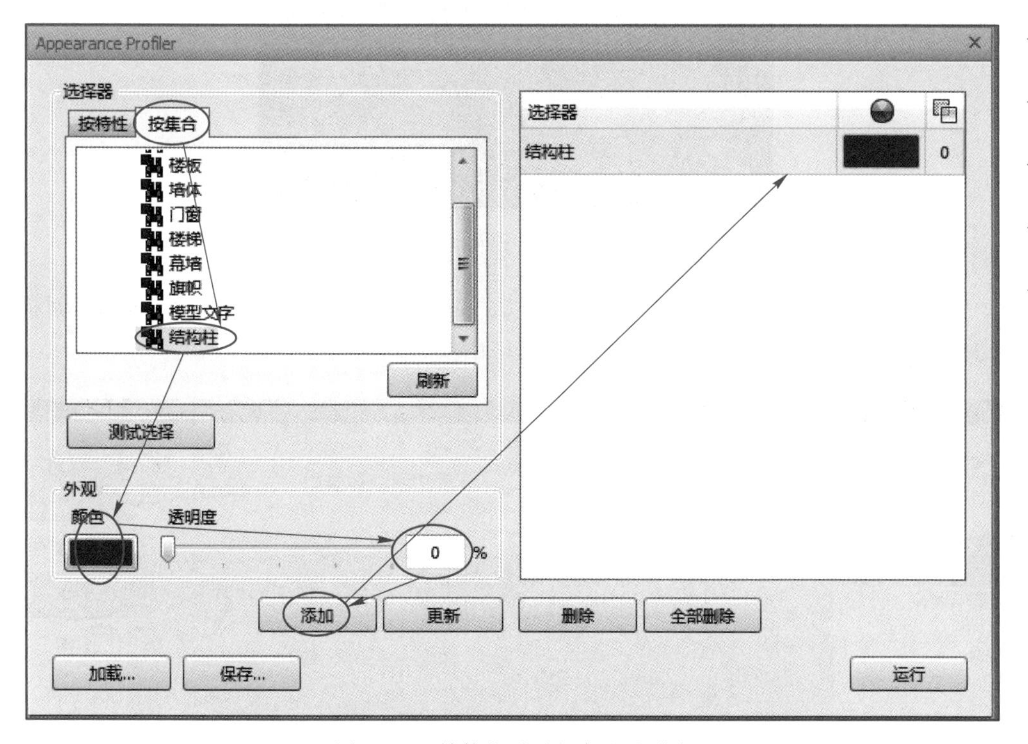

图 5-29 结构柱赋予颜色和透明度

• 其他集合外观的设定方法同结构柱,设定的内容见图 5-30。所有的集合都设置好了后,单击右下角的“运行”按钮,即可把这些设置应用到模型上面。关闭“外观配置器”窗口,回到场景视图中来看一下模型的状态(图 5-31)。

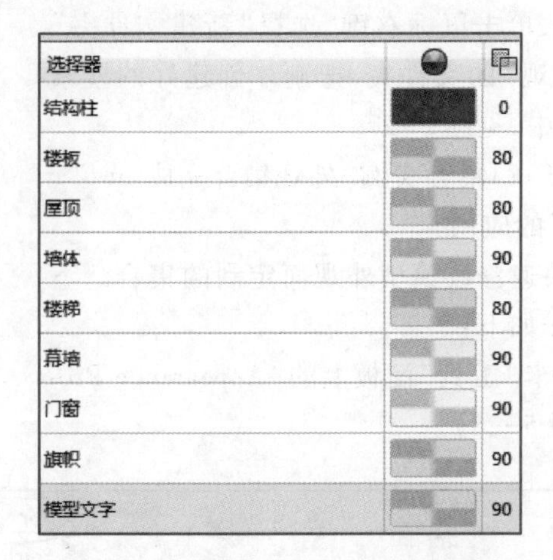

选择器		
结构柱		0
楼板		80
屋顶		80
墙体		90
楼梯		80
幕墙		90
门窗		90
旗帜		90
模型文字		90

图 5-30 颜色和透明度设置完成

图 5-31 模型状态

• 若模型显示没有变化，那么就需要确认一下“视点”选项卡中的“渲染样式”面板上的“模式”设置，是否有设置为“着色”状态（图 5-32）。

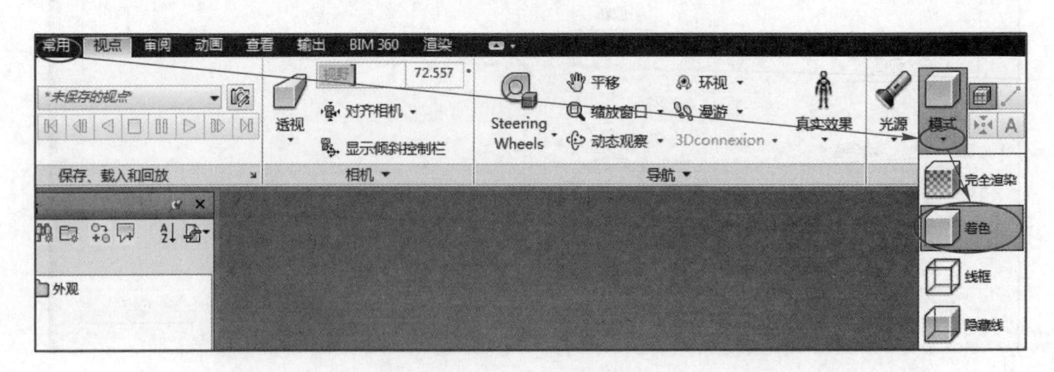

图 5-32 着色模式

完成的文件见“第 5 章\集合实例-外观集合颜色赋予完成.nwf”。

3. 掌握外观适配器图例的保存和载入

之前介绍过集合的传递，对于外观配置器来讲，如果定义好了某些状态的外观图例(颜色和透明度),这些图例也可以保存成配置文件保留下来,而且由于软件当中的一些设计缺陷,关闭 Navisworks 以后,重新打开会发现之前设置过的外观配置内容有很大的概率都丢失了。可以对该配置进行保存和载入。

外观配置器保存的方法:

- 打开“第 5 章\集合实例-外观集合颜色赋予完成.nwf”。
- 单击“外观配置器”窗口左下角的“保存”(图 5-33),命名为“外观配置器设置”,扩展名为.dat。

图 5-33 图例保存

外观配置器载入和应用的方法:

- 重新打开“第 5 章\集合实例-外观集合完成.nwf”。
- 打开外观适配器,单击“载入”,载入保存的“外观配置器设置.dat”。
- 单击右侧载入的“结构柱”设置,单击左侧“结构柱”集合,单击“测试选择”,单击“更新”,单击“运行”观看效果。
- 其他集合的设置同“结构柱”集合的设置。注意,应先单击载入的设置,再单击相应的集合。

【注】 通过这种方法保存和载入的仅是外观适配器的“图例”,载入后需要重新选择“集合”和相应的图例,单击“更新”和“运行”后才能生效。

5.4.2 掌握“材质集合”的创建

微课
外观集合创建和应用(2)

材质集合是对模型的渲染材质,包括可以对贴图、纹理、反射、折射、透明度等参数进行设定的构件集合。在很多时候,针对的都不是这些构件的整体模型,而是其中的某一部分子构件。比如之前创建的固定窗的窗框搜索集,又比如整个项目当中所有门窗的玻璃搜索集等。诸如此类的需要对某些构件的子构件进行材质划分的集合体,称之为材质集合。

只有这些构件的子构件被选中的时候,才能对其局部材质进行设定。当然,在创建了构件材质搜索集的时候,最好在集合窗口里建立一些文件夹对其进行分类和汇总,见图 5-34。

图 5-34 材质集合

不过需要注意的是,对于 Revit 软件导出的 Navisworks 文件格式,能被选择出子构件的构件在 Revit 里需要注意一些细节:

(1) 如果构件是独立族,那么子构件能被识别出来的必要条件除了各子构件之间是独立创建的之外,还必须有独立的材质参数和材质。

以固定窗为例,在 Revit 的族编辑环境当中,需要给这些不同的子构件以不同的材质和参数。这样才可以在 Navisworks 中被识别并选择出来。

(2) 如果需要给诸如墙体、楼板以及屋顶等具有复合构造层和做法的系统族在 Navisworks 里设置材质,比如区分墙体的抹灰、结构层等构造设置不同的材质,又或者独立识别和选择墙体或楼饭的某个区域来做材质的设定。首先需要在 Revit 环境当中使用零件功能把墙体、楼板或屋顶这些构件进行拆分,然后在导出 Navisworks 文件的时候,注意在导出设置里,把“转换结构件”勾选上,才能把这些拆分过的零件转换成独立构件传递出去,见图 5-35。

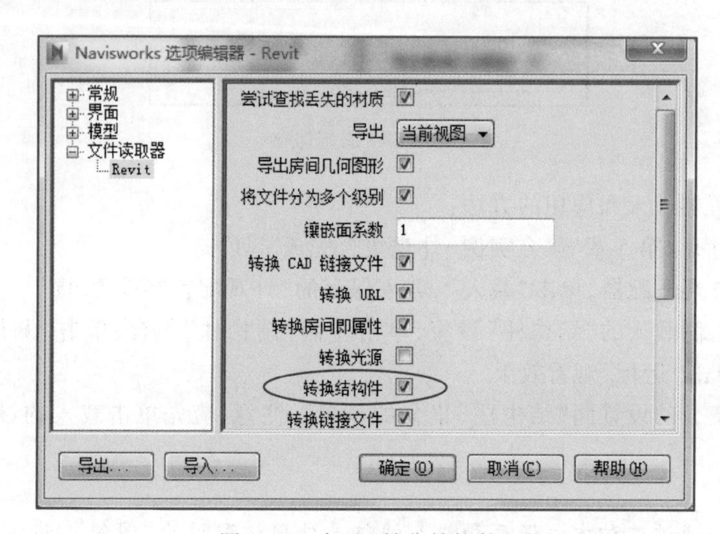

图 5-35 勾选“转化结构件”

(3) 在模型选择的精度上,一般是设置到“几何图形”这一级别才能够把这些子构件选择出来做成相关的搜索集。

遵照了以上几点后,基本上就可以比较方便地创建相关的材质集合了。具体的材质设定和渲染的内容,放在第六章渲染中讲解。

5.4.3 掌握“碰撞集合”的创建

按照碰撞检测的规则,在大方向上按照专业进行分类的集合原则划分即为碰撞集合。因此,碰撞集合就是配合碰撞检测功能的集合体。也就是说,定制集合的时候,要把模型按照建筑、结构、暖通、给排水、消防和电气专业进行划分,在集合上体现专业性,然后再对这些单专业进行细化。

关于分专业集合定制的一些情况,下面列出部分基本规则供大家参考,见表 5-2。

表 5-2 “碰撞”集合查找条件

专业	集合名称	逻辑	类别	特性	条件	值
建筑	吊顶		元素	类别	=	天花板
	门窗		元素	类别	=	门
		OR	元素	类别	=	窗

续表

专业	集合名称	逻辑	类别	特性	条件	值
结构	结构柱		元素	类别	=	结构柱
	结构梁		元素	类别	=	结构框架
	剪力墙		元素	名称	包含	剪力墙
采暖	空调回风		系统类型	名称	=	空调回风
	空调送风		系统类型	名称	=	空调送风
	采暖热水供水		系统类型	名称	=	采暖热水供水
	采暖热水回水		系统类型	名称	=	采暖热水回水
给排水	热水给水		系统类型	名称	=	热水给水
	冷却循环给水		系统类型	名称	=	热水给水
	污水		系统类型	名称	=	污水
消防	自动喷水		系统类型	名称	=	自动喷水
			元素	直径	>=	40(0.1312)
	室内消火栓		系统类型	名称	=	室内消火栓
电气	消防耐火线槽		元素	名称	包含	消防耐火线槽
	安防线槽		元素	名称	包含	安防线槽
	电缆桥架		元素	名称	包含	电缆桥架

在表 5-2 中的消防专业自动喷水系统的条件里有一个规则是:直径大于等于 40 mm 的自动喷水管道。这个搜索集就意味着只有管径 40 mm 以上(包含 40 mm)的管道参与碰撞检查。在 Revit 环境当中,电气专业桥架没有系统类型,经常会使用元素名称或项目名称等信息进行桥架功能分类。这里有一些定制好的集合组织目录供参考,见图 5-36~图 5-38。

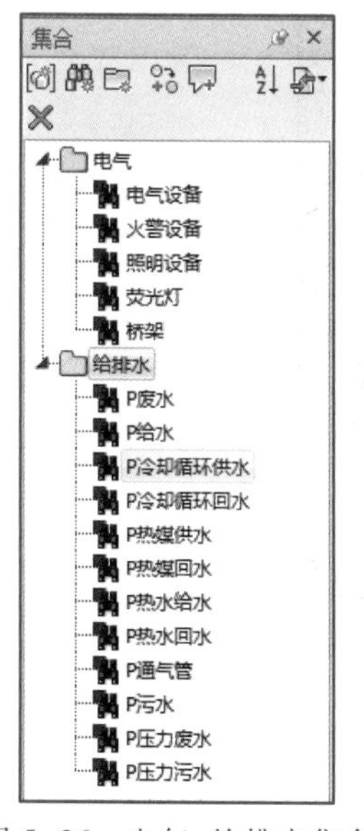

图 5-36 电气、给排水集合

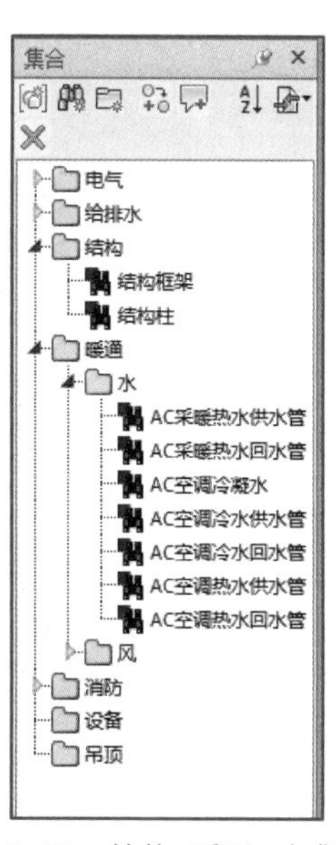

图 5-37 结构、暖通-水集合

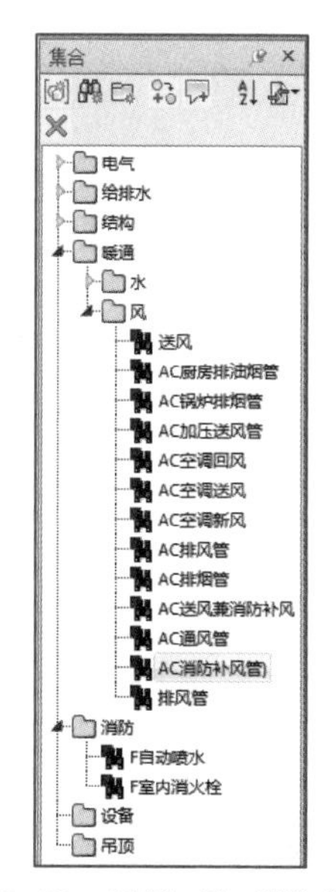

图 5-38 暖通-风、消防集合

除创建完碰撞集合外,一般还要通过外观配置器给这些集合设定明显易区分的外观,便于直观地区分出相关的构件或管道系统。之前在讲“外观配置器”的时候,就各种管道系统设定了颜色区别,见图5-39。

图5-39　管道颜色设定

下面再给大家补充一个比较实用的集合创建方法,就是在把Revit导出的NWC模型载入到Navisworks中以后,在其默认的环境当中已经有大量已经创建好的搜索集规则可供使用。操作如下:

• 单击“常用”选项卡“选择和搜索”面板上的“选择树”,将展开“选择树”面板。在“选择树”面板中,将“标准”切换成“特性”。模型当中跟特性有关的所有属性信息就会按树形目录分别列出来(图5-40)。

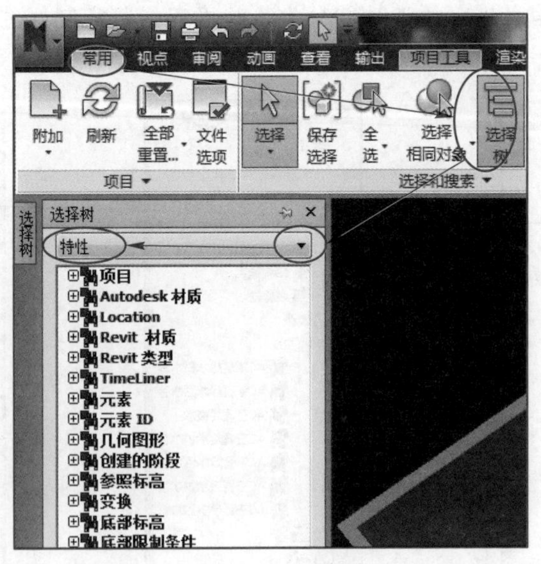

图5-40　选择树

• 打开“查找项目”窗口,展开“选择树”面板中“特性”中的“Revit类型”-“名称”。单击其中任何一个集合后,“查找项目”窗口会出现这个集合的搜索规则(图5-41)。

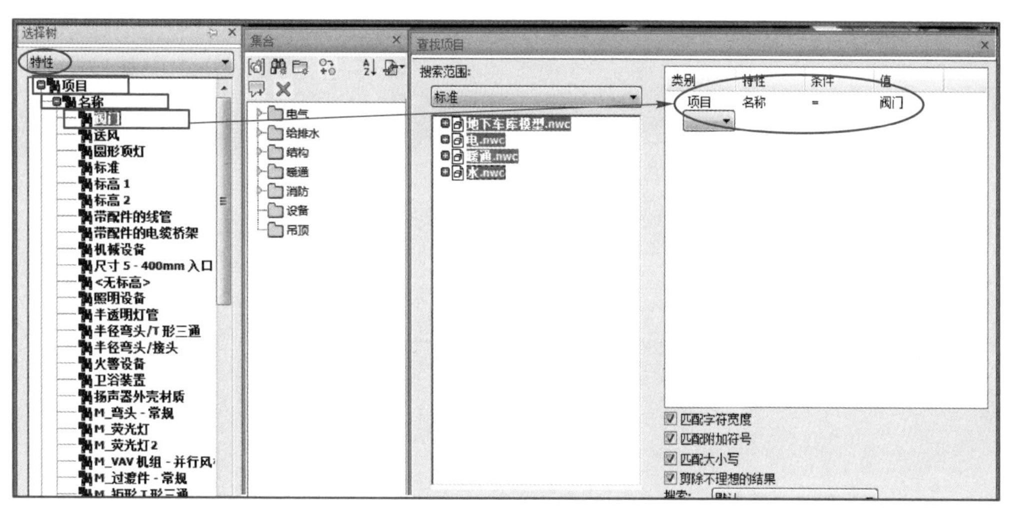

图 5-41 查找项目

• 这个时候只要在“集合”窗口中单击鼠标右键，选择保存搜索即可把这个规则的搜索集提取出来。

在“选择树”特性目录下面，有大量已经创建好的搜索集。那我们常用的规则都有些什么呢？在这给大家简单列举几个：

(1) “Revit 类型”——“名称”。

(2) “元素”——“类别”。

(3) “材质”——“名称”。

这些规则就像是 Navisworks 后台给大家建好的默认的特性数据库，之前创建的那些选择集实际上就是在这些已经分好类的数据上建立起来的，只不过在使用的时候进行了一些自由的定制和组合。至于碰撞检查的具体流程和规则制作，请参照“第 9 章 冲突检测与审阅”的内容进行学习。

第 6 章

渲　染

学习目标

掌握“渲染”的全局选项设置。掌握渲染材质应用的方法，包括渲染材质库的类别和用户库的创建，以及渲染材质赋予的一般过程和材质参数的相关设置。

掌握光源设置的方法，含“位置”“太阳”“天空”“曝光”相关的参数。

掌握渲染设置的方法，并进行渲染，含 Navisworks 云渲染。

单元概述

在“选项编辑器”中的“界面”-“显示”-“Autodesk”中，来细化“渲染”参数。

单击“渲染”选项卡“系统面板”中的“Autodesk Rendering”，打开渲染面板。以本项目二楼以上外墙外表面设定一个砖纹理的材质为例，详细操作如下：选择“屋面板-灰色组合”材质，添加到文档材质库里；双击名称为“屋面板-灰色组合”的材质，打开材质编辑器，进行材质编辑；查找选择“涂层-外部-蓝灰色”墙体，在 Autodesk Rendering 窗口“文档材质”中的“屋面板-灰色组合”处单击鼠标右键，选择“指定给当前选择”，就把修改好的材质应用到外墙面层的这些构件上。

在 Autodesk Rendering 中，对自然光源的设置。点击“Autodesk Rendering”面板中的“环境”选项卡，并激活“太阳”和“曝光”，打开环境效果，设置位置信息、环境信息和“曝光”相关的参数。

设置渲染输出的质量，进行渲染。也可以单击“渲染”选项卡“系统”面板里的“在云中渲染”进行在线渲染。

渲染的一般流程为：

(1) 从材质库中选择材质将其指定到所选图元；

(2) 设置位置信息和环境信息(太阳、天空、曝光)；

(3) 设置渲染质量；

(4) 进行渲染；

(5) 保存或导出渲染的图像。

拓展阅读

基于物联网的工程总承包项目物资全过程监管技术

6.1 掌握“渲染”的全局选项设置

• 打开“第6章\渲染.nwf”，选择软件左上角的程序菜单，单击“选项”，或按F12快捷键，进入“选项编辑器”。

微课
渲染的全局选项

• 选择“界面”-“显示”-“Autodesk”，来细化其中的一些性能参数(图6-1)：

屏幕空间环境光阻挡：主要是呈现真实世界环境照明的效果。应用此设置后，模型会拥有更加细腻的阴影效果。

使用无限制光源：是指Autodesk渲染器默认情况下最多只支持八个光源，如果光源数多于八个，并且希望还能使用多出来的光源对象，那么可以选择此复选框。

着色器样式：通常情况选择默认的“基本”即可，不用去改。

多重采样抗锯齿：主要是调节几何模型的边缘光滑度。值越高，模型边缘就越光滑，实时渲染的时间可能就会越长，对机器的性能要求就更高。

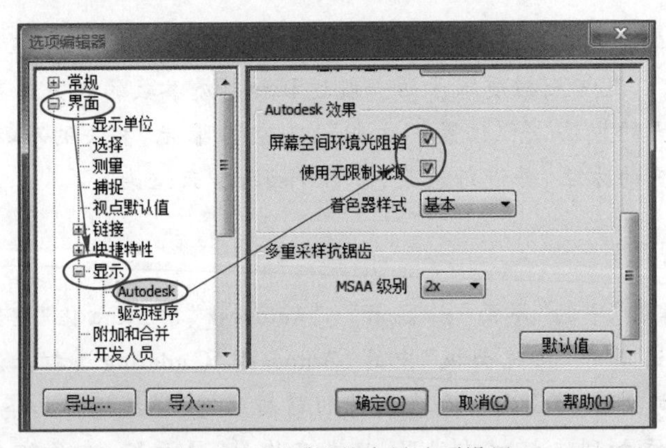

图6-1 “渲染”的全局选项设置

6.2 掌握渲染材质应用的方法

微课
材质库类别和用户库创建

6.2.1 掌握“渲染”材质库的类别和用户库的创建

Revit、AutoCAD、3DMAX、Bentley的DGN等的一些材质可以直接传递到Navisworks中，在以上软件中提前进行材质设置会提高后面的工作效率。

• 单击“渲染”选项卡“系统面板”中的“Autodesk Rendering”(即Autodesk渲染器)，见图6-2。

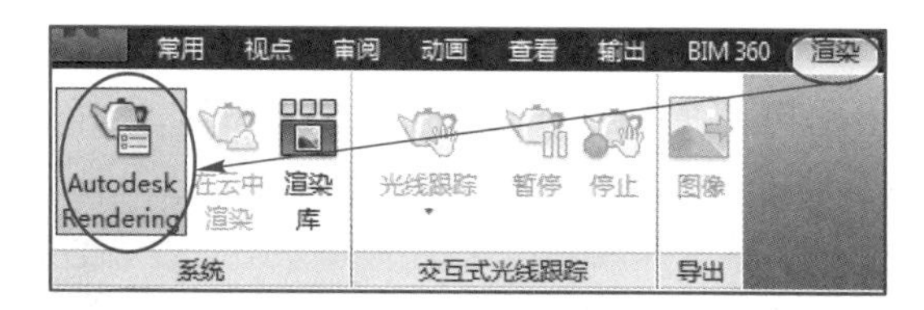

图 6-2 渲染工具

Navisworks 材质库包含 700 多种材质和 1 000 多种纹理。这个材质库有三种类别,分别是 Autodesk 库、用户库和文档材质库(图 6-3)。

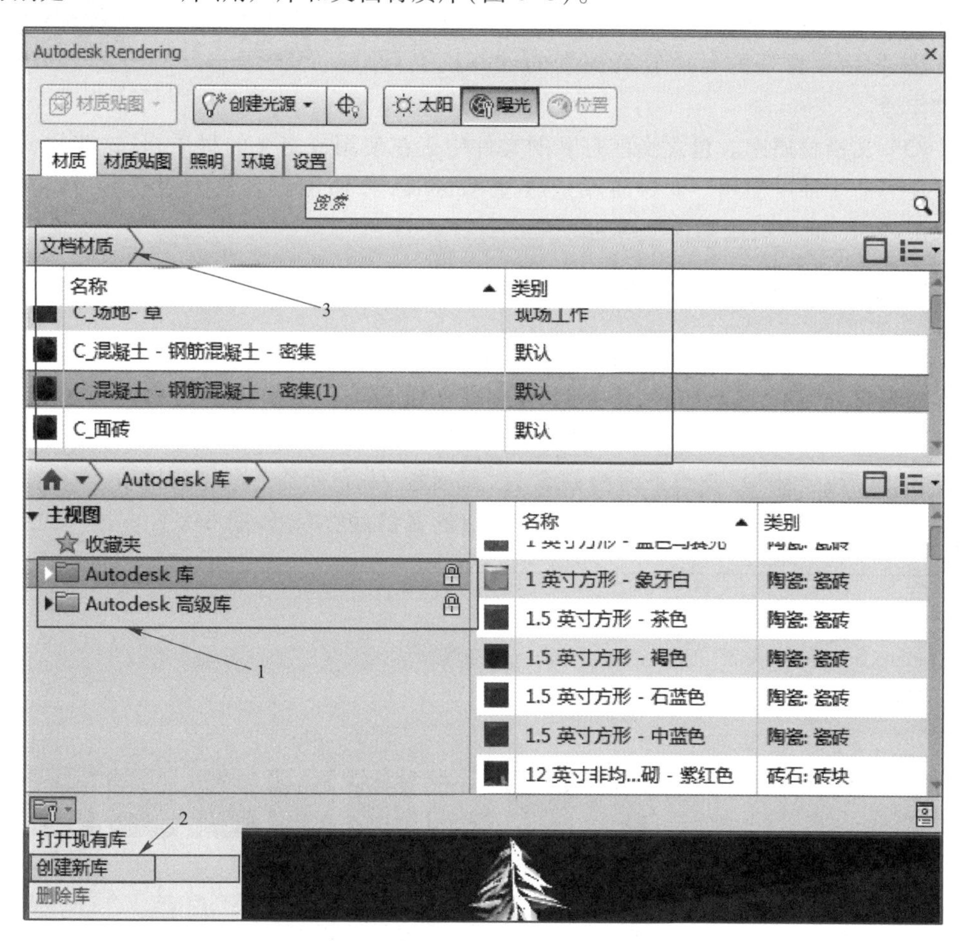

图 6-3 Autodesk 库、用户库和文档材质库

(1) Autodesk 库。包含软件预置的材质,可以供支持 Autodesk 材质的应用程序使用。此库默认情况已被锁定,其旁边显示有锁定图标。因为被锁定,所以可以将这些材质作为自定义材质的基础添加保存在用户库中。

(2) 用户库。单击渲染器左下角按钮可以创建新库,即自定义用户库。用户库材质是通过 Autodesk 库及文档材质库添加进来的。而且里面的材质不会像 Autodesk 库一样被锁定,可以自由编辑和修改。这个库就保存在计算机中,不论打开哪个模型文件,材质库中的材质都可以直接拿来使用。此库也可以复制到其他计算机上进行材质库传递。

• 在“Autodesk Rendering”面板左下角单击文件夹图标，选择“创建新库”并命名为“常用材质”（图 6-4），将在电脑上创建一个扩展名为 adsklib 的材质库文件。

• 在“常用材质”上单击鼠标右键选择“创建类别”，如玻璃、石材等。拖拽“文档材质库”中的材质放置到这个文件夹下，形成自己的特有资源。

• 单击左下角文件夹图标，选择“打开现有库”，可以打开已经设置好的材质库进行使用。也可以使用这种方法，把新设置好的材质复制到别的计算机上，进行材质传递。

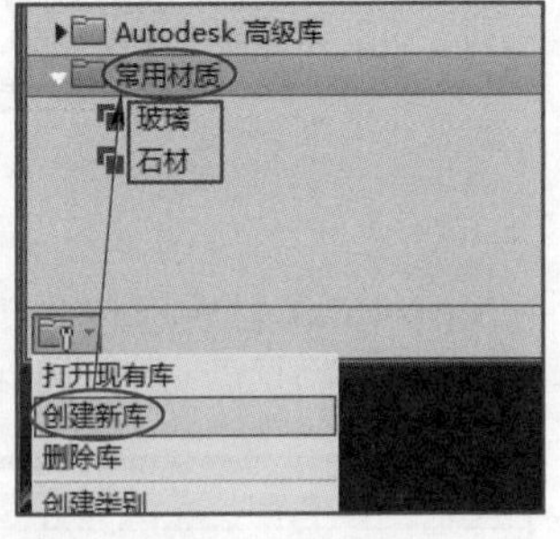

图 6-4 用户库创建

（3）文档材质库。包含当前打开的文件中正在使用或定义的材质，且这些材质仅可以在当前文件中使用。此材质库是通过 Autodesk 库添加或者从原始模型当中自动提取出来的，此库只跟随模型绑定。

6.2.2 掌握渲染材质赋予的一般过程

给本项目二楼以上外墙外表面设定一个砖纹理的材质，并把它添加到“常用材质”下面的石材分类里。以此项工作为例，详细操作如下：

• 单击 Autodesk 库，为了便于浏览，将此窗口右侧中部的“查看类型”调整成缩略图模式，然后在“屋顶”类型下面找到名为“屋面板-灰色组合”的基础材质，在此图标上单击左侧的箭头图标，将其添加到上面窗口的文档材质库里（图 6-5）。

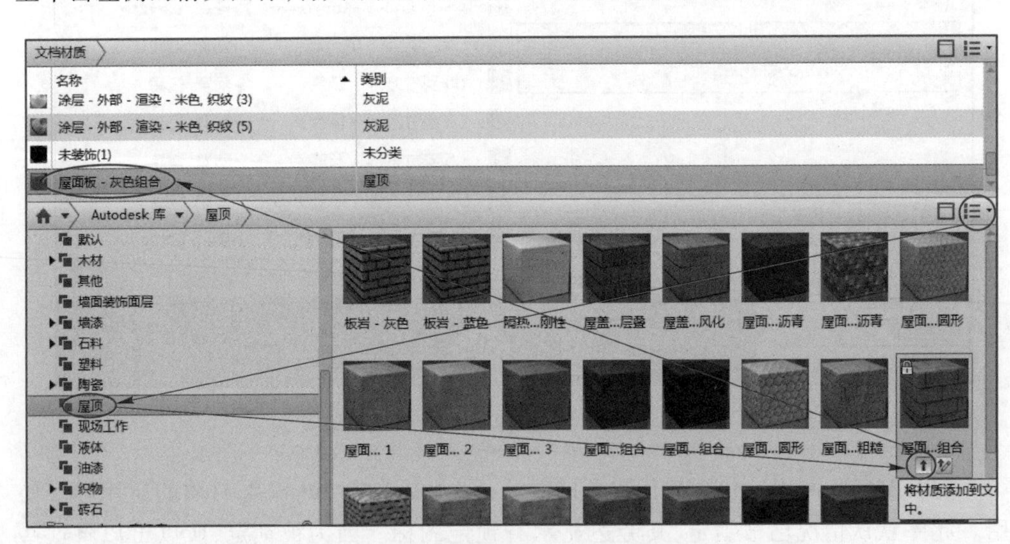

图 6-5 选择材质放入文档材质中

• 在“文档材质”里双击名称为“屋面板-灰色组合”的材质，会出现此材质编辑器窗口，将“图像褪色”参数设置成“50”（图 6-6），关闭材质编辑器。

• 单击“常用”选项卡“显示”面板中的“特性”，使“特性”面板显示。确保选择精度为“几何图形”，选择墙体，在“特性”面板中查看到“材质”为“涂层-外部-蓝灰色”（图 6-7）。

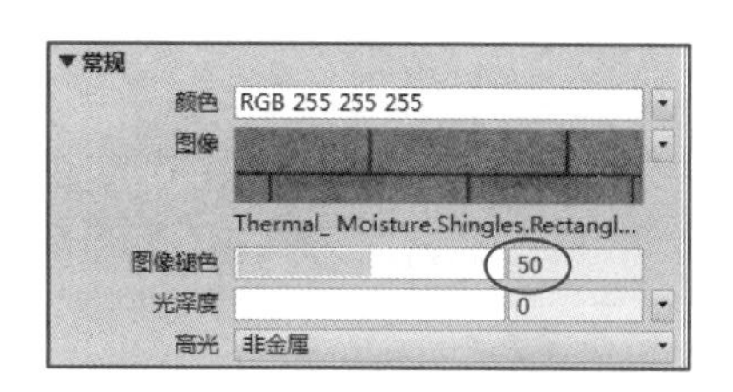

图 6-6 图像褪色设置

【注】 Navisworks 构件中的所有特性均来自于原 Revit 文件。在 Revit 中设置的墙体外面层材质为“涂层-外部-蓝灰色”，在 Navisworks 中显示的材质名称即为“涂层-外部-蓝灰色”。

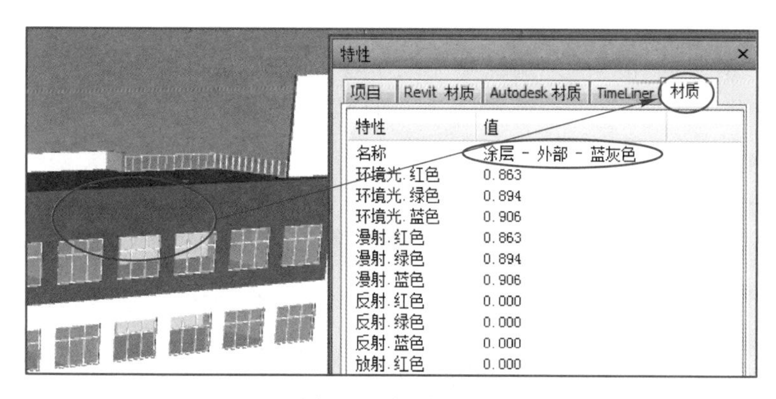

图 6-7 材质查看

• 打开“常用”选项卡“查找项目”面板，查找“材质”“名称”“=”“涂层-外部-蓝灰色”，保存为“选择集”，命名为“二楼以上外墙面层”（图 6-8）。

【注】 此时保存为选择集，不是搜索集。

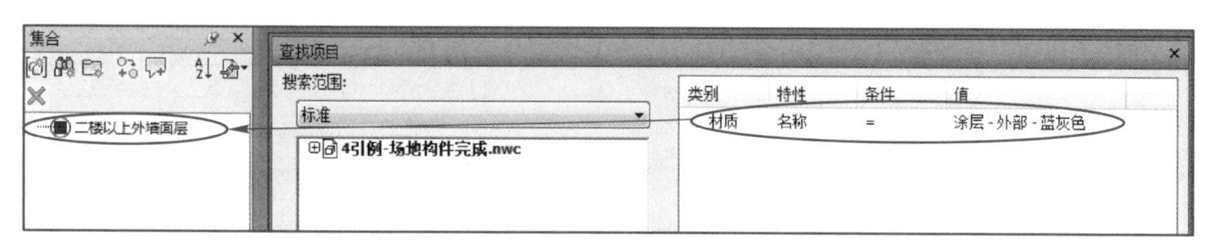

图 6-8 创建待渲染的集合

• 在 Autodesk Rendering 窗口“文档材质”中的“屋面板-灰色组合”处单击鼠标右键，选择“指定给当前选择”（图 6-9）。就把修改好的材质应用到外墙面层的这些构件上了。此时，确认“视点”选项卡“渲染样式”面板里的“模式”设置的是“完全渲染”（图 6-10）。

完成的项目文件见“第 6 章\渲染-外墙渲染完成.nwf”。

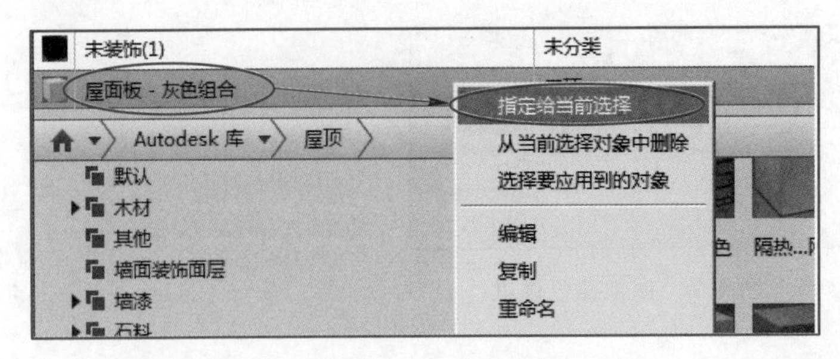

图 6-9 文档材质赋予被选择的图元

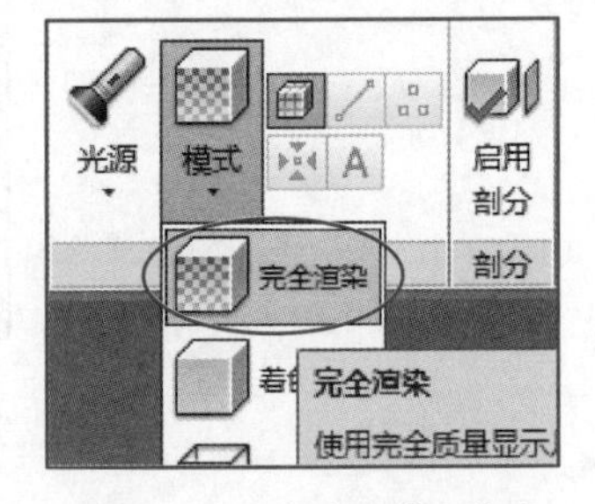

图 6-10 “完全渲染”模式

6.2.3 掌握玻璃材质的设置

微课
玻璃材质设置

门窗玻璃、幕墙玻璃在建筑物中有大量的应用,玻璃渲染效果的优劣直接影响整个项目的渲染效果。

• 打开“第 6 章\渲染-外墙渲染完成.nwf”,打开“Autodesk Rendering”,在“玻璃”材质中找到一个名为“清晰反射”的玻璃材质,把它添加到材质文档中(图 6-11)。

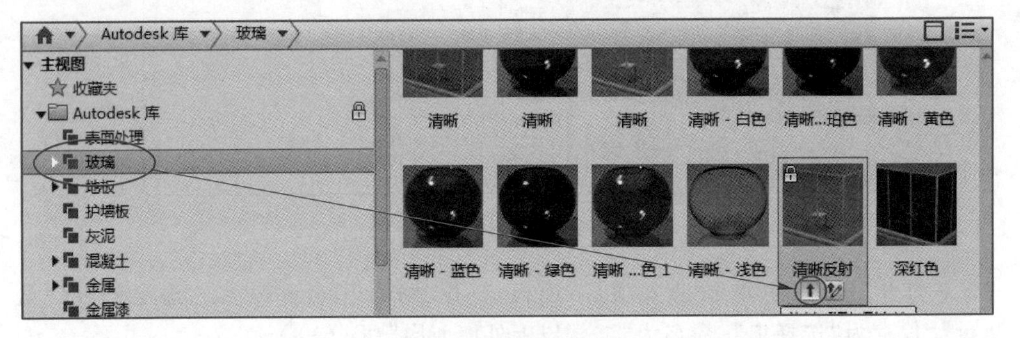

图 6-11 添加玻璃材质

• 打开“常用”选项卡“查找项目”面板,查找“材质”“名称”“=”“玻璃”,保存为“选择集”,命名为“玻璃”(图 6-12)。

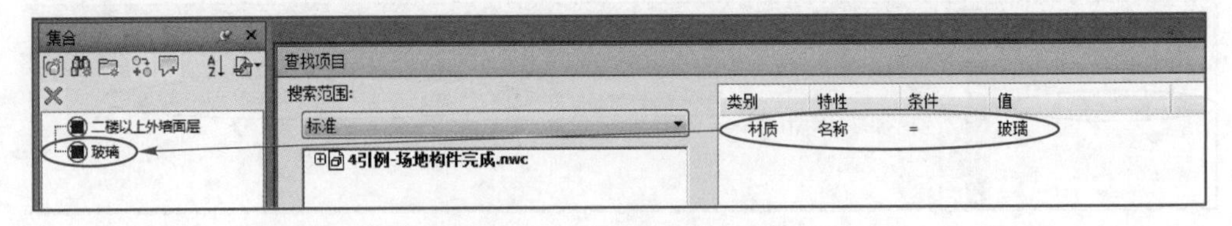

图 6-12 创建玻璃集合

• 双击“Autodesk Rendering”面板“文档材质”中“清晰反射”玻璃材质,在弹出的“材质编辑器”对话框中修改玻璃材质参数。

“反射”“玻璃片数”参数:数值越高,透明度越底。下面对比玻璃“反射”参数为“7”和“70”的不同(图 6-13、图 6-14)。

完成的项目文件见“第 6 章\渲染-玻璃渲染完成.nwf”。

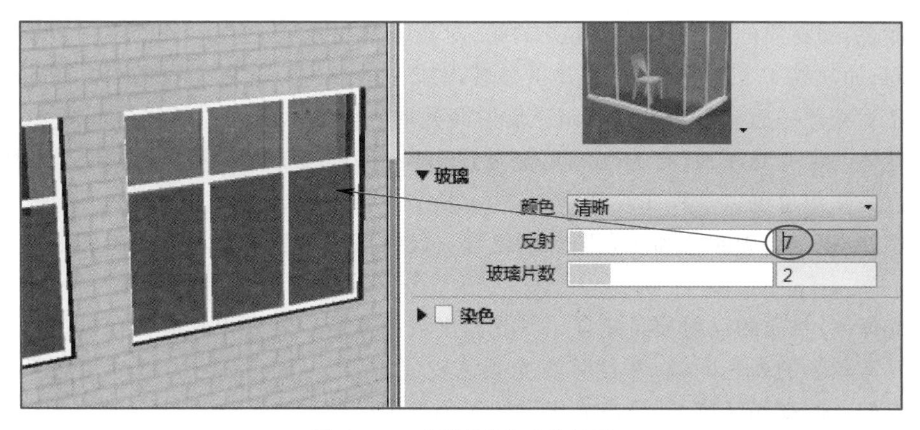

图 6-13 反射值为“7”的显示

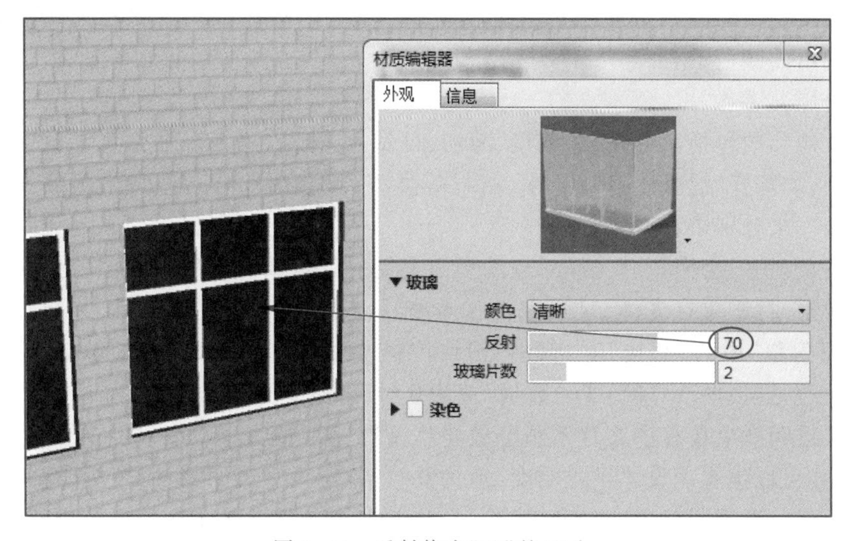

图 6-14 反射值为“70”的显示

6.2.4 掌握材质参数的设置内容

● 双击“Autodesk Rendering”面板“文档材质”中“屋面板-灰色组合”玻璃材质，在弹出的“材质编辑器”面板可以修改各种材质参数。

1. 常规参数

在“材质编辑器”面板中“常规参数”包括颜色、图像、图像褪色、光泽度、高光(图 6-15)。

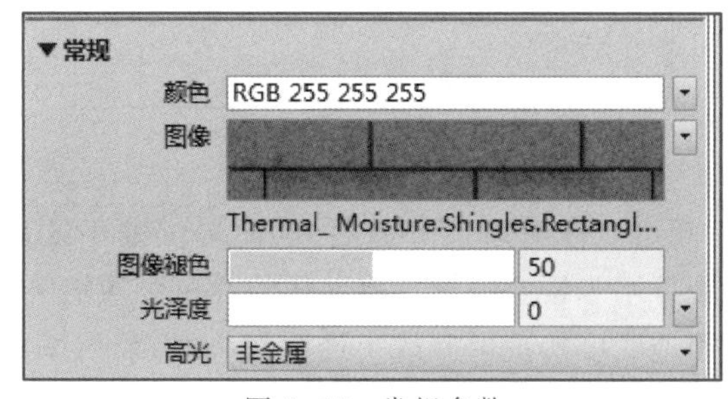

图 6-15 常规参数

颜色:即材质的颜色。需要注意的是,对象上的材质颜色在对象的不同区域内各不相同,如观察一个红色球体,它并不显现出统一的红色。远离光源的面显现出的红色比正对光源的面显现出的红色暗。反射高光的区域显示的红色最浅。事实上,如果红色球体非常有光泽,其高光区域可能显现出白色。可以指定颜色或自定义纹理,纹理可以是图像也可以是程序纹理。

图像:控制基础颜色和漫射图像的组合。仅在使用图像时才可以编辑图像淡入度特性。

光泽度:材质的反射质量定义了其光泽度或消光度。若要模拟有光泽的曲面。材质应具有较小的高光区域,并且其高光颜色较浅,甚至可能是白色。光泽度较低的材质具有较大的高光区域,并且高光区域的颜色更接近材质的主色。

高光:控制材质的反射高光的获取方式。金属设置将根据光源照射在对象上的角度发散光线(各向异性)。金属高光是指材质的颜色。非金属高光是指光线接触材质时所显现出的颜色。

2. 非常规参数

非常规参数包括反射率、透明度、剪切、自发光、凹凸、染色。非常规参数取决于材质的类型,如陶瓷、混凝土、玻璃、水、石材等类型,就会额外有一些特效参数供我们来调整。接下来分别来看看都有哪些。

(1) 反射率:会模拟有光泽对象的表面上反射的场景。反射率贴图若要获得较好的渲染效果,材质应有光泽,且反射图像本身应具有较高的分辨率(至少 512×480 像素)。“反射率”中的“直接”和“倾斜”滑块控制表面上的反射级别及反射高光的强度。

(2) 透明度(图 6-16):① “数量”值为 0 时,材质完全不透明;值为 100 时,材质完全透明。透明效果在有图案背下预览最佳。仅当“数”值大于 0 时,“半透明度”和“折射”特性才可以编辑。② “半透明度”值为 0 时,材质无半透明特性;值为 100 时,材质完全半透明。半透明对象(如磨砂玻璃)允许部分光线穿过并在对象内散射部分光线。③ “折射”控制光线穿过材质时的弯曲度,因此会导致位于对象另一侧的其他对象的外观发生扭曲。如折射率为 1.0 时,透明对象后面的对象不会失真。折射率为 1.5 时,对象将严重失真,就像透过玻璃球看对象一样。

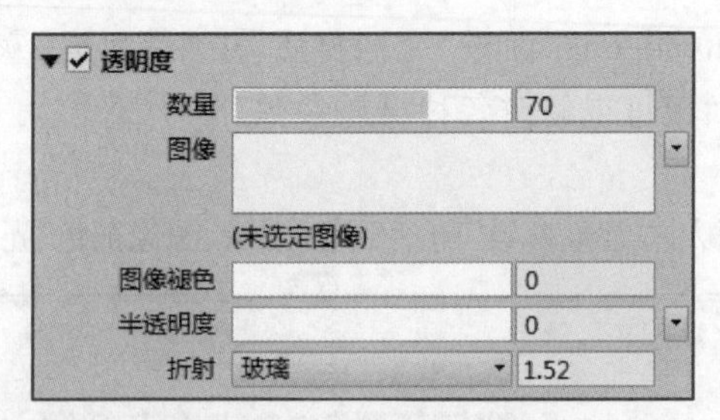

图 6-16 透明度的设置

(3) 剪切:镂空贴图可以使材质部分透明,从而提供基于纹理灰度转换的穿孔效果。可以选择将图像文件用于镂空贴图。将贴图的浅色区域渲染为不透明,深色区域渲染为透明。可以使用透明度实现磨砂或半透明效果时,反射率将保持不变。镂空区域不会反射。

（4）自发光（图 6-17）：自发光贴图可以使部分对象呈现出发光效果。例如，若要在不使用光源的情况下模拟霓虹灯，可以将自发光值设置为大于零。没有光线投射到其他对象上，且自发光对象不接收阴影，贴图的白色区域会渲染为完全自发光。黑色区域不使用自发光进行渲染，灰色区域会渲染为部分自发光，具体取决于灰度值。

具体参数包括：①“过滤颜色”会在发光的表面上创建颜色过滤效果。②“亮度”可以让材质模拟在光源中被照亮的效果，如模拟霓虹灯等。发射光线的多少由在该字段中选择的值确定。该值以亮度单位进行测量。③ 色温可以设置自发光的颜色。

（5）凹凸（图 6-18）：可以选择图像文件或程序贴图以用于贴图。凹凸贴图使对象看起来具有起伏或不规则的表面。例如，使用凹凸贴图材质渲染对象时，贴图的较浅（较白）区域看起来高了一些，而较深（较黑）区域看起来低了一些。如果图像是彩色图像，将使用每种颜色的灰度值。凹凸贴图会显著增加渲染时间，但会增加真实感。

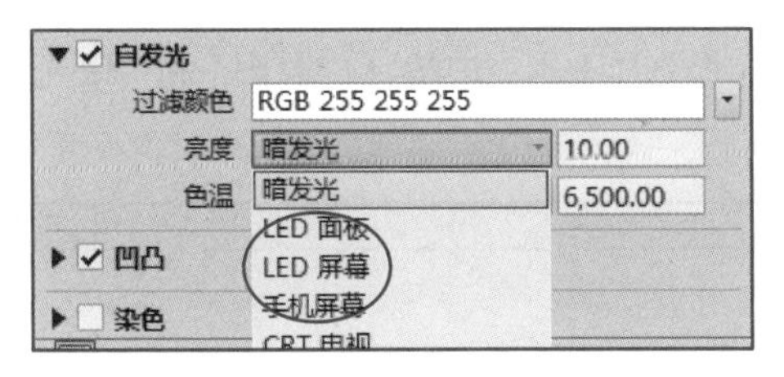

图 6-17 自发光参数

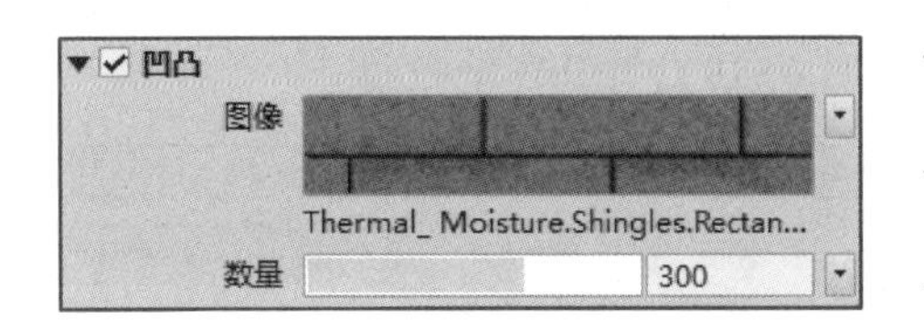

图 6-18 凹凸参数

若要去除表面的平滑度或创建凸雕外观，可以使用凹凸贴图。但是请记住，凹凸贴图的深度效果是有限的，因为它不影响对象的轮廓且不能自阴影。如果要在表面上获得最大深度，则应使用建模技术。凹凸是由凸出面的法向在渲染对象之前创建的模拟。因此，凹凸不显示在凹凸贴图对象的轮廓上。

“图像”可生成有效的凹凸贴图。“数量”可以调整凹凸的高度。值越高，渲染创建的凸出高度越高；值越低，则凸出高度越低。

6.3 掌握光源设置的方法

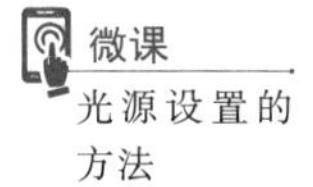

在模型当中添加光源可以创建更加真实的渲染，为场景提供真实的外观，还可以增加场景的清晰度和三维视觉效果。

在 Autodesk Rendering 中，光源分为两大类，一种是“自然光源”，来自于太阳和天空；另一种是“人工光源”，来自于模型的灯具。

“自然光源”即太阳和天空。太阳是一种类似于平行光的特殊光源。太阳的角度由为模型指定的地理位置以及日期和时间决定。可以更改太阳的亮度及其光线的颜色。太阳与天空是自然光源的主要来源。但是，太阳光线是平行的且为淡黄色，而大气投射的光线来自所有方向且颜色为明显的蓝色。影响“自然光源”的多为天气因素。如在晴朗的天气，太阳光的颜色为浅黄色，多云天气会使日光变为蓝色，而暴风雨天气则使日光变为深灰色。在日出和日落时，空气中的微粒会使日光变为橙色或褐色，日光颜色可能是比黄色更深的橙色或红色。而在 Navisworks 中 RGB 值默认为 255，即白色。天气越晴朗,阴影就越清晰,这对于自然照明场景的三维效果非常重要。有方向性的光线也可以模拟月光,月光是白色的,但比阳光暗淡。

“人工光源”指的是在人工照明的场景里使用的点光源、聚光灯、平行光或光域网灯光照明。使用人工光源需要了解一些光源的照明行为。

(1)点光源。是从其所在位置向各个方向发射光线的照明行为。点光源不以某个对象为目标,而是照亮它周围的所有对象,可以使用它们获得常规的照明效果。

(2)聚光灯。是在其所在位置定向发射圆锥形光柱的照明行为,如手电筒或聚光灯等,它们对于亮显模型中的特定要素和区域比较有用。

(3)平行光。其照明行为是指在一个方向上发射一致的平行光线。强度并不随着距离增大而减弱,它在任意位置照射面的亮度都与光源处的亮度相同。平行光对于统一照亮对象或背景幕非常有用。

下面对自然光源的设置进行如下实训:

● 单击“Autodesk Rendering”面板中的“环境”选项卡,并激活“太阳”和“曝光”(图6-19),打开环境效果。

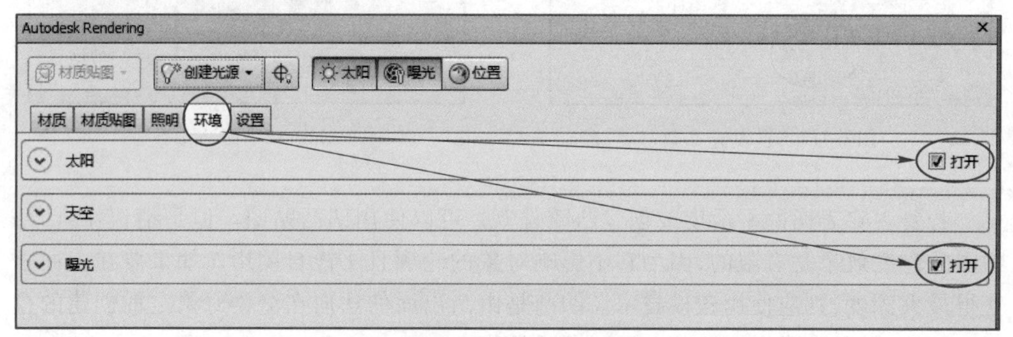

图6-19 环境的设置

首先,设置位置信息。操作如下:

● 单击“位置”按钮,设置项目的经纬度坐标。这里我们假定项目在青岛,输入纬度36°、经度120°,且与正北没有夹角,单击确定(图6-20)。这里注意,经度方向要设置为“东”经。

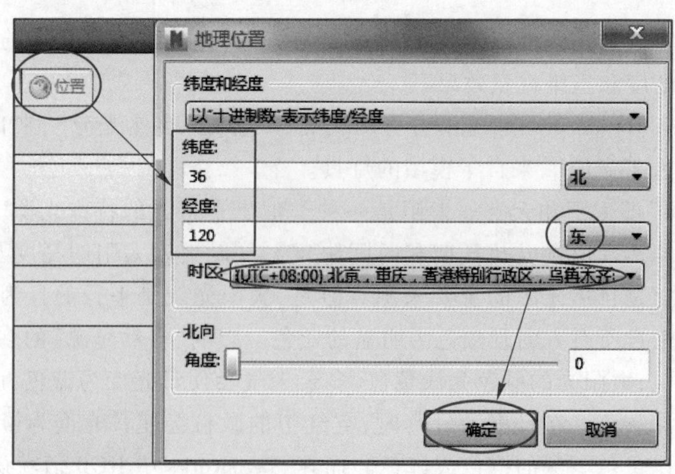

图6-20 位置的设置

其次,设置环境信息。操作如下:

• 点开“太阳”下拉列表,展开与“太阳”相关的参数。其中,强度因子是太阳光的亮度,参照图 6-21 设置相关参数来进行模拟。

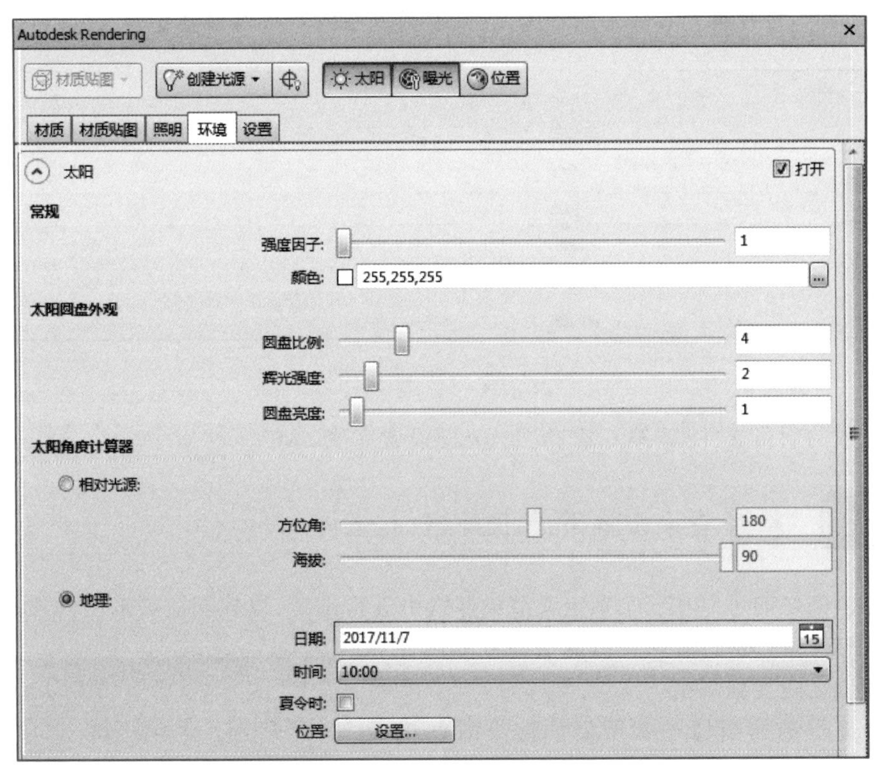

图 6-21 “太阳”的设置

• 点开“天空”下拉列表,展开与“天空”相关的参数。参照图 6-22 进行设置。① 更改“强度因子”字段中的值,可以放大天空效果。② 移动“薄雾”滑块可调整空气中的薄雾量。取值范围是从 0(非常晴朗的天气)到 15(极为阴暗的天气或撒哈拉沙尘暴)。③ 单击“夜间颜色”字段中的颜色选择器,然后设定所需的值。此值为天空的最小颜色值,天空黑暗程度永远不会低于该值。④ 移动“地平线高度”滑块可调整地平线的位置。这不仅影响地平线(地平面)的视觉表示法,也会影响太阳“落山”的位置。⑤ 使用“模糊”滑块可调整量地平面和天空之间的模糊量。⑥ 单击“地面颜色”字段中的颜色选择器,然后设定所需的值。此值是虚拟地平面的颜色。

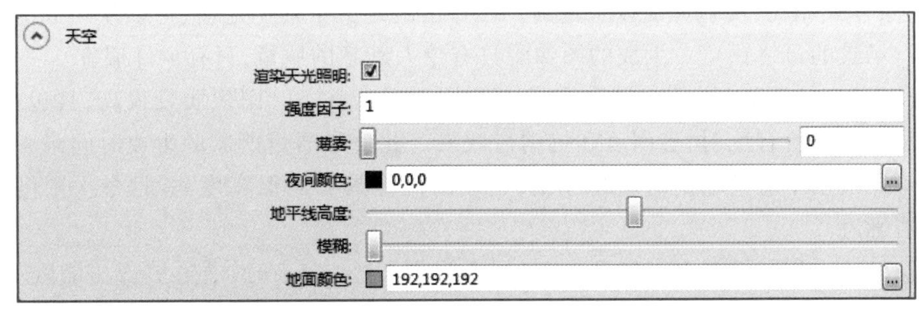

图 6-22 “天空”的设置

• 点开“曝光”下拉列表，展开与“曝光”相关的参数。参照图 6-23 进行设置。“曝光”行为在渲染之前或之后都可以进行调整，曝光设定的这些数值将与模型一起保存，下次打开时，将使用相同的曝光设置。这里提示一点，如果需要日光和天空效果可见，也是需要打开曝光参数来配合的，否则场景视图的背景将强制变为白色。

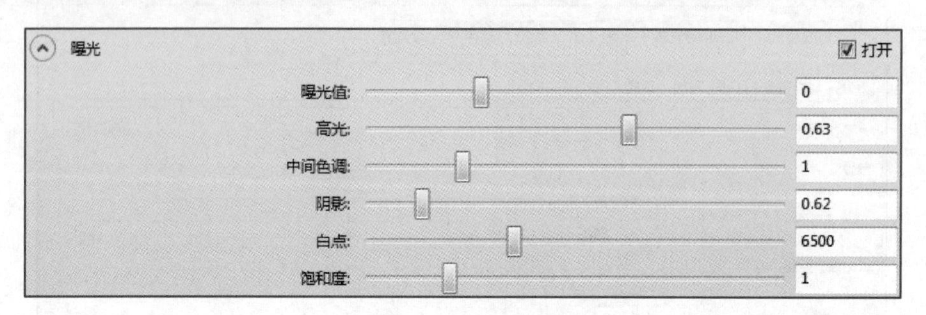

图 6-23 “曝光”的设置

完成的项目文件见“第 6 章\渲染-光源设置完成.nwf”。

微课
渲染设置并进行渲染

6.4 掌握渲染设置的方法并进行渲染

在渲染之前可以在三个预定义渲染样式中进行选择，以控制渲染输出的质量和速度，见图 6-24。我们需要在所需的视觉复杂性和渲染速度之间找到平衡。

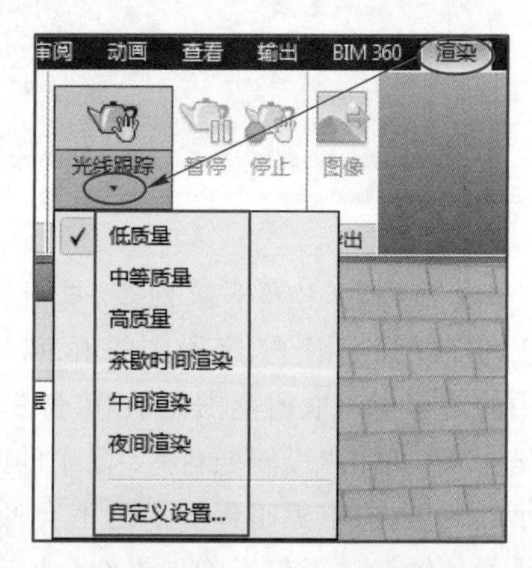

图 6-24 渲染的设置

最高质量的图像通常所需的渲染时间也最长，涉及大量的复杂计算，这些计算会使计算机长时间处于繁忙状态。若要高效工作，请考虑生成质量对于项目足够好或可接受的图像。

下面是渲染样式及其说明：

低质量：抗锯齿将被忽略，样例过滤和光线跟踪处于活动状态，着色质量低。如果要快速看到应用于场景的材质和光源效果，可使用此渲染样式。生成的图像存在细微的不准确性和不完美（瑕疵）之处。

中等质量：抗锯齿处于活动状态，样例过滤和光线跟踪处于活动状态，且与“低质量”渲染样式相比，反射深度设置增加。在导出最终渲染输出之前，可以使用此渲染样式执行场景的最终预览。生成的图像将具有令人满意的质量，只有少许瑕疵。

高质量：抗锯齿、样例过滤和光线跟踪处于活动状态。图像质量很高，且包括边、反射和阴影的所有反射、透明度和抗锯齿效果。此渲染质量所需的生成时间最长。将此渲染样式用于渲染输出的最终导出，生成的图像具有高保真度，并且最大限度地减少了瑕疵。

渲染的过程和结果将直接显示在“场景视图”中。渲染时，通过单击功能区上“渲染”选项卡中的“光线跟踪”按钮，在“场景视图”中直接进行渲染。在渲染过程中，会在屏幕上看到渲染进度指示器。

在渲染过程中，可以随时暂停并保存期间的渲染进度和结果，可导出图片进行保存。

在 Navisworks 系统环境当中的选项编辑器里，还有一些关于 Autodesk 材质的环境参数需要我们关注，见图 6-25。

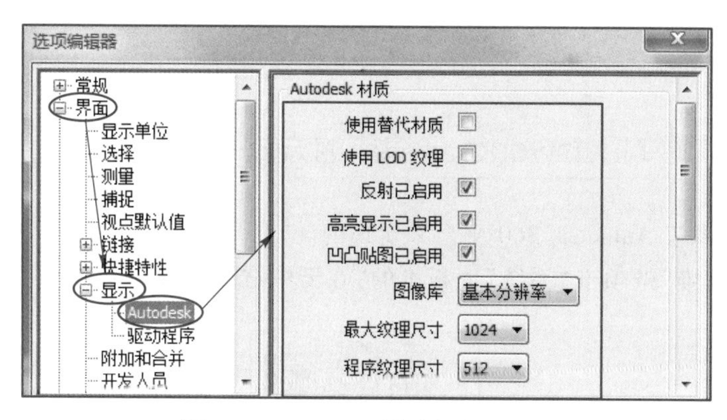

图 6-25 Autodesk 材质的全局选项

使用替代材质：如果不勾选，将只使用 Autodesk 材质；勾选上则会强制使用基本材质。如果在使用 Autodesk 材质库时发现不正常，可以勾选上此选项。

使用 LOD 纹理：是指使用多细节层次的材质纹理，是一个智能判断渲染资源分配的技术。它可以高效率地获得渲染预算，但也会在一定程度上降低渲染质量。

反射已启用：会在材质的贴图上启用映射天空的效果。

高亮显示已启用：为 Autodesk 材质启用高光颜色。

凹凸贴图已启用：为设置了凹凸参数的材质表现出凹凸不平的不规则表面。

在 Autodesk 目录下方还有一个“驱动程序”。点开它，把能勾选上的全部勾选上，保证所有能用的图形驱动可用，见图 6-26。

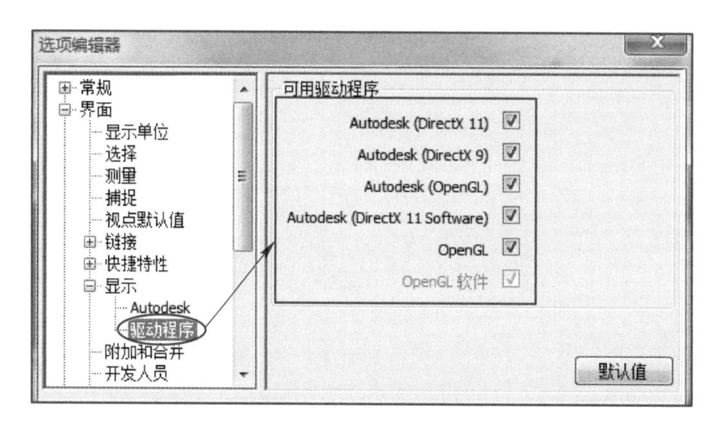

图 6-26 驱动程序选项

• 以上设置完成后，点击“光线跟踪”进行渲染（图 6-27）。在渲染的过程中，场景区域左下角显示渲染的进度和时间。

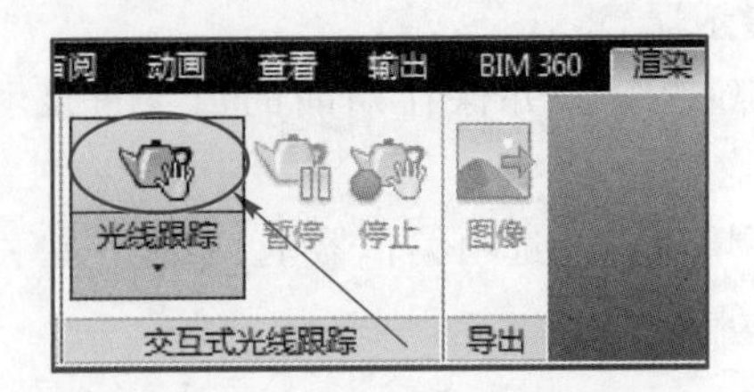

图 6-27 点击“光线跟踪”

6.5 掌握 Navisworks 云渲染的方法

云渲染是基于 Autodesk 360 平台来实现的。

- 单击“渲染”选项卡“系统”面板里的“在云中渲染”(图 6-28)。

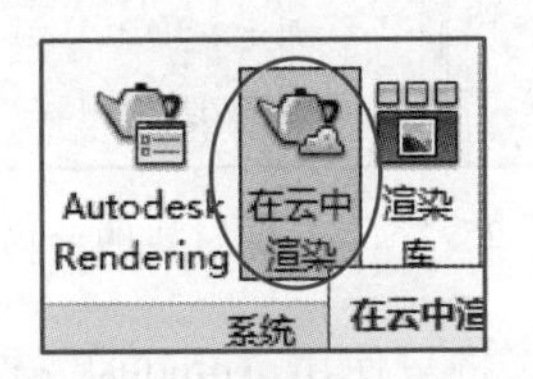

图 6-28

下面会出现登录窗口,可以注册免费用户来进行试用。如果已经有 Autodesk ID,可以直接登录渲染当前视图,也可以渲染之前保存过的所有视点。“在云中渲染”对话框中,输出类型有两种:静态图像或者交互式全景,静态图像即二维图片,交互式全景能够渲染成 360°全方位的效果,即在原地 360°的空间都可以渲染出来。

第7章

场景动画

学习目标

掌握录制动画的方法，掌握图元动画的制作方法，包括“移动动画”“旋转动画”和“缩放动画”。

掌握“剖面动画”的制作方法和“相机动画”的制作方法。

单元概述

使用导航工具栏“受约束的动态观察”工具，使用快捷键 Ctrl +↑ 开始录制、Ctrl +↓ 结束录制，可录制“模型自转展示”动画。

使用“Animator”创建动画的一般步骤为：① 创建一个场景；② 在场景中创建一个动画集；③ 确定起始点的动作，捕捉关键帧；④ 移动时间线到终点时间，确定终点的动作，捕捉关键帧；⑤ 动画制作结束，播放动画。

单击“视点”选项卡“剖分”面板的“启用剖分”工具，在场景中启用剖分显示。单击鼠标右键选择“添加剖面”，制作剖面动画。

打开“Animator”面板，鼠标右键选择“添加相机”-“空白相机”，创建“相机”的动画集。

Navisworks 提供了录制动画以及“Animator”动画功能，用于在场景中制作如开门、汽车运动等场景动画，用于增强场景浏览的真实性。

Navisworks 提供了包括图元、剖面、相机在内的 3 种不同类型的动画形式，用于实现如对象移动、对象旋转、视点位置变化等动画表现。在 Navisworks 中，每个图元均可以添加多个不同的动画，多个动画最终形成完整的动画集。将这些场景动画功能与本书第 10 章中的虚拟施工结合，可以用来模拟更加真实的施工过程。

拓展阅读
基于物联网的劳务管理信息技术

7.1 掌握录制动画的方法

通过 Navisworks 动画的录制功能，可以实现实时漫游过程的记录。因为在录制的过程中，软件记录动画的帧数密度非常高，所以记录的效果也非常细腻和流畅。

微课
录制动画的方法

因为操作过程中记录得非常细致，所以要求对软件的操作非常熟练，否则录制过程中出现的任何停顿或误操作都会被完全记录下来，同时因录制所产生的帧数（视点数）较大，在后期处理过程中也不是很方便。

因此，“录制”功能多数情况下，会使用在时间较短而漫游路径拟合精度要求较高的动画中，如围绕固定的场景视图的旋转轴心对模型创建漫游动画。具体操作如下：

图 7-1 选择“下”方向

- 打开练习文件“第 7 章\动画. nwf”，单击场景视图右上角的 ViewCube 立方体，选择“下”方向（图 7-1），把当前场景模型的查看角度切换到底部方向。
- 把光标放到场地大致中心的位置，用鼠标滚轮对当前模型进行滚动缩放。这时在光标所处的位置会出现一个绿色且名为轴心的圆心（图 7-2）。这样，就在此位置对当前场景视图指定了旋转的轴心。只要不再次滚动滚轮，不论怎样旋转或平移，都是以该点作为轴心。

【补充】 如果需要指定模型内部构件上的某一点作为旋转轴心，如何实现呢？可以把该构件外围的某些构件隐藏，指定轴心后再取消隐藏。

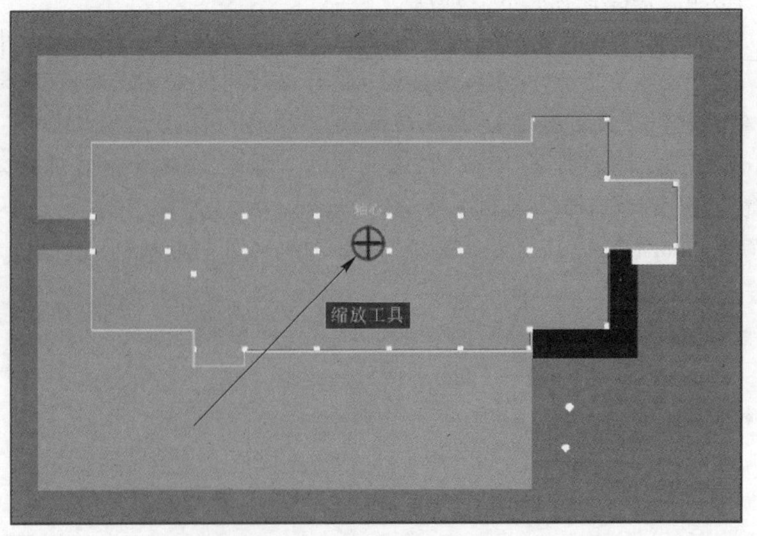

图 7-2 旋转轴心的设置

• 旋转视图,使建筑物处于俯视视角。也可单击“视点”选项卡中“保存视点”命令打开“保存的视点”面板,单击“环绕点”视点。

• 单击导航工具栏上的旋转功能切换成“受约束的动态观察”(图 7-3)。

• 使用快捷键 Ctrl +↑(方向上键)开始录制,录制过程中,按住鼠标左键向一个方向平移实现模型的旋转,等旋转完一圈后,用 Ctrl +↓结束录制。录制结束,Navisworks 会自动产生一个名为“动画 1”的动画对象,重命名为“模型自转展示”。

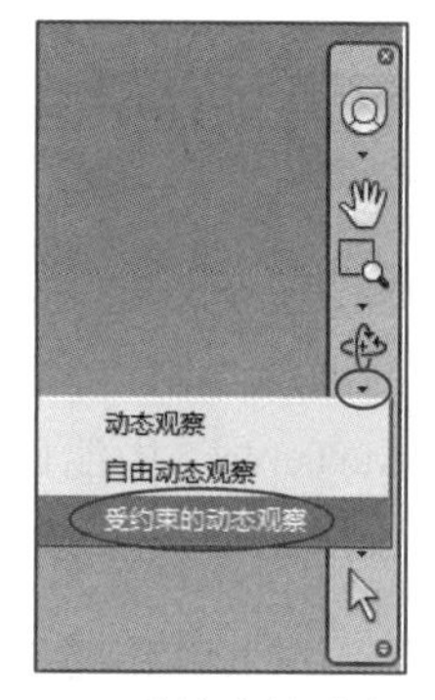

图 7-3 受约束的动态观察

【说明】 也可单击“视点”选项卡“保存视点”中的“录制”工具(图 7-4)进行录制,但是为了保证录制功能开始和结束的快速切换、减少延时,建议使用其快捷键。

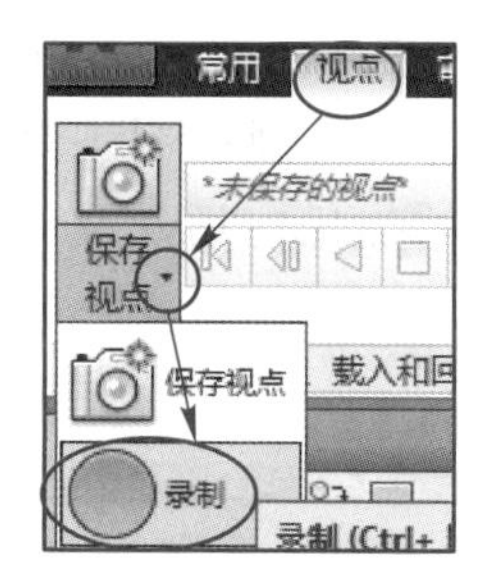

图 7-4 录制工具

• 动画的播放:单击“视点”选项卡下“保存、载入和回放”面板里的播放(图 7-5),或“动画”选项卡下“回放”面板中的播放,可以查看之前录制的动画效果。

• 动画的编辑:在“保存的视点”面板上的动画名称上单击右键,选择“编辑”(图 7-6),可控制动画时长(图 7-7)。

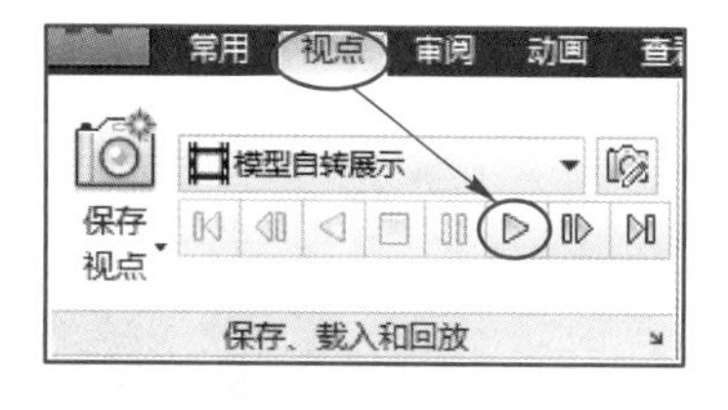

图 7-5 回放

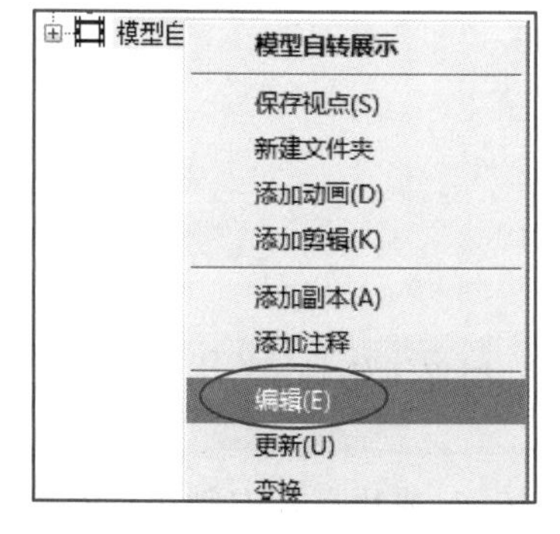

图 7-6 编辑

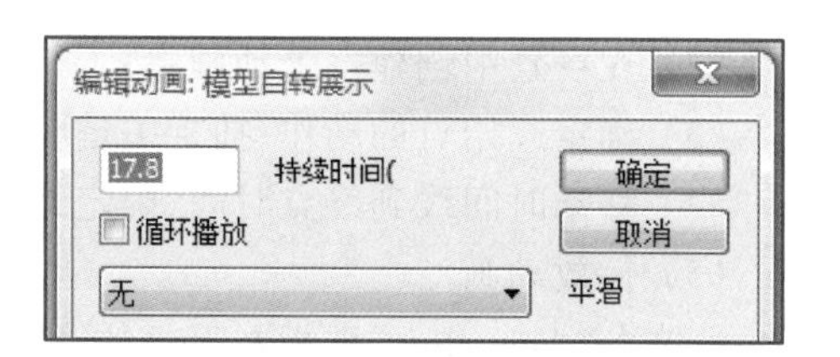

图 7-7 动画时长的编辑

完成的项目文件见“第 7 章\动画-录制动画完成.nwf”。

7.2 掌握图元动画的制作方法

Navisworks 提供了 Animator 工具面板，用户可以在 Animator 工具面板中完成动画场景的添加与制作，添加场景和动画集，并对场景和动画集进行管理。

Navisworks 中能以关键帧的形式记录在各时间点中的图元位置变换、旋转及缩放，并生成图元动画。

7.2.1 掌握"移动动画"的制作方法

微课 车辆平移动画

Navisworks 可为场景中的图元添加移动动画，用来表现图元生长、位置变化、吊车移动等动画形式。下面通过练习，说明为场景中图元添加移动动画的一般步骤。

• 打开练习文件"第 7 章\动画.nwf"场景文件。单击"保存的视点"面板中"车辆移动视角"（图 7-8）。

• 单击"常用"选项卡"工具"面板中的"Animator"工具（图 7-9），弹出"Animator"面板。该面板由三部分组成，分别为：动画控制工具条、动画集列表、动画时间窗口（图 7-10）。由于当前场景中还未添加任何场景及动画集，因此该面板中绝大多数动画工具条均为灰色。

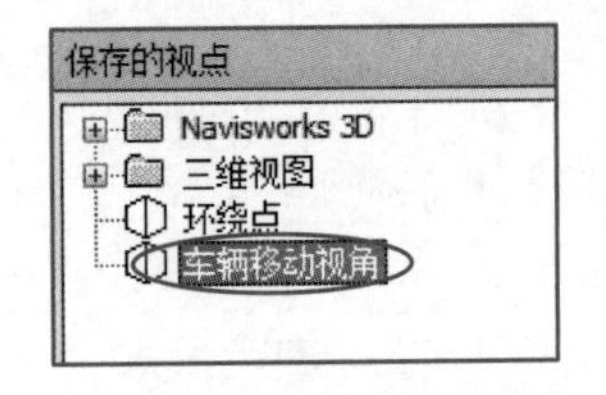

图 7-8 进入"车辆移动视角"

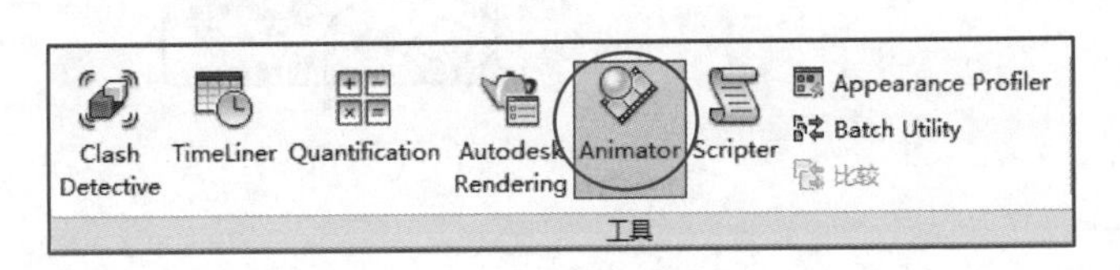

图 7-9 "Animator"工具

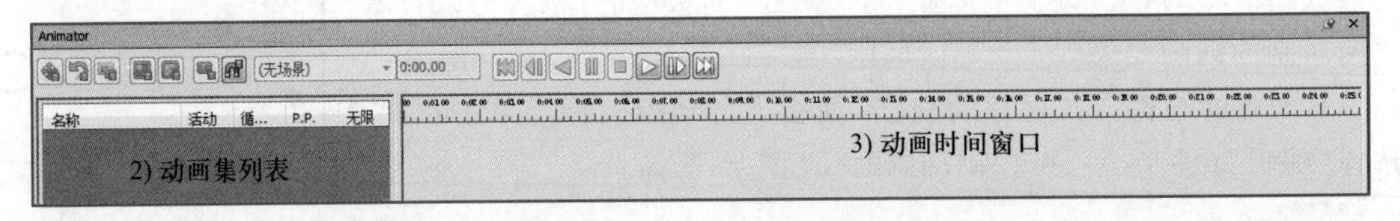

图 7-10 "Animator"面板

"Animator"制作动画的一般步骤是：

（1）创建一个场景；

（2）在场景中创建一个动画集；

（3）确定起始点的动作，捕捉关键帧；

（4）移动时间线到终点时间，确定终点的动作，捕捉关键帧；

（5）播放动画

• 单击"Animator "面板左下角的"添加场景"按钮，或用鼠标右键单击左侧场景列表中空白区域任意位置，在弹出的快捷菜单中选择"添加场景"，将添加名称为"场景 1"的空白场景。单击"场景 1"名称，可以修改名称。但是此处不能直接输入中文，可以重新打开一个写字板，在写字板中键入"车辆运动"四个字，再复制粘贴到场景名称中(图 7-11)。

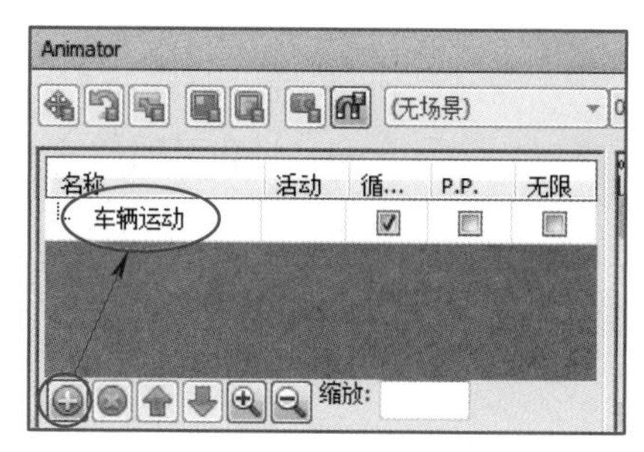

图 7-11 创建“场景”

• 在场景区域中选择汽车图元,在“车辆运动”场景名称上单击鼠标右键,选择“更新动画集”-“从当前选择”(图 7-12),将创建默认名称为“动画集 1”的新动画集。修改名称为“水平移动”。

• 设置第一个关键帧:确认当前时间点为“0:00.00”,即动画的开始时间为 0 秒。单击工具栏中的“捕捉关键帧”按钮。将汽车当前位置状态设置为动画开始时的关键帧状态(图 7-13)。

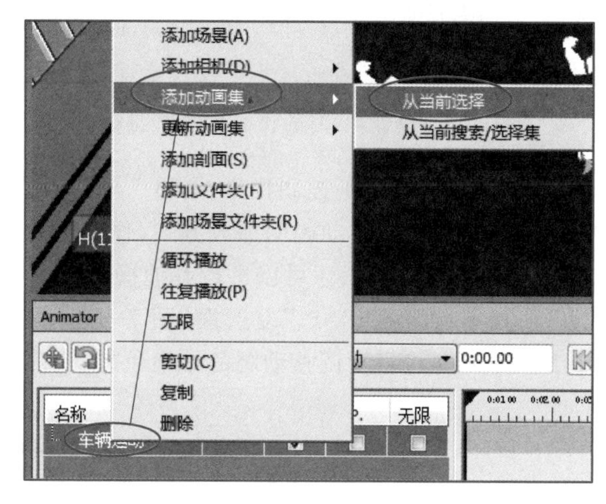

图 7-12 创建动画集

• 设置第二个关键帧:移动鼠标指针至右侧动画时间窗口位置,拖动时间线至 4 s 位置,或在时间文本框中输“0:04.00”,按回车键,Navisworks 将自动定位时间滑块至4 s 位置(图 7-14)。

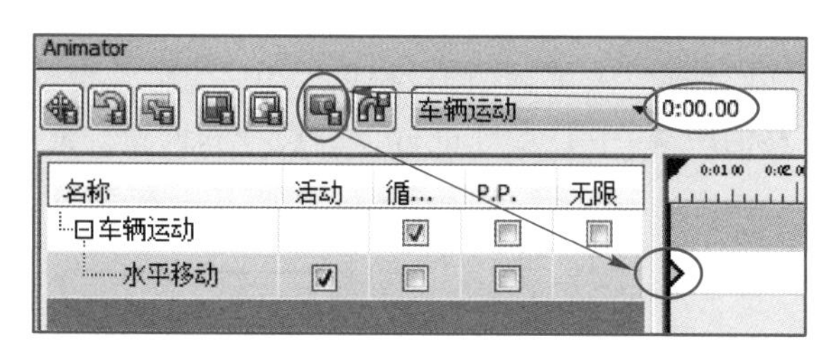

图 7-13 设置第一个关键帧

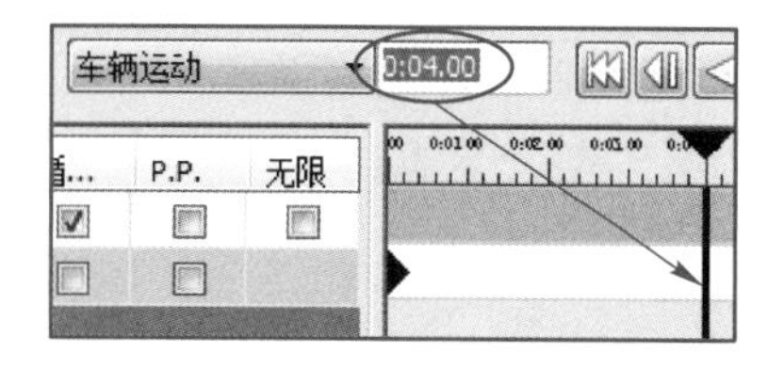

图 7-14 设置 4 s 位置

【补充】 在时间窗口中,按住 Ctrl 键并滑动鼠标滚轮,可缩放时间窗口中的时间线,其作用与单击“Animator”面板左侧下方工具条中“放大”或“缩小”工具相同。

• 单击“Animator”工具面板的工具栏中“平移动画集”工具,“Animator”面板底部将出现平移坐标指示器。在“Y”文本框中输入“7”，按回车键确认，即动画集中图元将沿Y轴方向移动7 m；单击“捕捉关键帧”按钮将当前图元状态捕捉为关键帧，即Navisworks将在时间线4 s位置添加新关键帧（图7-15）。动画制作完毕。

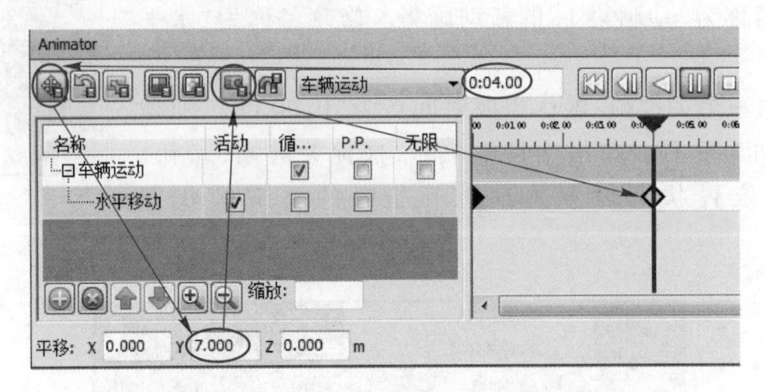

图7-15 设置4 s时的状态、捕捉关键帧

• 单击“Animator”工具面板顶部动画控制栏中“停止”按钮，动画将返回该动画集的时间起点位置。单击“播放”按钮观察动画的播放方式（图7-16）。

以上步骤即是动画制作的主要步骤，还可以进行其他操作，如下：

• 勾选“水平运动”动画集右侧的“P. P.”复选框（图7-17），即在原设置动画结束后再次反向播放动画，Navisworks将自动调整动画的结束位置，当前动画集的结束时间自动修改为8 s。

图7-16 动画回放

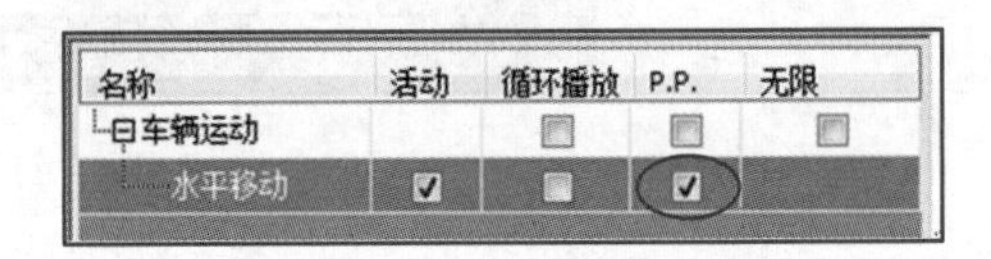

图7-17 勾选P.P.

• 勾选“车辆运动”场景右侧的“循环播放”复选框（图7-18），将循环播放“车辆运动”场景中定义的动画。

• 在关键帧上单击鼠标右键，可以“编辑”关键帧（图7-19）。在“编辑关键帧”对话框中，可对关键帧所处的时间、平移的距离、中心点等进行详细设计和调速。此处可以不设置。

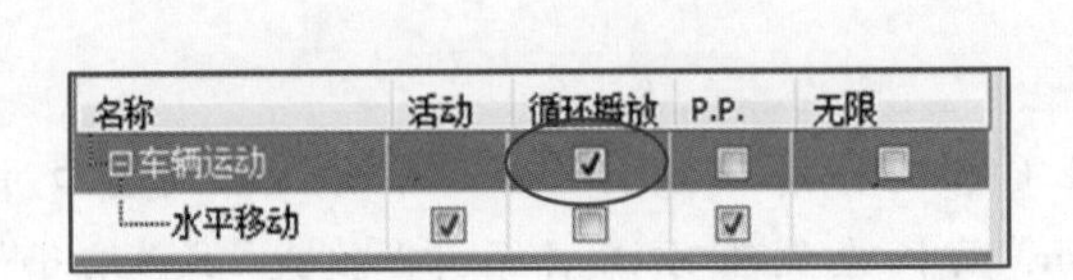

图7-18 勾选“循环播放”

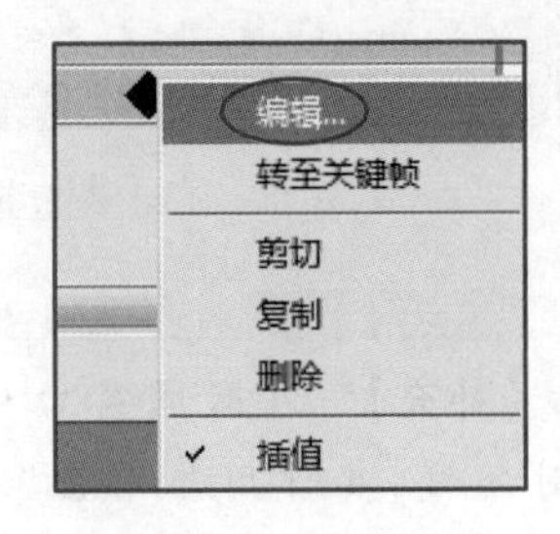

图7-19 编辑关键帧

完成的项目文件见“第7章\动画-移动动画完成.nwf”。

在 Navisworks 中，动画集动画至少由两个关键帧构成。Navisworks 会自动在两个关键帧之间进行插值运算，使得最终动画变得平顺。

循环播放、P. P.等动画集播放选项，可以生成类似于用于表现往复运动的图元，如场景中反复运动的施工设备等。

在“Animator”工具面板中，Navisworks 提供了平移、旋转、缩放等不同动画集，不同图标对应的动画集名称及功能见表 7-1 。

表 7-1 动画工具汇总

动画工具	图标名称	功能描述
	平移	位置移动类动画，如汽车行走
	旋转	绕指定轴旋转类动画，如开门、关门
	缩放	沿指定方向改变图元大小，如表现墙沿 Z 轴增高
	更改颜色	修改动画集中图元颜色，在指定动画周期内，改变图元颜色
	更改透明度	修改动画集中图元透明度，在指定动画周期内，改变图元透明度
	捕捉关键帧	用于设定动画在指定时间位置的关键帧
	打开/关闭捕捉	用鼠标在场景中移动、旋转图元时，开启图元捕捉功能

每个场景动画中可包含一个或多个动画集，用于表现场景中不同图元的运动。例如，对于场景中的塔吊，可添加垂直方向的移动动画集用于展示塔吊在施工过程中不断升高的过程，同时可配合添加循环播放的旋转动画集，用于展示塔吊吊臂的往复吊装工作。在本章后面章节中将详细介绍其他动画集的使用方式。

7.2.2 掌握“旋转动画”的制作方法

微课
平开门旋转动画

除上一节中介绍的平移动画外，Navisworks 还提供了旋转动画集，可为场景中的图元添加如开门、关门等图元旋转动画，用来表现图元角度变化、模型旋转展示等。下面通过练习，说明为场景中图元添加旋转动画的一般步骤。

- 打开练习文件“第 7 章\动画-旋转动画.nwd”，切换到“木门旋转视角”视点位置。
- 单击“常用”选项卡“Animator”命令，打开“Animator”面板，添加名称为“左侧门旋转”的动画场景；选择精度设置为“几何图形”，选择左扇门，右键单击“左侧门旋转”场景，在弹出的快捷菜单中选择“添加动画集”-“从当前选择”的方式创建新动画集，修改该动画集名称为“左扇门旋转”（图 7-20）。
- 单击“左扇门旋转”动画集，单击“旋转动画集”工具，Navisworks 将在场景中显示旋转小控件，拖动绿色箭头控件（即 Y 向移动控件）将旋转小控件移动到左侧门轴

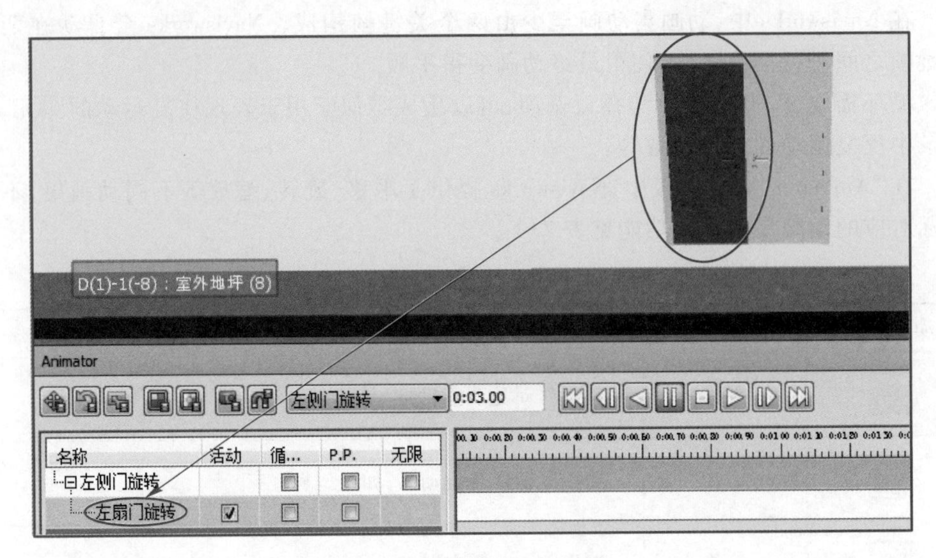

图 7-20 添加场景和动画集

处;单击“捕捉关键帧”按钮,将木门当前位置的状态设置为动画开始时的关键帧状态,见图 7-21。

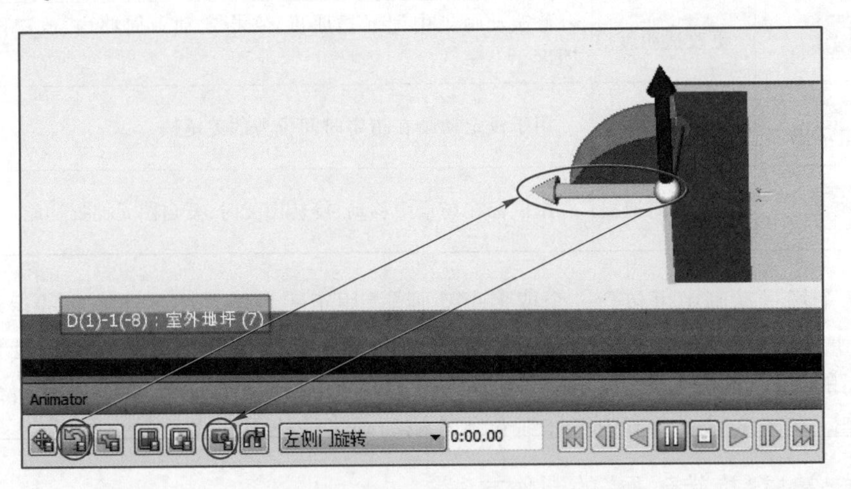

图 7-21 打开旋转小控件、拖动至门轴处

• 在时间窗口中输入“0:03.00”,单击回车;在“Animator”面板底部的“Z”文本框中输入“90”,按回车键确认,即动画集中图元将沿坐标显示位置的 Z 轴方向旋转 90°(图 7-22)。

【说明】 为确保旋转小控件移动位置的准确性,可以单击“视点”选项卡中的“正视”,切换到“正视”视角。

• 单击“捕捉关键帧”按钮将当前图元状态捕捉为关键帧,即 Navisworks 将在时间线的位置添加新关键帧。

• 单击“Animator”工具面板顶部动画控制栏中的“停止”按钮,动画将返回该动画

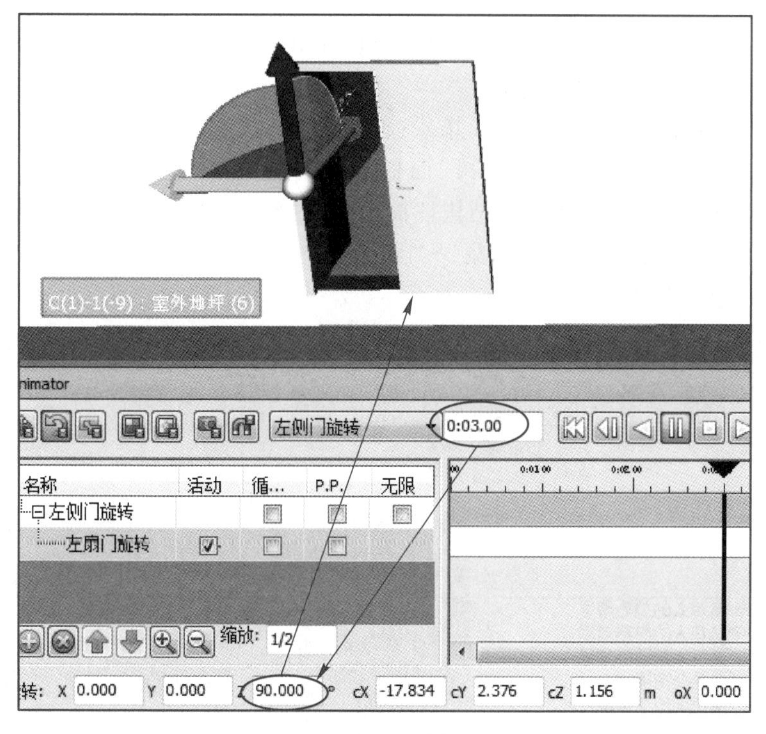

图 7-22 设置终止时刻和旋转角度

集的时间起点位置。单击“播放”按钮观察动画的播放方式。

完成的项目文件见“第 7 章\动画-旋转动画-左扇门旋转完成.nwf”。

该门为双扇门，对右侧门也执行相应操作：

- 单击右扇门，右键单击“左侧门旋转”场景，添加到动画集，命名为“右扇门旋转”。
- 选择“右扇门旋转”动画集，设置“0:00.00”，单击“捕捉关键帧”按钮；设置“0:03.00”，单击“旋转动画集”，拖动绿色箭头控件（即 Y 向移动控件）将旋转小控件移动到右侧侧门轴处，在“Animator”面板底部的“Z”文本框中输入“-90”，按回车键确认；单击“捕捉关键帧”按钮。单击场景名称，将“左侧门旋转”名称改为“双扇门开启”。双扇门开启动画完成。

完成的项目文件见“第 7 章\动画-旋转动画-双扇门开启完成.nwf”。

【说明】 旋转动画集时，应先单击“旋转动画集”工具，将旋转小控件拖动到合适位置后，再单击“捕捉关键帧”捕捉“0:00.00”秒。而不是先捕捉 0 秒关键帧，再单击“旋转动画集”工具，拖动旋转小控件到合适位置。

7.2.3 掌握“缩放动画”的制作方法

缩放动画集，是将场景中图元按照一定的比例在 X 、Y 、Z 方向上进行放大和缩小，并用“Animator”面板中的时间轴记录下放大和缩放的动作，就形成了缩放动画。利用缩放动画，可以展示类似于从小到大的生长类动画，如模型结构柱从矮到高变化来

模拟施工进展过程。下面通过练习，学习缩放动画的一般步骤。

• 打开练习文件“第7章\动画-缩放动画.nwd”场景文件，切换到“缩放动画”视点位置，该场景显示了结构柱模型。

• 打开“Animator”面板，添加新场景，修改场景名称为“结构柱生长”。展开“常用”选项卡中的“选择树”，在“选择树”面板中切换显示方式为“特性”，单击“元素”-“类别”-“结构柱”，此时发现所有结构柱被选中；右键单击“结构柱生长”场景名称，在弹出的快捷菜单中选择“添加动画集”-“从当前选择”，创建新动画集，修改动画集名称为“结构柱生长”（图7-23）。

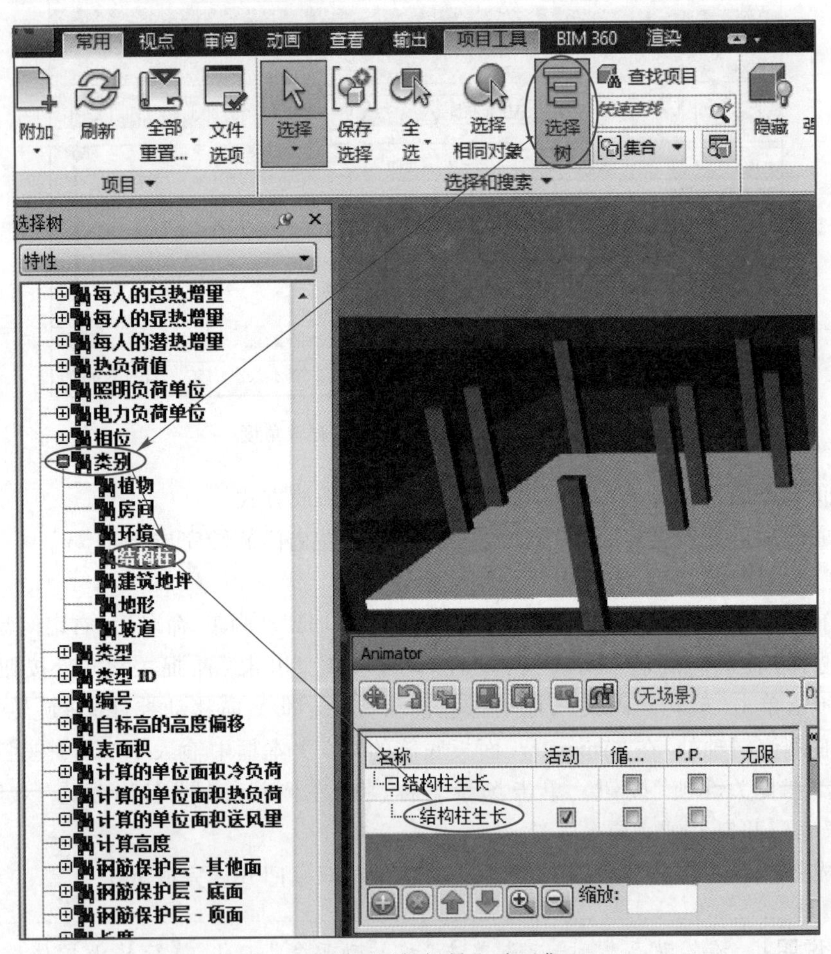

图7-23 添加场景和动画集

• 在“Animator”面板中确认当前时间点为“0.00.00”，单击动画集工具栏中的“缩放动画集”按钮，Navisworks将在场景中显示缩放控件。修改“Animator”底部缩放设置中的位置“Z”值为“0”，按回车键，使缩放控件位于0.000标高处；修改缩放设置中的选择“Z”值为“0.01”，按回车键，结构柱大小处于1/100的长度状态。单击“捕捉关键帧”按钮，将当前缩放状态设置为动画开始时的关键帧状态（图7-24）。

• 在“Animator”面板中拖动时间线至6 s位置，或在时间位置窗口中输入“0:06.00”；确认“缩放动画集”工具仍处于激活状态，修改底部“缩放”的“Z”值为“1”，

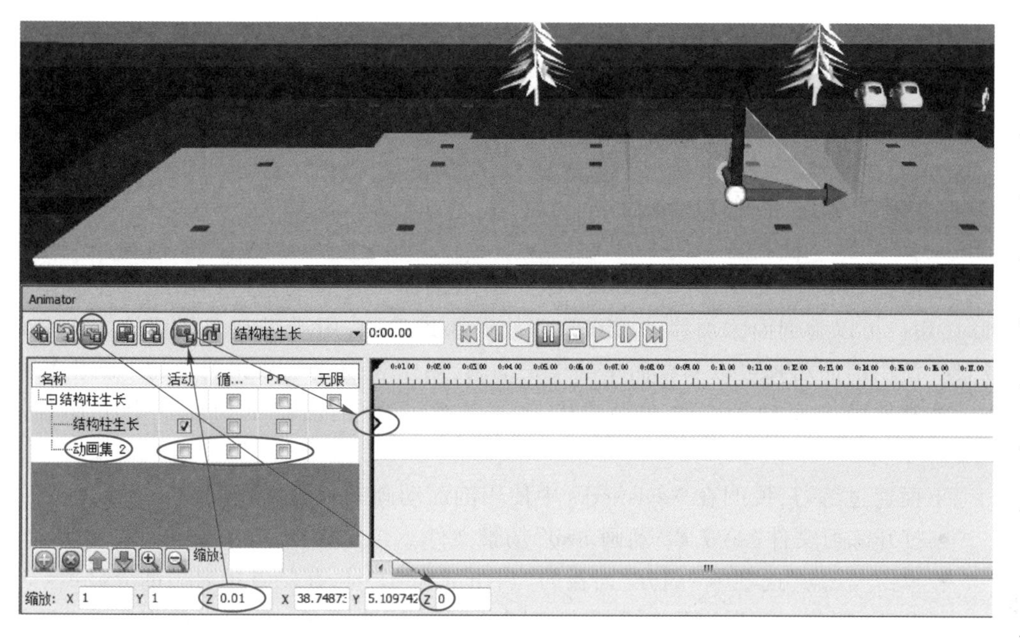

图 7-24　起始位置动画的设置和关键帧的捕捉

即所选择结构柱图元将恢复至原尺寸大小,其他参数不变。单击“捕捉关键帧”按钮将当前状态捕捉为关键帧。

● 单击“Animator”工具面板顶部动画控制栏中的“停止”按钮,动画将返回该动画集的起点位置。单击“播放”按钮观察动画的播放方式。

完成的文件见“第 7 章\动画-缩放动画-柱生长动画完成.nwf”。

【说明】 也可以在 0 s 状态时不调整缩放控件的位置,在动画结束后再进行调整。步骤为:在起始状态不设置位置 Z 值为 0;在动画制作完成后,鼠标右键单击动画起始位置关键帧,在弹出的快捷菜单中选择“编辑”,打开“编辑关键帧”对话框,修改“居中”栏中“cZ ”为“0”,即修改缩放控件 Z 值为 0,单击“确定”(图 7-25)。使用相同方式,修改 6s 关键帧时的“cZ”为“0”。再次预览动画,结构柱显示为从下至上缩放生长状态。

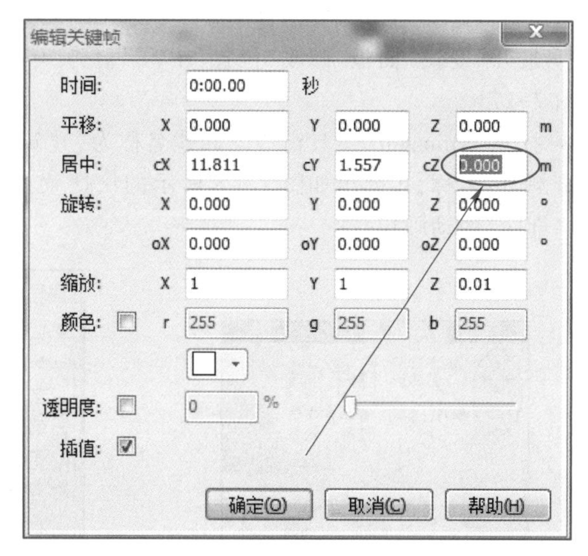

图 7-25　修改 cZ 值为 0

无论缩放动画还是旋转动画,小控件的中心位置将决定动画的表现方式。可以通过"编辑关键帧"对话框中"居中"坐标值的方式,修改各关键帧的小控件位置,从而得到不同形式的展示动画。

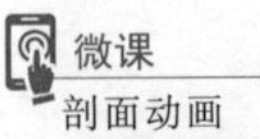

7.3 掌握剖面动画的制作方法

在前述章节中,介绍过在 Navisworks 中启用剖面以查看场景内部图元。在制作动画时,用户可以为剖面添加移动、旋转、缩放等场景动画,用于以动态剖切的方式查看场景。使用剖面动画可以制作简单的生长动画,用于表现建筑从无到有的不断生长过程。注意使用剖面动画必须在场景中启用剖面,且该剖面将剖切场景中所有图元对象。

下面通过练习,说明在 Navisworks 中使用剖面动画的一般步骤。

- 打开练习文件"第7章\动画.nwd"场景文件。
- 单击"视点"选项卡"剖分"面板的"启用剖分"工具,在场景中启用剖分显示。
- 确认"剖分工具"上下文选项卡中剖分"模式"为平面;激活当前剖面为"平面1";确认该平面的"对齐"方式为"顶部"(图7-26)。

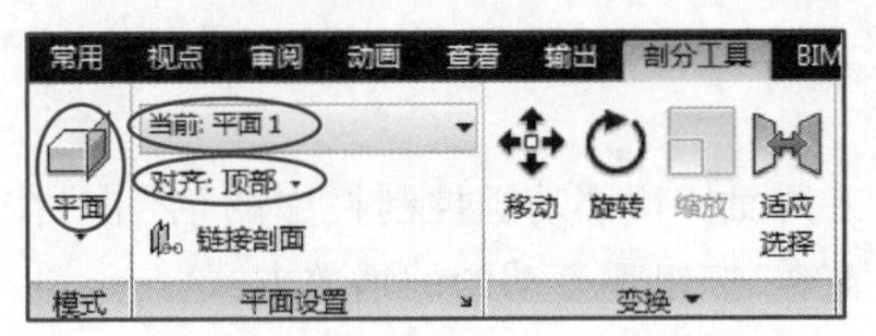

图7-26 模式和平面设置的设定

- 单击"变换"面板中的"移动"工具,Navisworks 将在场景中显示该剖面和移动小控件。展开"变换"面板,修改"位置"中"Z"值为"0",即移动平面至"Z"值为"0"的位置(图7-27)。
- 打开"Animator"工具窗口。新建名称为"建筑剖面"的动画场景,鼠标右键单击"建筑剖面"名称,在弹出如图7-28所示的快捷菜单中选择"添加剖面",创建默认名称为"剖面"的动画集。

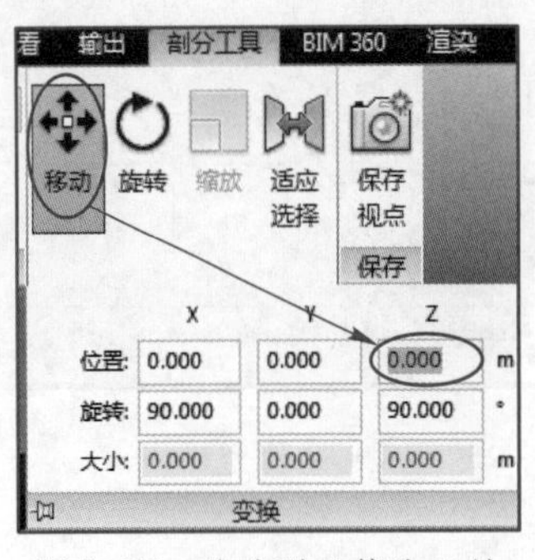

图7-27 移动到Z值为0处

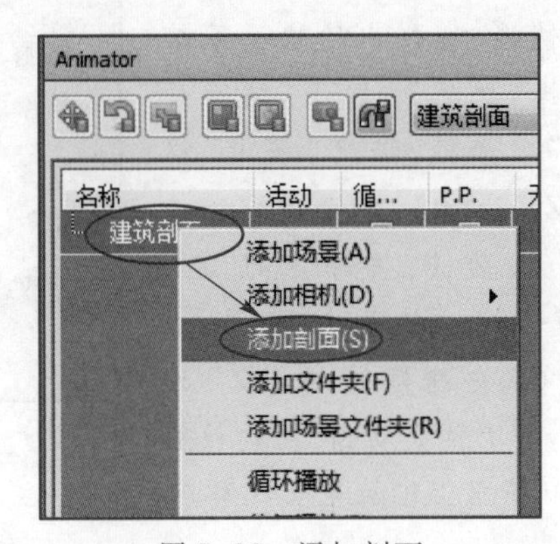

图7-28 添加剖面

• 在“Animator”工具窗口的左侧动画集列表窗口中单击“剖面”动画集；确认当前动画时间轴的时间点为“0:00.00”；单击“Animator”工具栏中的“捕捉关键帧”按钮，将剖面当前位置状态设置为动画开始时的关键帧状态。

• 在时间文本框中输入“0:06.00”，Navisworks 将自动定位时间滑块至该时间位置。确认在“剖分工具”上下文选项卡的“变换”面板中激活“移动”工具。移动鼠标指针至场景中，移动变换小控件蓝色 Z 轴位置，按住鼠标左键，沿 Z 轴方向移动剖面位置直到显示完整的场景。在“Animator”工具窗口中单击“捕捉关键帧”按钮将当前图元状态捕捉为 6 s 位置关键帧，结果如图 7-29 所示。

图 7-29　设置 6 s 时的剖面位置

• 使用动画播放工具，预览该动画。Naviswork 将按时间沿 Z 轴方向移动剖面位置。此时也可以单击“剖分工具”上下文选项卡中的“移动”，使移动控件不可见。

完成的项目文件见“第 7 章\动画-剖面动画完成.nwf”。

Navisworks 允许用户对剖面动画中各关键帧进行设定，编辑关键帧位置与修改。用鼠标右键单击“Animator”面板中的关键帧，弹出如图 7-30 所示的“编辑关键帧”对话框，可以对剖面动画中采用的剖面名称、位置进行设置与调整。

图 7-30　编辑关键帧

Navisworks 的每个场景中仅允许添加一个剖面动画集。当需要多个剖面动画时，可以在“Animator”面板中添加多个不同场景。Navisworks 将使用红色标记移动动画集动画时间轴范围。

剖面动画的应用很广泛，一般用于着重表现项目内部的细节部分。注意，剖面动画与移动、旋转、缩放动画集不同，在定义剖面动画时，必须在“剖分工具”上下文选项卡的“变换”面板中使用“移动”“旋转”“缩放”等变换工具对剖面位置、大小进行修改。

微课
相机动画

7.4 掌握相机动画的制作方法

Navisworks 中除通过使用漫游的方式实现视点位置移动外,“Animator”面板中还提供了相机动画,用于实现场景的转换和视点的移动变换。相对于漫游工具,相机动画可控性更强,从而更加平滑地实现场景的漫游与转换。

与其他动画集类似,相机动画同样通过定义两个或多个关键帧的方式实现。下面通过练习,说明在 Navisworks 中添加相机动画的一般步骤。

- 打开练习文件“第7章\动画.nwd”场景文件,切换到“环绕点”视点位置。
- 打开“Animator”面板,新建名称为“建筑相机”的动画场景。鼠标右键单击“建筑相机”名称,在弹出的快捷菜单中选择“添加相机”-“空白相机”(图7-31),将创建默认名称为“相机”的新动画集。

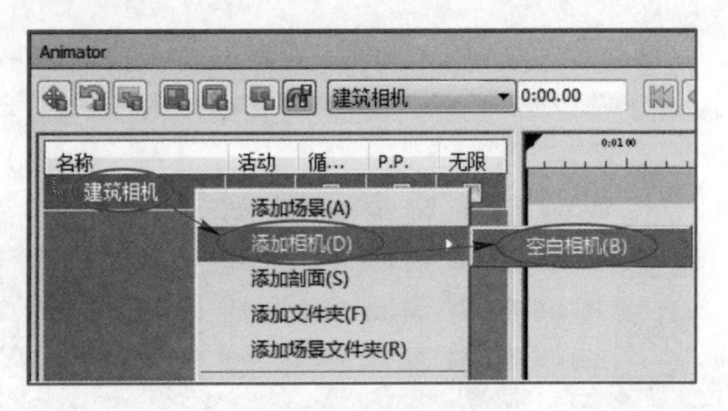

图7-31 添加相机

- 在“Animator”工具面板左侧的动画集列表窗口中单击“相机”动画集;确认当前时间点为“0:00.00”,即动画的开始时间为0 s;单击“Animator”工具栏中的“捕捉关键帧”按钮,将当前视点位置设置为动画开始时的关键帧状态。
- 在时间位置文本框中输入“0:06.00”,Navisworks 将自动定位时间滑块至该时间位置。旋转视图使建筑物旋转一定角度(图7-32),单击“捕捉关键帧”按钮将当前图元状态捕捉为第二关键帧。

图7-32 设置终止时间的状态

● 使用动画播放工具，预览该动画。

完成的项目文件见“第 7 章\动画-相机动画完成.nwf”。

相机动画使用较为简单，仅需要在动画中定义好至少两个关键帧的视点位置即可。用鼠标右键单击关键帧，在弹出的快捷菜单中选择“编辑”，将弹出视点动画“编辑关键帧”对话框，如图 7-33 所示，可以对视点在该关键帧位置的视点坐标、观察点位置、垂直视野、水平视野等视点属性进行修改，以得到更为精确的视点动画。

注意，Navisworks 将使用绿色标识相机动画集动画时间轴范围。

图 7-33 编辑关键帧

第8章

脚本动画

学习目标

掌握“按键触发”的制作方法，如按下Q键实现双扇门开启；掌握“热点触发”的制作方法，如当漫游至幕墙门附近的指定距离时自动触发双扇门开启动画。

掌握不同“事件”的操作，包括启动时触发、计时器触发、按键触发、碰撞触发、热点触发、变量触发和动画触发。

掌握不同“操作类型”的操作，包括播放动画、停止动画、显示视点、暂停、发送消息、设置变量、存储特性和载入模型。

单元概述

单击“常用”选项卡“工具”面板中的“Scripter”按钮，打开“Scripter”工具窗口。“Scripter”窗口由“脚本”“事件”“操作”和“特性”四部分组成。脚本动画的创建步骤为：定义脚本名称、选择事件类型、设置事件特性、设置操作内容。

制作按下Q键播放“双扇门开启”动画的脚本。

制作进入双开门2 m范围内播放“双扇门开启”动画的脚本。

Navisworks 提供了 Scripter 模块,用于在场景中添加脚本。脚本是 Navisworks 中用于控制场景及动画的方法,使用脚本可以使场景展示更为生动。在 Navisworks 中,脚本被定义了一系列的条件,当场景中的事件满足该脚本的定义条件时,将执行指定的动作。例如,可以在定义门开启场景动画后,通过脚本定义在场景漫游时当到达该门图元附近指定区域范围内时自动播放该动画,当离开该门图元指定区域范围时播放门关闭的动画。这样,在浏览场景时将更加真实生动。

拓展阅读
基于 GIS 和物联网的建筑垃圾监管技术

8.1 掌握“脚本动画”的制作方法

微课
按键触发动画

8.1.1 掌握“按键触发”的制作方法

Navisworks 通过“Scripter”工具窗口定义场景中所有可用的脚本。脚本通过事件定义、触发条件及动作定义等一系列的规则,用于实现场景的控制方式。

下面创造一个“按下 Q 键实现双扇门开启”的脚本,具体操作如下:

- 打开练习文件“第 7 章\动画-旋转动画-双扇门开启完成.nwf”场景文件,切换至“木门旋转视角”。看到“Animator”中已制作完成“双扇门开启”场景动画。

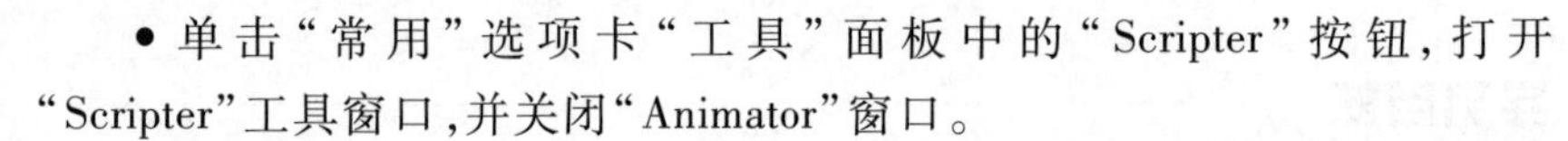

- 单击“常用”选项卡“工具”面板中的“Scripter”按钮,打开“Scripter”工具窗口,并关闭“Animator”窗口。

“Scripter”窗口由“脚本”“事件”“操作”和“特性”四部分组成。脚本动画的创建步骤为:定义脚本名称、选择事件类型、设置事件特性、设置操作内容。具体如下:

- 定义脚本名称:单击“脚本”面板底部的“添加新文件夹”按钮,添加新脚本管理文件夹,修改该文件夹名称为“1F 动画”,单击“脚本”选项组底部的“添加新脚本”按钮,在“1F 动画”文件夹下创建名称为“双扇门开启”的脚本,确认文件夹和脚本的“活动”处于被勾选状态(图 8-1)。

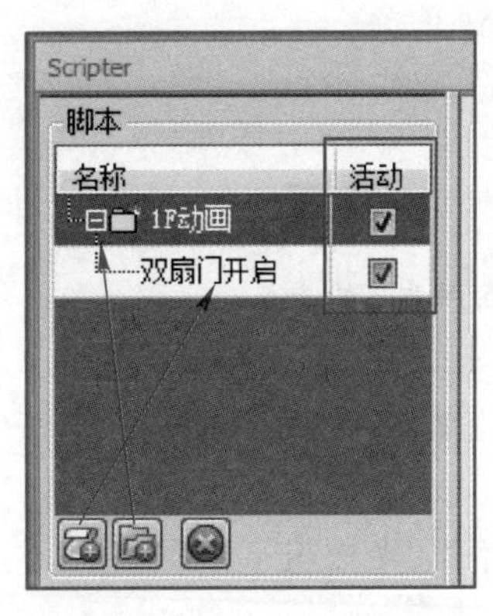

图 8-1 添加文件夹和脚本

【注】 “Scripter”工具窗口中修改脚本名称时无法启用中文输入法输入中文,可在记事本等文字工具中输入需要的名称并将其复制、粘贴至“Scripter”脚本名称中。

- 选择事件类型:单击“双扇门开启”的脚本,此时“事件”面板可编辑。单击“事件”面板底部的“按键触发”按钮,添加“按键触发”事件。
- 设置事件特性:单击右侧“特性”选项组中“键”文本框,输入“Q”,将该事件触发键设置为 Q 键;确保“触发事件”的值为“按下键”选项。即按 Q 键触发脚本。见图 8-2。

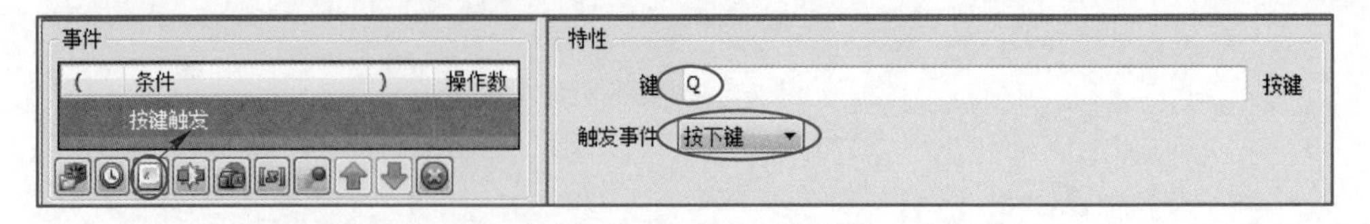

图 8-2 设置事件和特性

• 设置操作内容：单击“操作”面板底部的“播放动画”按钮，添加“播放动画”操作。在“特性”面板的“动画”下拉列表中选择“动画”为“双扇门开启”；确认勾选“结束时暂停”复选框，即在动画结束时停止播放动画；确认动画“开始时间”为“开始”，“结束时间”为“结束”（图 8-3）。即按从开始到结束的方式播放“双扇门开启”动画过程。

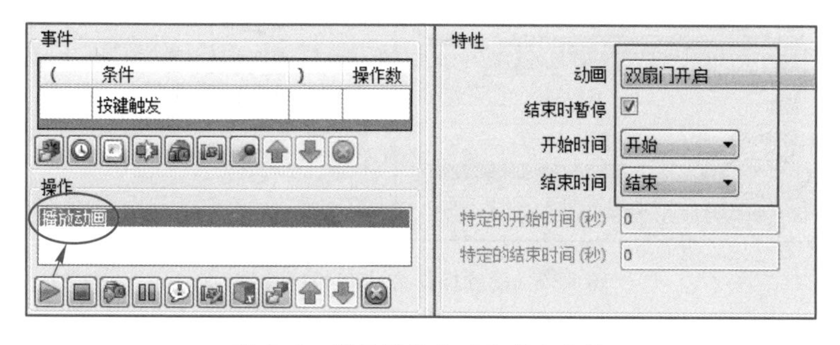

图 8-3　设置操作方式和相应特性

至此，完成“幕墙门开启”动画的脚本定义。脚本开启和使用方式如下：

• 单击“动画”选项卡“脚本”面板中的“启用脚本”按钮，在场景中激活脚本。

• 单击“保存的视点”面板中的“木门旋转视角”，按下 Q 键，可以看到开始播放“双扇门开启”动画。

由于在脚本“播放动画”操作中设置“结束时暂停”选项，因此在播放动画后将一直处于开门状态。

下面将继续修改脚本，使得双扇门在开启后将自动关闭。

• 在“动画”选项卡的“脚本”面板中单击“启用脚本”按钮，取消脚本激活。“Scripter”工具面板中定义的脚本处于可编辑状态。

• 单击“Scripter”面板中的“操作”面板底部的“暂停”按钮，修改“延迟”时间为 5 s（图 8-4）。

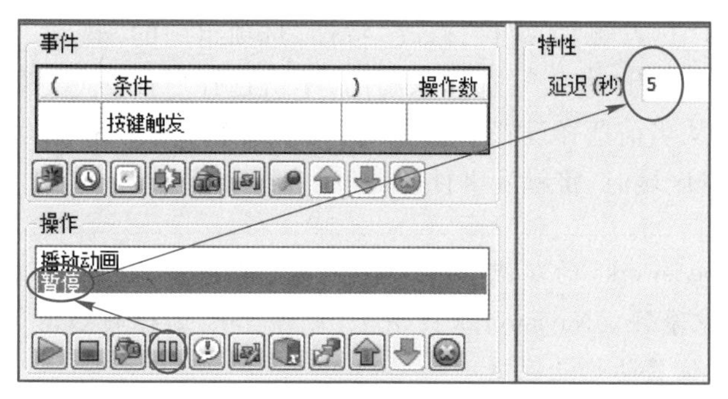

图 8-4　设置操作方式和相应特性

【提示】　暂停时间从脚本开始执行进行计算。由于“播放动画”操作长度为 3 s，因此在播放完成动画后，Navisworks 将暂停 2 s 再继续执行后继操作。

• 再次单击“播放动画”面板按钮添加播放动画操作。在“特性”选项组中的“动画”下拉列表中选择动画名称为“双扇门开启”；确认勾选“结束时暂停”复选框；此时，设置动画“开始时间”为“结束”，“结束时间”为“开始”(图 8-5)。即按从结束到开始的反向播放方式来播放“双扇门开启”动画过程。

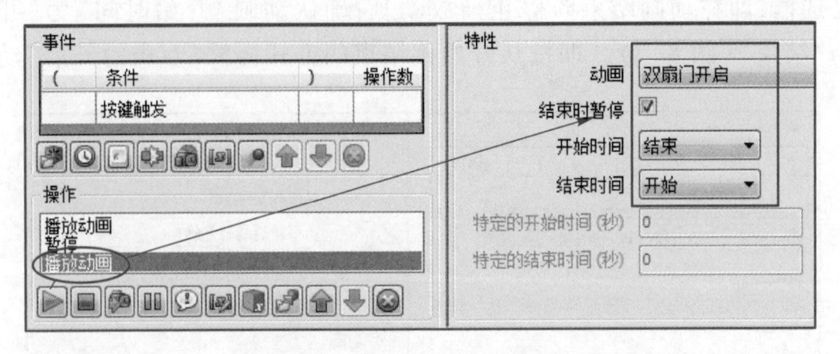

图 8-5 设置操作方式和相应特性

● 激活“动画”选项卡中的“启用脚本”选项。按 Q 键，注意此时 Navisworks 在播放完成动画后，将暂停 2 s 后继续以反向方式播放由开门至关门状态的动画。

完成的文件见“第 8 章\脚本动画-按键触发完成.nwf”。

8.1.2 掌握“热点触发”的制作方法

脚本的触发事件同样可由多种条件定义。例如，可以通过键盘按键的方式触发动画播放事件，也可以设置当漫游至幕墙门附近指定距离时自动触发操作等，这种触发方式即为“热点触发”。继续操作如下：

● 取消脚本激活。

● 在“Scripter”工具窗口的“事件”面板中单击底部“热点触发”按钮，添加“热点触发”事件；修改“事件”选项组中“按键触发”条件后的“操作数”为“OR”(图 8-6)。即可按键触发该脚本，也可以热点触发该脚本。

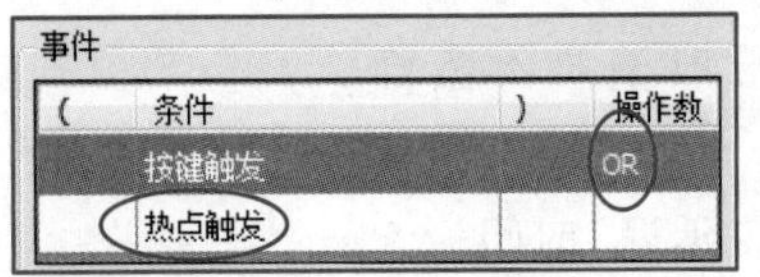

图 8-6 继续添加热点触发

微课
热点触发动画

● 单击新建的“热点触发”事件，修改“特性”选项组中的“热点”类型为“选择的球体”；设置“触发时间”为“进入”；选择双扇门，单击选择后面的“设置”按钮，在弹出的快捷菜单中选择“从当前选择设置”；修改“半径”为“2 m”(图 8-7)。即进入距离该图元 2 m 范围内热点区域时，将触发事件。

> **【提示】** Navisworks 的热点为指定位置的球体半径范围，只要视点处于该范围内，即可触发该事件。Navisworks 提供了“球体”与“选择的球体”两种热点类型，球体为指定图元位置的热点区域。

● 激活“启用脚本”选项。使用漫游工具，打开第三人，行走至幕墙门位置 2 m 范围内，Navisworks 将自动播放双扇门开启至关闭的动画；按 Q 键，Navisworks 也会播放双扇门开启至关闭动画(图 8-8)。至此完成本操作练习。

完成的文件见“第 8 章\脚本动画-热点触发完成.nwf”。

Navisworks 通过脚本中定义的触发事件及该事件执行的操作，来丰富场景的展示。一个脚本可以通过定义多个触发事件作为触发条件，并可定义多个可执行的操作。当脚本中存在多个触发事件时，用户可以通过定义事件的 AND、OR 关系来决定脚本触发的条件。使用 AND 操作数必须同时满足两个已定义的触发条件，而 OR 操作数则仅需要满足其中任何一个触发条件即可激活脚本中定义的操作。脚本中定义的操作将按照“操作”列表中从上至下的顺序执行。

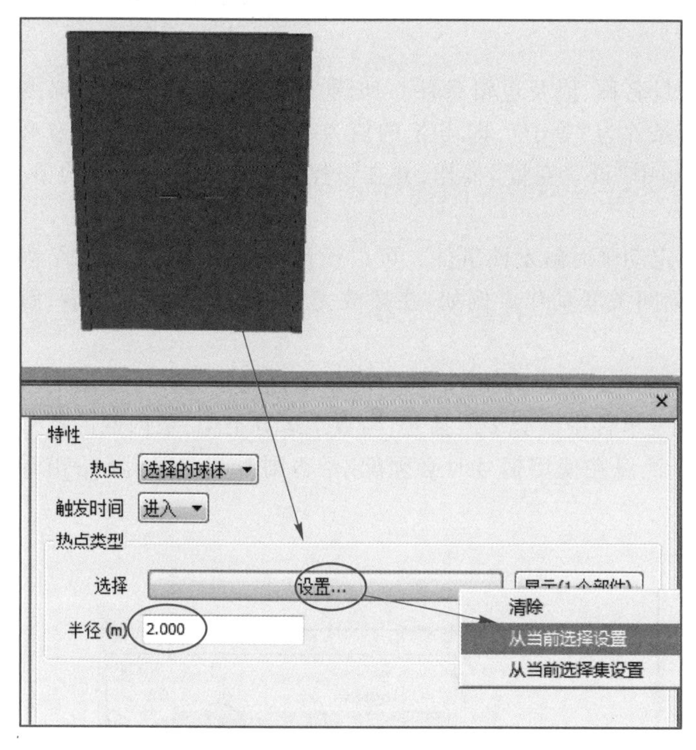

图 8-7 热点触发特性的设置

图 8-8 启动脚本动画

8.2 掌握不同“事件”的操作

触发事件是执行脚本的前提。Navisworks 提供了 7 种触发事件，用于定义触发事件的方式。合理应用各触发事件，同时结合触发条件间的操作数、括号等组合功能，可以使脚本变得更为智能。

各触发事件的图标见图 8-9，功能及用途详细解释如下：

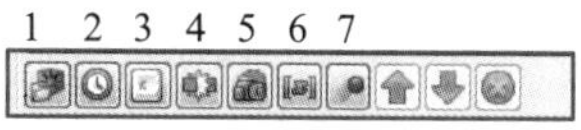

1 2 3 4 5 6 7

图 8-9 触发事件的 7 种方式

（1）启动时触发：在场景中启用脚本时触发该事件。通常用于显示指定视点位置、载入指定模型等显示准备工作。

（2）计时器触发：在启用脚本后的指定时间内触发该事件，或在启用脚本后的指定周期内重复触发。

（3）按键触发：通过指定按键在按下、按住或释放时触发事件。可作为机械设备的运转开关。

（4）碰撞触发：在漫游时与指定对象发生碰撞时触发该事件。可通过指定碰撞触发的方式实现开门动画。

(5) 热点触发：当视点进入、离开或位于固定位置或对象指定半径的球体范围内时，触发该事件，通常用于指定开门、关门等动画操作。

(6) 变量触发：当变值满足指定条件时触发该事件。例如，可以设置变量A大于5时触发该事件。变量为用户定义的任意变量名称，并指定变量与数值之间的大于、等于、小于等逻辑关系。变量触发中的变量通常与操作栏中“设置变量”操作联用。

变量触发，可以设置变量名称、值及逻辑条件。如图8-10所示，设置自定义变量名称为“X”，值为“4”，计算条件为“等于”，即当X的值为4时激活该脚本。注意必须通过其他脚本“事件”选项组中“设置变量”操作，并在该操作中定义变量“X”的值，以便于为自定义变更“X”值。

(7) 动画触发：播放指定动画时触发该事件。可以设置在指定动画开始或结束时触发事件。它通常用于动画间关联动作。例如，在播放完成第一段漫游动画后，触发播放第二段动画的脚本。

在触发事件列表中，条件间加入括号将使括号中的条件优先作为一个成组的触发条件。Navisworks可以在触发事件中嵌套多组括号，与数学运算类似，最内侧的括号具有最高优先级（图8-11）。注意在使用括号时必须配对，否则Navisworks将给出错误提示。

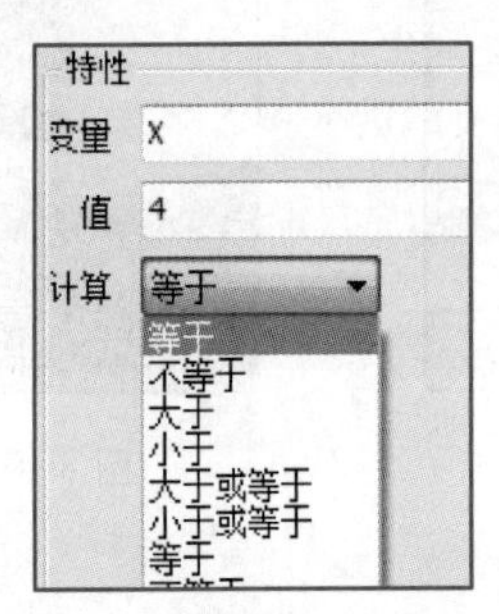

图8-10 变量触发特性的设置

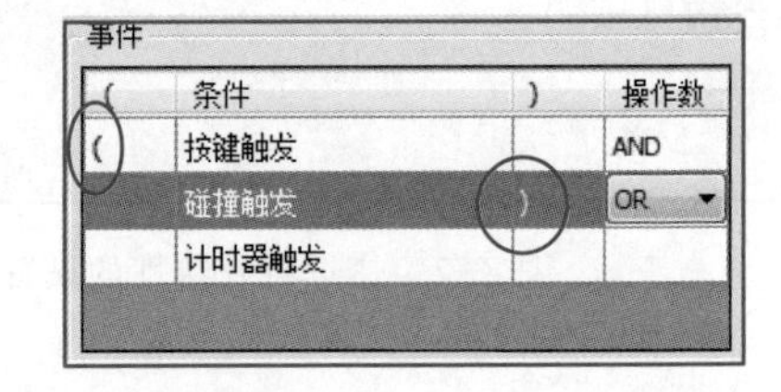

图8-11 括号的设置

8.3 掌握不同“操作类型”的操作

操作类型是脚本被激活后需要执行的动作。Navisworks共提供8种动作（图8-12），用于控制Navisworks中的场景。各动作的名称及功能说明如下。

(1) 播放动画：按从开始到结束或从结束到开始的顺序播放指定的场动画或动画片段。

(2) 停止动画：停止当前动画播放，通常用于停止无限循环播放的场景动画。

(3) 显示视点：显示指定的视点，通常用于场景准备时切换至指定视点位置。

(4) 暂停：指定当前脚本中执行下一个动作时需要暂停的时间。

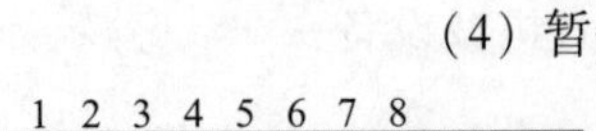

1 2 3 4 5 6 7 8

图8-12 操作类型的8种方式

(5) 发送消息：向指定文本文件中写入消息。如果在每个脚本中均加入该功能，并指定发送当前脚本名称，可以实时跟踪当前场景的脚本执行情况。通常用于脚本测试。注意必须先指定消息输出的位置。

(6) 设置变量:在执行脚本时,将指定的自定义变量设置为指定值或按指定条件修改变量值。使用该动作可以改变变量值,当变量值与“变量触发”事件中设置的变量值逻辑符合时,将触发该事件。

(7) 存储特性:在自定义变量中存储指定图元的参数值。

(8) 载入模型:在当前场景中载入指定的外部模型。通常用于场景转换时加载更多的模型。

动作是脚本激活后执行的结果。一个脚本中可以定义多个不同的动作,Navisworks 将按“操作”列表中从上至下的顺序执行脚本中设置的动作。

对于“发送消息”动作,必须指定存储消息的文本位置。如图 8-13 所示,在“选项编辑器”对话框中,展开“工具”列表,选择“Scripter”,设置“指向消息文件的路径”为硬盘指定位置及存储文件名称。注意必须输入存储文件类型扩展名为“.txt”,以便于在“文本编辑器”对话框中打开和查看输出消息结果。

在“设置变量”操作中,用户可以设置变量名称,该名称允许用户自定义,并设置变量的值以及对变量值的操作“修饰符”,如图 8-14 所示。例如,以增量的方式设置变量的变化,则每次执行该脚本时,Navisworks 将增加该变量的值。在“设置变量”操作中,用户可以设置变量名称与“变量触发”中变量名称相同,当变量值满足为“变量触发”中条件时,Navisworks 将触发“变量触发”脚本。

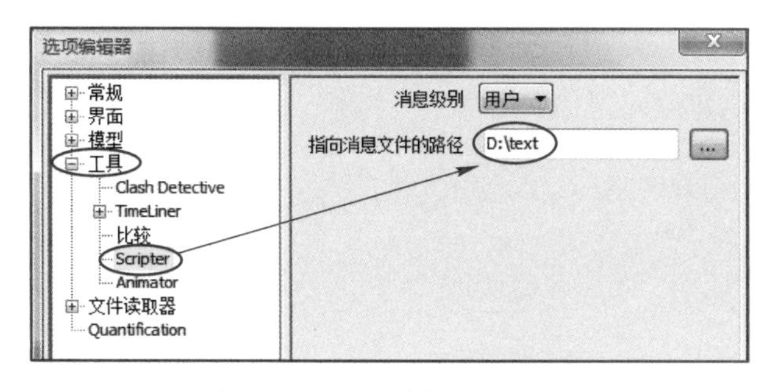

图 8-13 选项编辑器的设置

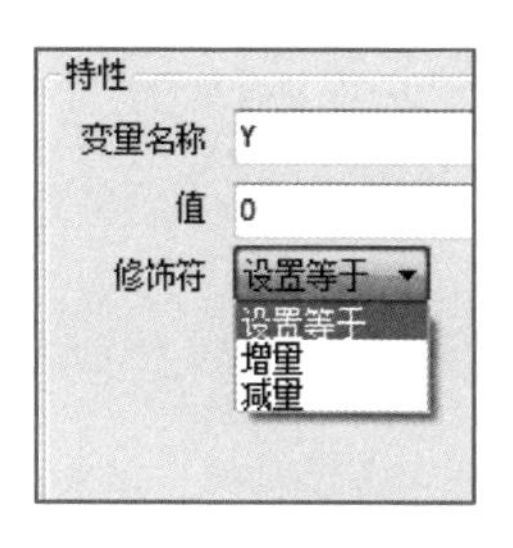

图 8-14 “设置变量”操作的特性

第9章

冲突检测与审阅

学习目标

了解 Navisworks 的相关知识；掌握冲突检测方法、冲突检测设置、冲突检测报告导出方法，熟悉测量工具及审阅工具的使用。

单元概述

三维模型间的冲突检测是三维 BIM 应用中最常用的功能。Navisworks 提供了 Clash Detective（冲突检测）模块，用于完成三维场景中所指定任意两个选择集图元间的碰撞和冲突检测。Navisworks 将根据指定的条件，自动找到干涉冲突的空间位置，并允许用户对碰撞的结果进行管理。

Navisworks 还提供了测量、红线标记等工具，用于在 Navisworks 场景中进行测量，并对场景中发现的问题进行红线标记与说明。本章中将介绍这些工具的使用方法。

9.1 掌握冲突检测的方法

拓展阅读

基于智能化的装配式建筑产品生产与施工管理信息技术

Navisworks 的 Clash Detective 工具可以检测场景中的模型图元是否发生干涉。Clash Detective 工具将自动在用户所指定两个选择集中的图元间，按照指定的条件进行碰撞测试，当满足碰撞的设定条件时，Navisworks 将记录该碰撞结果，以便于用户对碰撞的结果进行管理。注意，只有 Navisworks Manager 版本中才提供 Clash Detective 工具模块。

9.1.1 掌握冲突检测的一般步骤

微课

掌握冲突检测的一般步骤

Navisworks 提供了四种冲突检测的方式，分别是硬碰撞、硬碰撞（保守）、间隙和重复项。其中，硬碰撞和间隙是最常用的两种方式，硬碰撞用于查找场景中两个模型图元间发生交叉、接触方式的干涉和碰撞冲突；而间隙的方式则用于检测所指定未发生空间接触的两个模型图元之间的间距是否满足要求，所有小于指定间距的图元均被视为碰撞。重复项方式则用于查找模型场景中是否有完全重叠的模型图元，以检测原场景文件模型的正确性。

在 Navisworks 中进行冲突检测时，必须先创建测试条目，指定参加冲突检测的两组图元，并设定冲突检测的条件。

通过对机电与结构模型间的冲突检测练习，说明在 Navisworks 中使用冲突检测的一般步骤。

• 打开练习文件中的“第 9 章\使用冲突检测. nwd”场景文件，切换至“室内视点”视点位置。该视点显示了地下室机电主要管线的布置情况。

• 单击“管理集”选项，在“常用”选项卡的“选择和搜索”面板中单击“集合”下拉列表，打开“集合”面板，注意在当前场景中已保存了名称为“送风系统”的选择集和名称为“排风系统”的搜索集。

• 单击“常用”选项卡的“工具”面板中“Clash Detective”工具，打开“ Clash Detective”工具窗口（图 9-1）。

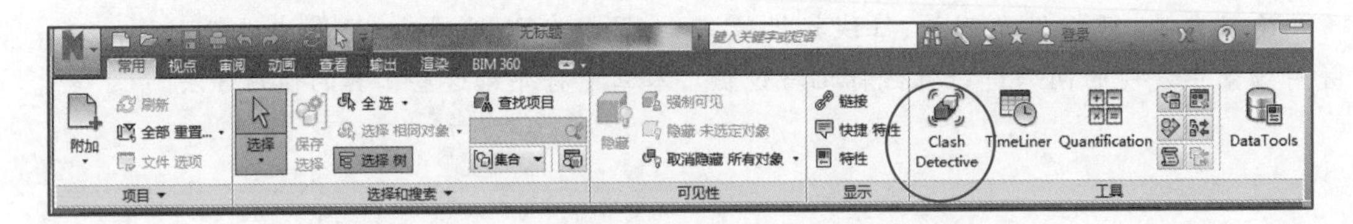

图 9-1 Clash Detective 工具

• 在“Clash Detective”工具窗口中，首先添加冲突检测项目。如图 9-2 所示，单击左上角碰撞检测项目列表窗口位置展开该窗口。单击底部“添加测试”按钮，在列表中新建碰撞检测项目，Navisworks 默认命名为“测试 1”；双击“测试 1”进入名称编辑状态，修改当前冲突检测项目名称为“暖通与结构”，按 Enter 键确认。

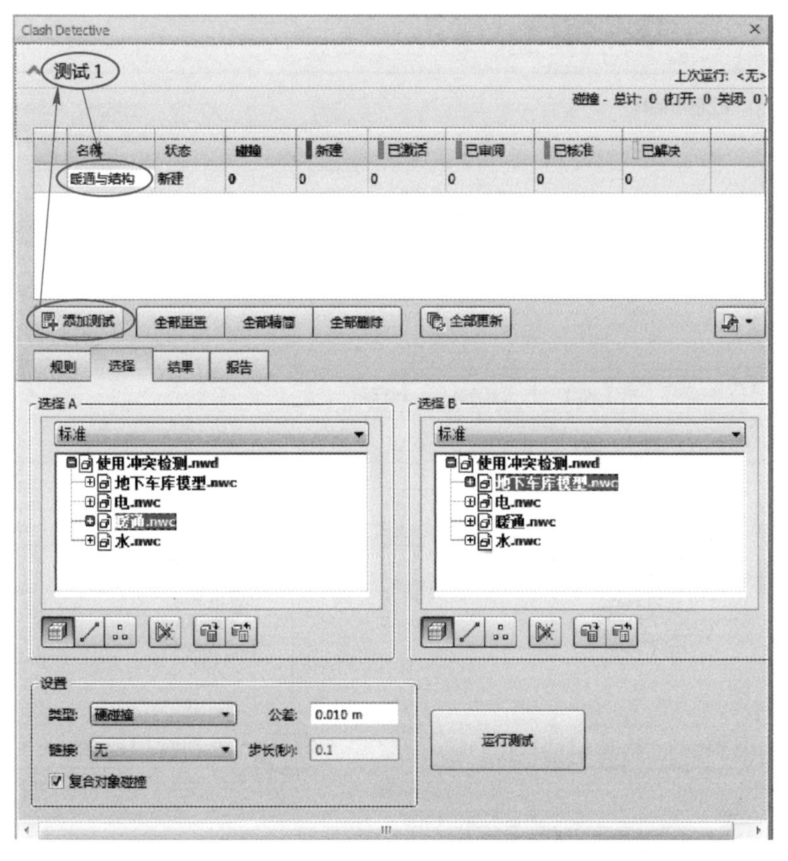

图 9-2 冲突检测测试添加

【注意】 再次单击碰撞检测项目列表窗口将收起该窗口。

• 任何一个冲突检测项目都必须指定两组参与检测的图元选择集。如图 9-3 所示，Navisworks 显示了“选择 A”和“选择 B”两个选择树。确认“选择 A”中选择树的显示方式为“标准”，选择“暖通. nwc”文件，该文件为当前场景的暖通专业模型文件；单击底部“曲面”按钮激活该选项，即所选择的文件中仅曲面（实体）类图元参与冲突检测；使用类似的方式指定“选择 B”为“地下车库模型. nwc”文件，其他选项如图 9-3 所示。

• 单击底部“设置”选项组中的“类型”下拉列表，如图 9-4 所示，在类型列表中选择“硬碰撞”，该类型碰撞检测将空间上相交的两组图元作为碰撞条件；设置“公差”为“0.050 m”，当两图元间碰撞的距离小于该值时，Navisworks 将忽略该碰撞。勾选底部“复合对象碰撞”复选框，即仅检测第 5 步所指定的选择集中复合对象层级模型图元。完成后单击“运行测试”按钮，Navisworks 将根据指定的条件进行冲突检测运算。

【注意】 公差值的单位与 Navisworks 中当前场景的单位设置有关。

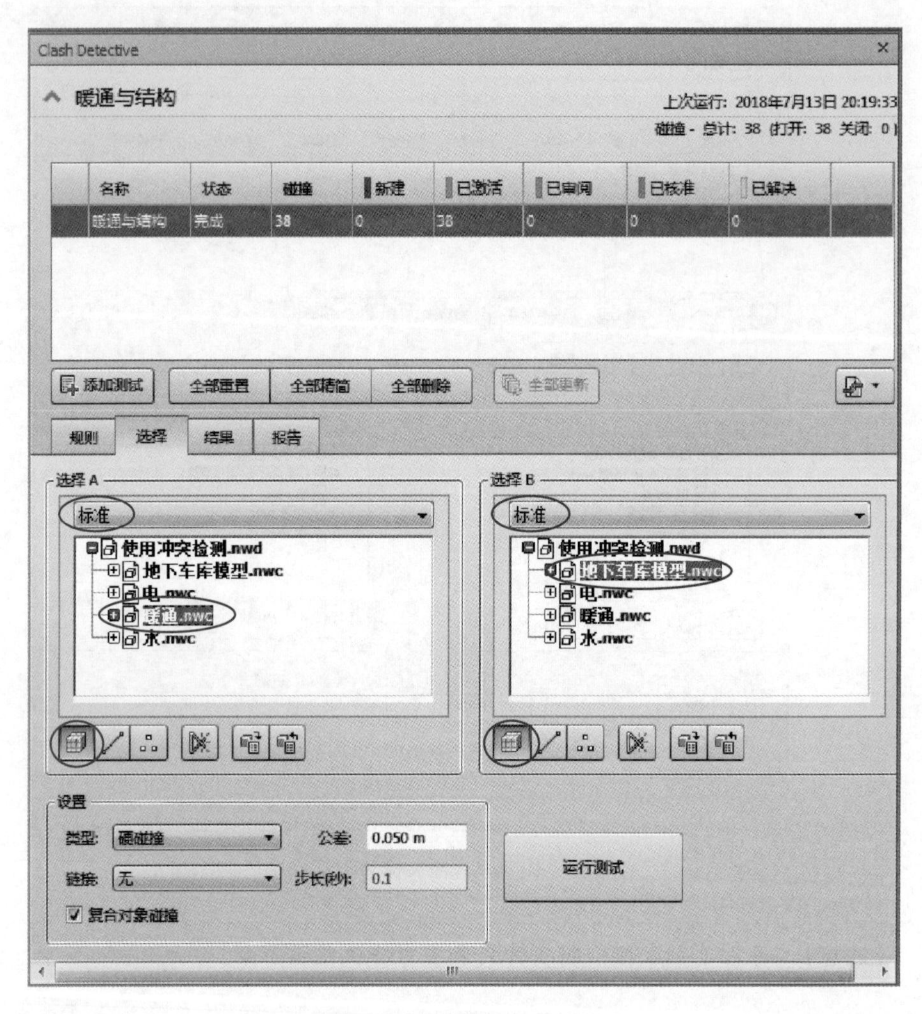

图 9-3　冲突检测测试设置

• 运算完成后，Navisworks 将自动切换至“Clash Detective”的“结果”选项卡，如图 9-5所示，本次冲突检测中的结果将以列表的形式显示在“结果”选项卡。

• 单击任意碰撞结果，Navisworks 将自动切换至该视图，以查看图元碰撞的情况，如图 9-6 所示。

• 再次单击“添加测试”按钮，在任务列表中添加新的冲突检测任务，修改名称为“电 VS 水”。

• 设置“选择 A”中选择树的显示方式为“标准”，在保存的选择集列表中选择“电”搜索集，确认冲突检测的图元类别为“曲面”；设置“选择 B”中选择树显示方式为“标准”，在选择树中选择“水. nwc”文件，该文件为消火栓系统模型文件，确认冲突检测的图元类别为“曲面”，如图 9-7 所示。

• 确认冲突检测的“类型”为“硬碰撞”；设置“公差”为“0.050 m”，即仅检测碰撞距离大于 0.05 m 的碰撞；确认勾选“复合对象碰撞”复选框，完成后单击“运行测试”按钮，对所选择图元进行冲突检测运算。

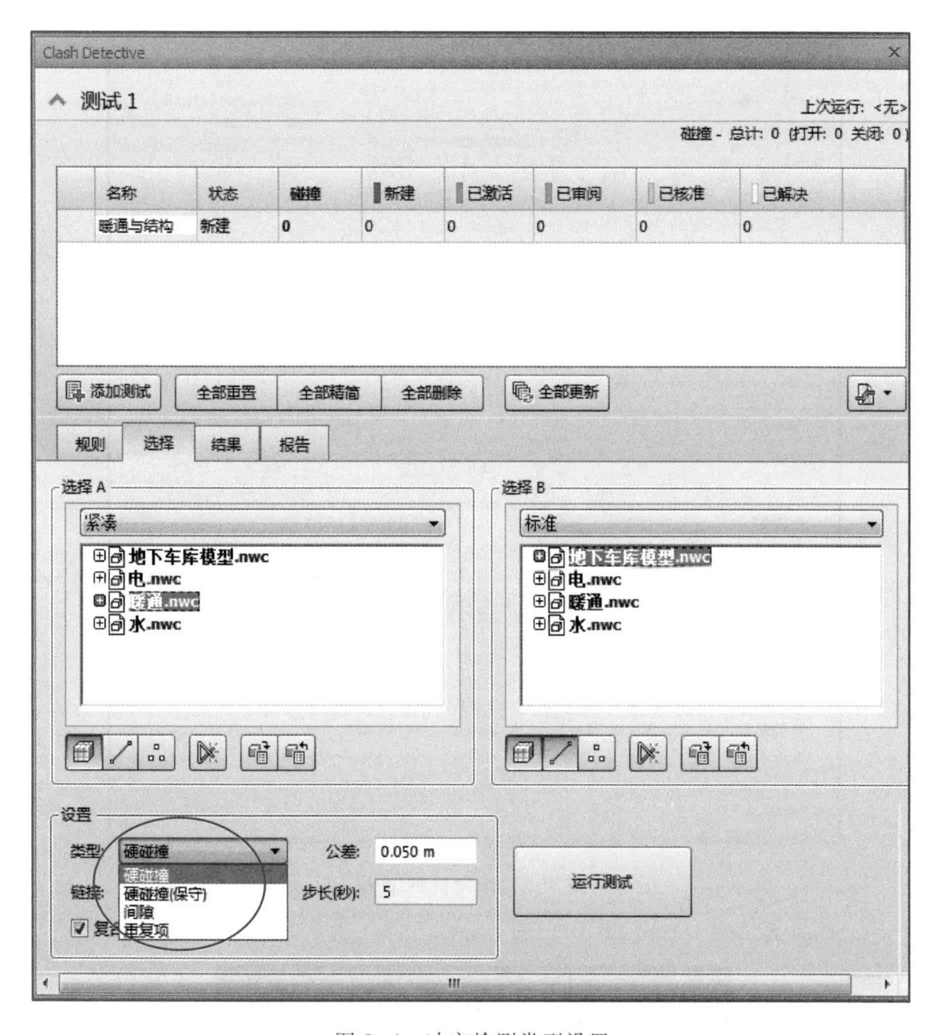

图 9-4 冲突检测类型设置

• 冲突检测运算完成后，Navisworks 将自动切换至“结果”选项卡，在碰撞检测任务列表中列出本次检测共发现碰撞 0 个，注意其中状态为“新建”的冲突结果为 0 个，如图 9-8 所示。

• 切换至“选择”选项卡。修改“公差”为“0.01 m”，单击选择集空白处任意位置，注意此时“ Clash Detective ”任务列表中将出现过期符号，表明该任务中显示的检测结果已经过期，同时显示任务“状态”为“旧”，如图 9-9 所示。

• 单击“运行测试”按钮，重新进行冲突检测运算。完成后将自动切换至“结果”选项卡。注意此时冲突检测任务列表中显示碰撞数量为 18 个，且新建碰撞状态为 18 个，活动碰撞状态为 0 个，如图 9-10 所示。

• 单击冲突检测任务列表中“添加测试”按钮，新建名称为“结构重复项检测”的冲突检测任务。

• 如图 9-11 所示，设置“选择 A”中选择树显示方式为“标准”，选择“地下车库模型.nwc”文件，确认冲突检测的图元类别为“曲面”；同样设置“选择 B”中选择树显示方

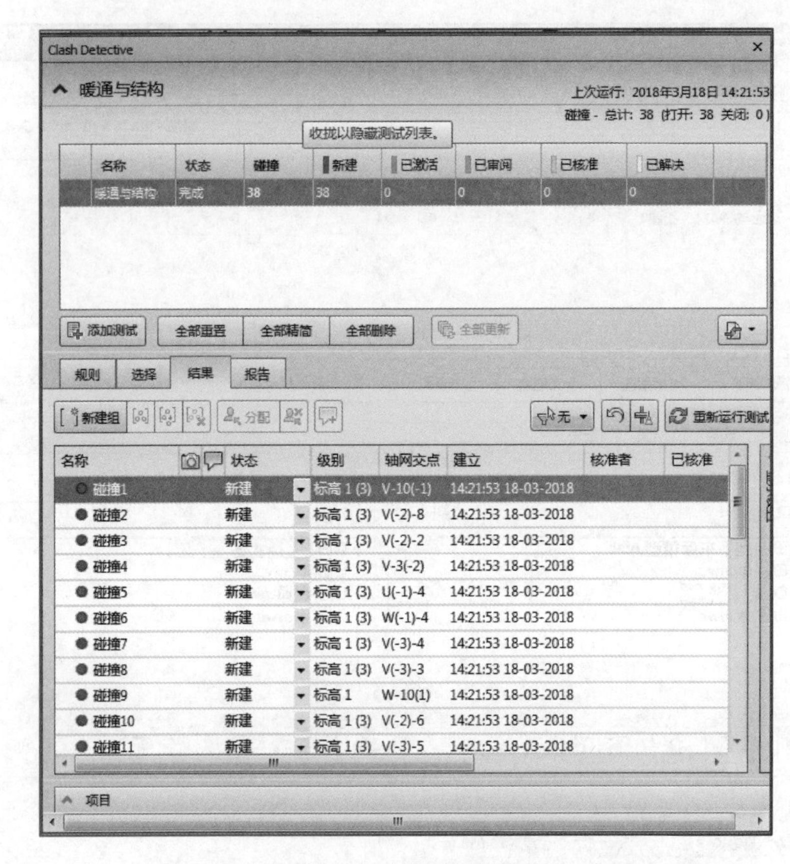

图 9-5 冲突检测结果

图 9-6 碰撞结果显示

式为“标准”，选择“地下车库模型.nwc”文件，确认冲突检测的图元类别为“曲面”，设置冲突检测“类型”为“重复项”；设置“公差”为“0.000 m”，勾选“复合对象碰撞”复选框。

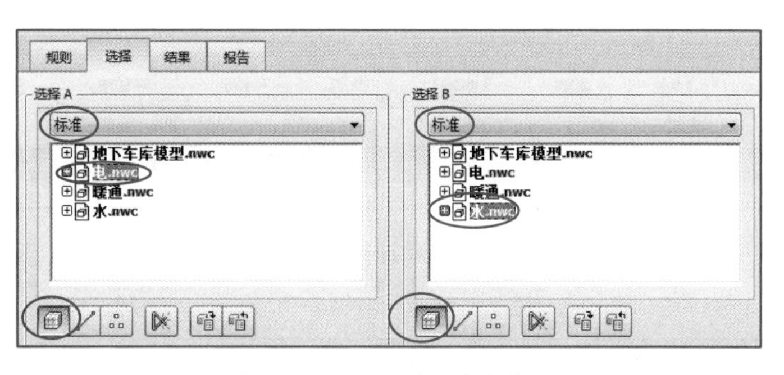

规则
选择
结果
报告
选择 A
标准
地下车库模型.nwc
电.nwc
暖通.nwc
水.nwc
选择 B
标准
地下车库模型.nwc
电.nwc
暖通.nwc
水.nwc

图 9-7 “电 VS 水”冲突检测

Clash Detective
电VS水
上次运行: 2018年3月20日 12:25:46
碰撞 - 总计: 0 (打开: 0 关闭: 0)
名称 状态 碰撞 新建 已激活 已审阅 已核准 已解决
测试 1 完成 0 0 0 0 0 0
电VS水 完成 0 0 0 0 0 0
添加测试
全部重置
全部精简
全部删除
全部更新
规则
选择
结果
报告
新建组
分配
无
重新运行测试
名称 状态 级别 轴网交点 建立 核准者 已核准

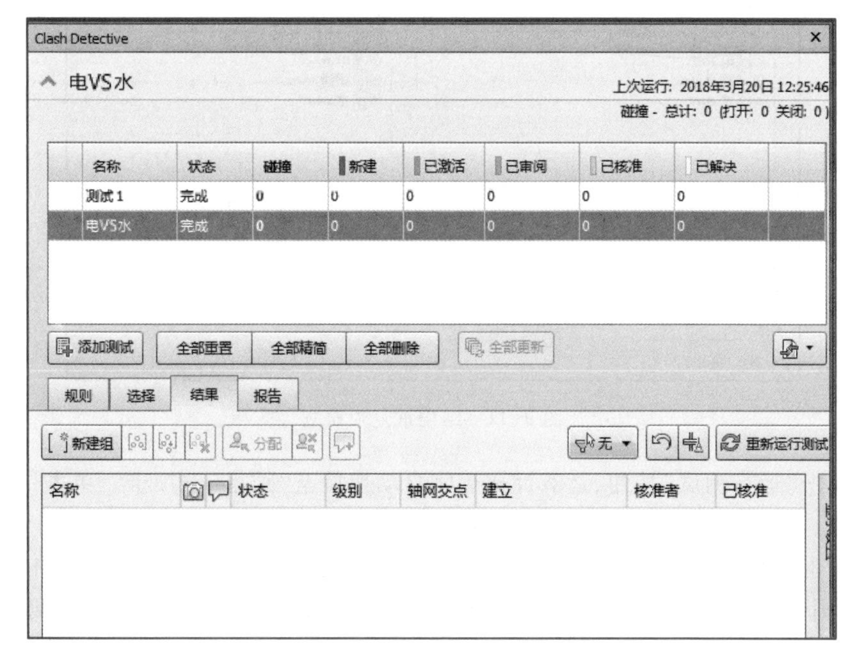

图 9-8 冲突检测结果

Clash Detective
电VS水
上次运行: 2018年3月20日 12:25:46
碰撞 - 总计: 0 (打开: 0 关闭: 0)
名称 状态 碰撞 新建 已激活 已审阅 已核准 已解决
测试 1 完成 0 0 0 0 0 0
电VS水 完成 0 0 0 0 0 0
添加测试
全部重置
全部精简
全部删除
全部更新
规则
选择
结果
报告

图 9-9 修改后冲突检测过期符号

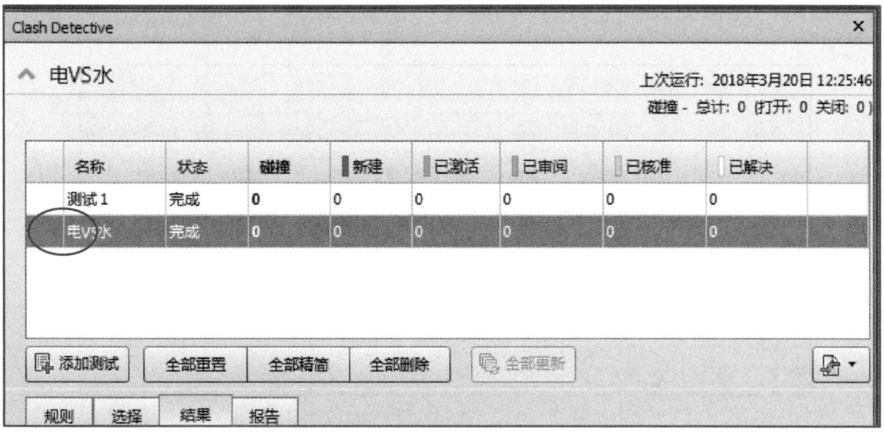

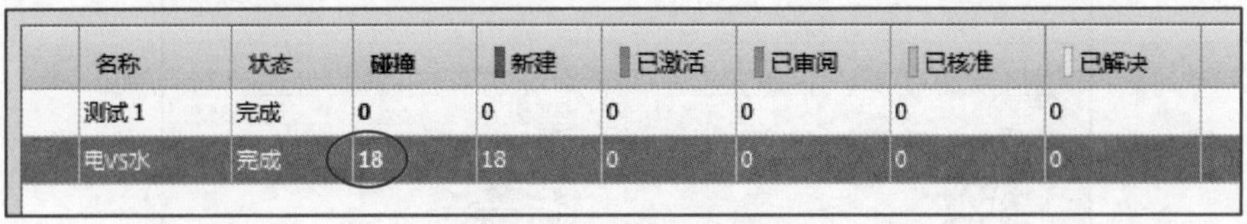

名称	状态	碰撞	新建	已激活	已审阅	已核准	已解决
测试1	完成	0	0	0	0	0	0
电VS水	完成	18	18	0	0	0	0

图 9-10　新冲突检测结果

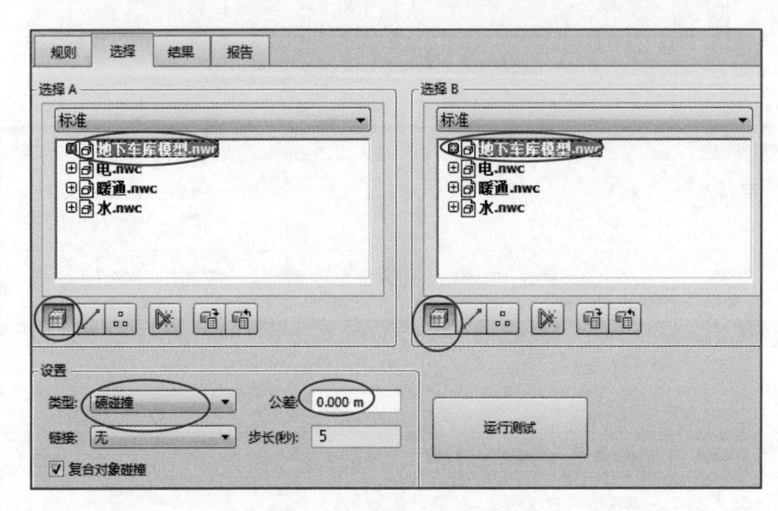

图 9-11　结构重复项检测

• 单击“运行测试”按钮，运算完成后将自动切换至“结果”选项卡。单击任意冲突检测结果，Navisworks 将切换视点以显示该冲突结果。

• 单击“Clash Detective”工具窗口底部“项目”展开按钮，展开“项目”窗口。取消勾选“项目 2”中的“高亮显示”复选框(图 9-12)，注意视图窗口中该楼梯模型图元将不再高亮显示，在本场景中显示为绿色。单击“选择”工具，选择该图元。在“项目工具”上下文选项卡的“可见性”面板中单击“隐藏”工具，隐藏该图元。注意，场景中还存在完全相同的楼梯图元。

图 9-12　结构重复项检测结果显示

除空间接触式冲突检测外，Navisworks 还可以检测管道的净空是否符合安装要求。下面以管道最小安装间距要求 25 cm 为例,查看指定管道间距是否低于此净空要求。

• 新建名称为“管线净空检测”的新冲突检测任务。使用“保存的视点”工具面板切换至“管线净空检测”视点。确认当前“选取精度”为“最高层级的对象”。如图 9-13所示,配合 Ctrl 键,从左至右分别选择当前视图中四根主消防管线。

图 9-13 管道选择

• 单击“选择 A”选项组中的“使用当前选择”按钮,将当前选择集指定为碰撞选择 A,确认冲突检测的图元类别为“曲面”;使用相同的方式单击“选择 B”选项组中的“使用当前选择”按钮,将当前选择集指定为碰撞选择 B,确认冲突检测的图元类别为“曲面”;设置当前冲突检测“类型”为“间隙”,设置“公差”为“0. 250 m”,即所有图元间距小于 0.25 m 的均视为碰撞;确认勾选“复合对象碰撞”复选框,完成后单击“运行测试”按钮进行冲突检测运算,如图 9-14 所示。

• 完成后,Navisworks 将自动切换至“结果”选项卡。

• 单击冲突检测任务列表中的“电 VS 水检测”,Navisworks 将在 Clash Detective 的“结果”选项卡列表中显示该任务的冲突检测结果。切换至其他任务名称,注意 Navisworks 分别在不同的任务中记录了已经完成的冲突检测结果。

• 单击冲突检测任务列表下方的“全部重置”按钮,Navisworks 将清除任务列表中所有任务的已有结果,如图 9-15 所示。单击“全部更新”按钮,Navisworks 将重新对任务列表中的冲突检测任务进行检测,以得到最新的结果。

• 单击“导入/导出碰撞检测”按钮,在下拉列表中单击“导出碰撞检测”选项,弹出“导出”对话框,可以将冲突检测列表中的任务导出为 xml 格式的文件,以备下次使用“导入碰撞检测”选项导入项目中进行再次检测,如图 9-16 所示。

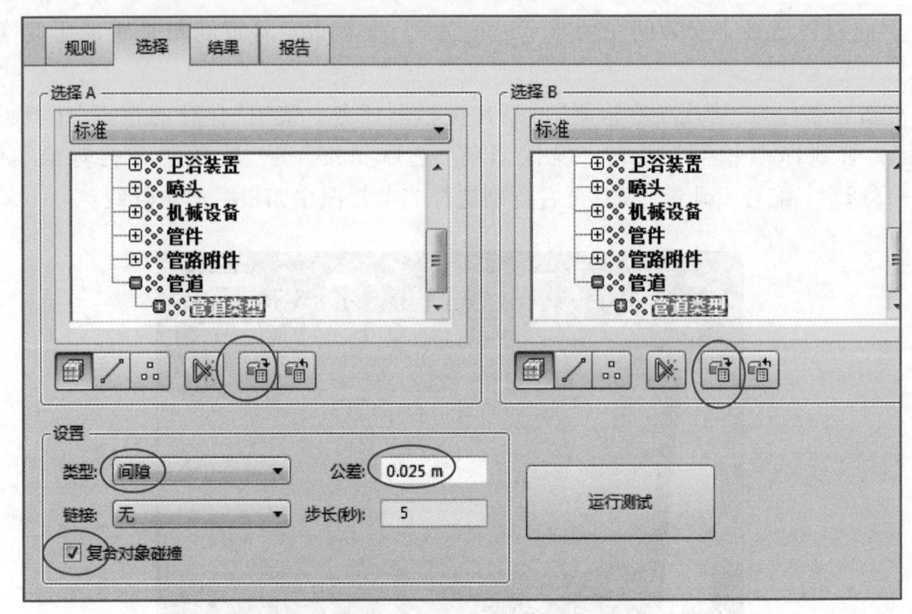

图 9-14 管道净空检测设置

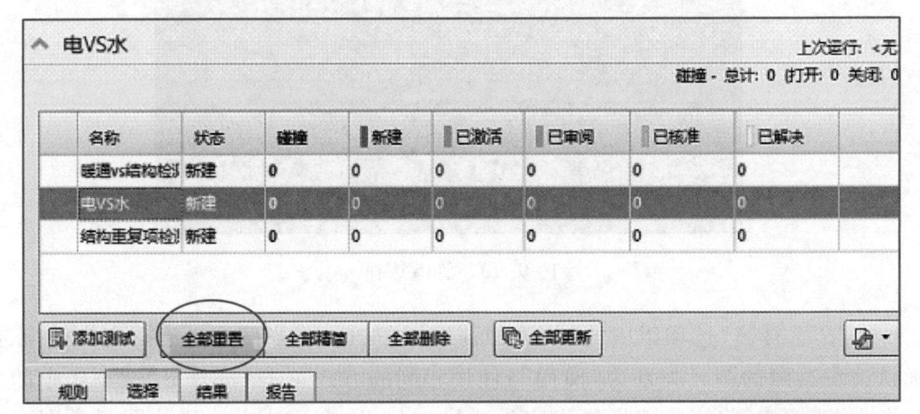

图 9-15 全部重置

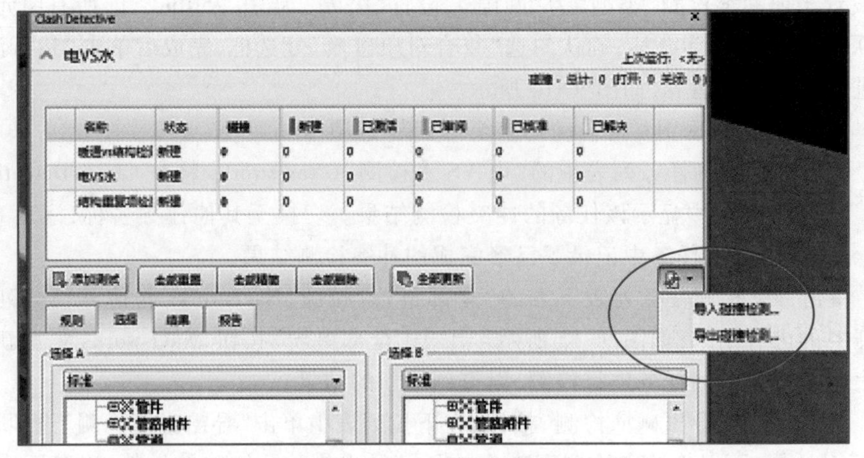

图 9-16 导入/导出碰撞检测

- 到此完成本练习操作。关闭该场景文件,不保存对场景文件的修改。

完成的文件见“第 9 章\某地下车库.nwd”。

Navisworks 中“硬碰撞”用于检测空间中具有实际相交关系的两组图元间的冲突结果,通常用于检测如管线穿梁、给排水管线与空调管线间干涉等情况。“间隙”方式通常用于判断两组平行图元间的间距,如带有保温层要求的管线间、预留的保温层空间及检修空间等。这两种检测方式的结果均受“公差”的影响,公差控制冲突检测过程中可忽略的差值,该差值可认为在现场灵活处理,公差越大,Navisworks 忽略的结果将越多。

用 Navisworks 进行算量工作时,必须保证模型中不存在重复创建的图元,因此使用“重复项”冲突检测方式,可以查找出模型场景中是否存在重复图元,以确保计算结果的正确性。

Naviswoks 还提供了“硬碰撞(保守)”的碰撞检测方式,该方式的使用方法与“硬碰撞”完全相同,不同之处在于使用“硬碰撞(保守)”进行冲突检测时,Navisworks 在计算两组对象图元间是否冲突时采用更为保守的算法,将得到更多的冲突检测结果。

Navisworks 中所有模型图元均由无数个三角形面构成。“硬碰撞”时,Navisworks 将计算两图元三角形的相交距离。对于两个完全平等且在末端轻微相交的图元(如管道),构成其主体图元的三角形都不相交,则会在“硬碰撞”计算时忽略该碰撞。而“硬碰撞(保守)”的方式将计算此类相交冲突的情况。对于 Navisworks 来说,它是一种更加彻底、更加安全的碰撞检查方法,但也将带来更大的运算量和可能错误的运算结果。

Navisworks 利用任务列表来管理不同的冲突检测内容,并可以使用“全部重置”“全部更新”等功能对任务列表进行更新和修改。如果要重置指定的任务,可以在任务名称上单击鼠标右键,在弹出如图 9-17 所示的快捷菜单中选择“重置”命令,重置当前选择的任务,并选择“运行”命令来重新运行冲突检测。

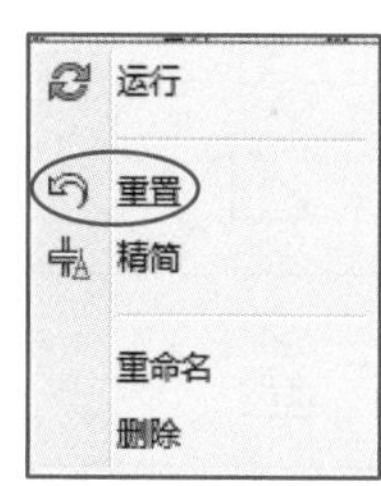

图 9-17 重置

9.1.2 掌握冲突检测的选项参数

掌握冲突检测的选项参数

在进行冲突检测时,Navisworks 可以分别控制“选择 A”和“选择 B”选择集中参与冲突检测的类型,如图 9-18 所示,在选择树窗口下方提供参与冲突检测运算图元类别的按钮,用于控制参与冲突检测的图元。单击任意按钮可激活该图元类别,再次单击将取消该图元类别。

> **【注意】** 必须确保至少一个图元类别保持激活状态。

各图标的含义详见表 9-1。

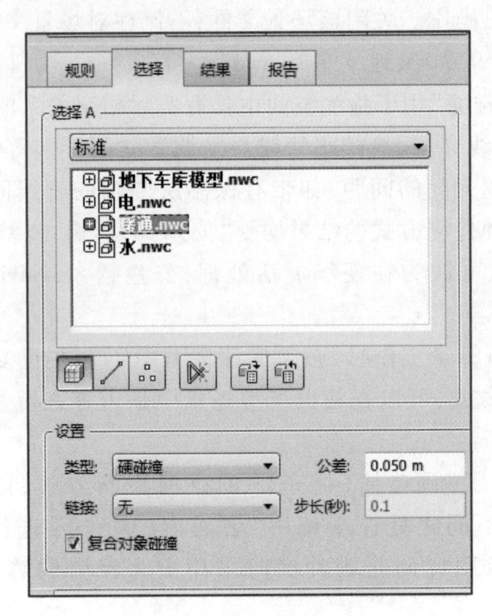

图 9-18 冲突检测图元选择

表 9-1 各图标的含义

图标	名称	含义
	曲面	选择集中的曲面(实体)图元参与冲突检测,如梁、管道、结构柱等
	线	选择集中的线图元参与冲突检测,如导入 DWG 图形中的线
	点	选择集中的点图元参与冲突检测,如导入的点云文件中的点
	自相交	判断当前选择集内部的图元参与冲突检测,以确定内部是否存在冲突,如判断暖通专业内部管线是否存在碰撞冲突
	使用当前选择	当场景中存在已选择的图元时,该图元参与冲突检测
	在场景中选择	在场景中选择并高亮显示“选择树”中已选择的图元或选择集

除使用上述方式指定选择集中的图元类型外,用户还可以勾选“设置”中“复合对象碰撞”复选框,该复选框将限制选择集中的所有“复合对象”类别图元参与冲突检测运算,用于控制选择集的选择精度。

除静态冲突检测外,在施工过程中可能产生图元冲突。例如,大型机电设备在运输过程中可能与其他图元发生干涉冲突。如图 9-19 所示,在“Clash Detective”工具窗口的“设置”选项组中可以使用“链接”选项关联由 TimeLiner 模块或 Animator 模块定义的施工顺序动画及过程动画，用于判断在动画过程中是否与其他图元发生干涉。关联动画场景后，还可以指定动画检测的“步长”，用于指定对该动画进行冲突检测运算的时间步长。步长值越小，则参与运算的精度越高。

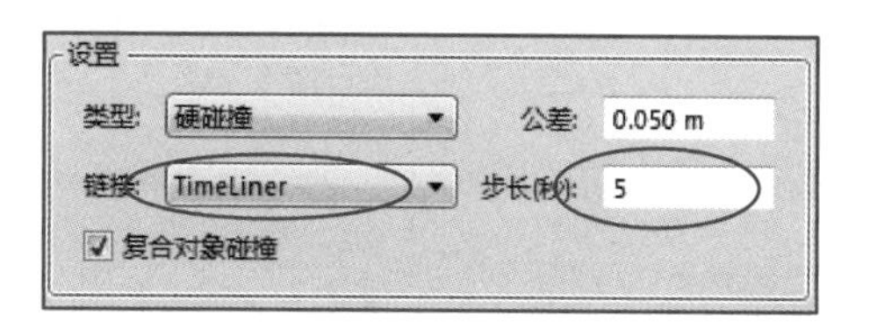

图 9-19 步长设置

注意，Navisworks 一次只能对一个链接动画进行冲突检测，如果需要对多个动画进行检测，可以创建多个冲突检测任务列表。

除上述冲突检测控制方式外，Navisworks 还提供了“规则”选项，用于控制冲突检测任务中碰撞任务的检测规则。在“Clash Detective”工具窗口中，“选择 A”“选择 B”中满足“规则”条件的图元将不参加冲突检测计算。例如，在检测排风系统和送风系统的冲突检测任务中，如果这两个系统在同一个原始文件内（即同一个源文件中包含的排风系统和送风系统）将不参加冲突检测模型，而只检测不同源文件中的排风系统及送风系统是否存在冲突。

9.1.3 掌握冲突检测报告的导出

微课
掌握冲突检测报告的导出

Navisworks 可以将“Clash Detective”中检测的冲突检测结果导出为报告文件，以方便讨论和存档记录。用户可通过使用“报告”面板将已有冲突检测报告导出。

通过任务演练，说明冲突检测报告的导出步骤。

- 打开练习文件中的“第 9 章 \ 某地下车库. nwd”场景文件。打开“Clash Detective”面板，在该面板中已完成名称为“暖通与结构检测”“电 VS 水检测”和“结构重复项检测”的冲突检测任务。
- 在冲突检测任务列表中，选择“暖通与结构检测”，如图 9-20 所示，切换至“报告”选项卡，在内容中勾选要显示在报告中的冲突检测内容，该内容显示了在“结果”选项卡中所有可用的列标题。在本操作中将采用默认状态。
- 设置“包括碰撞”选项组中“对于碰撞组，包括”下拉列表为“仅限组标题”；取消勾选“仅包含过滤后的结果”复选框；在“包括以下状态”中勾选所有冲突结果状态，即在将要导出的冲突检测报告中，将包含所有状态的冲突结果。
- 在“输出设置”选项组中设置“报告类型”为“当前测试”，即仅导出“暖通与结构”任务中的冲突检测报告；设置“报告格式”为“ HTML（表格）”格式。
- 单击“写报告”按钮，弹出“另存为”对话框。浏览至任意文件保存位置，单击“保存”按钮，Navisworks 将输出冲突检测报告。注意默认文件名与当前冲突检测任务名称相同。
- 使用 IE、Chrome、FireFox 等 HTML 浏览器打开并查看导出报告的结果，如图 9-21所示。

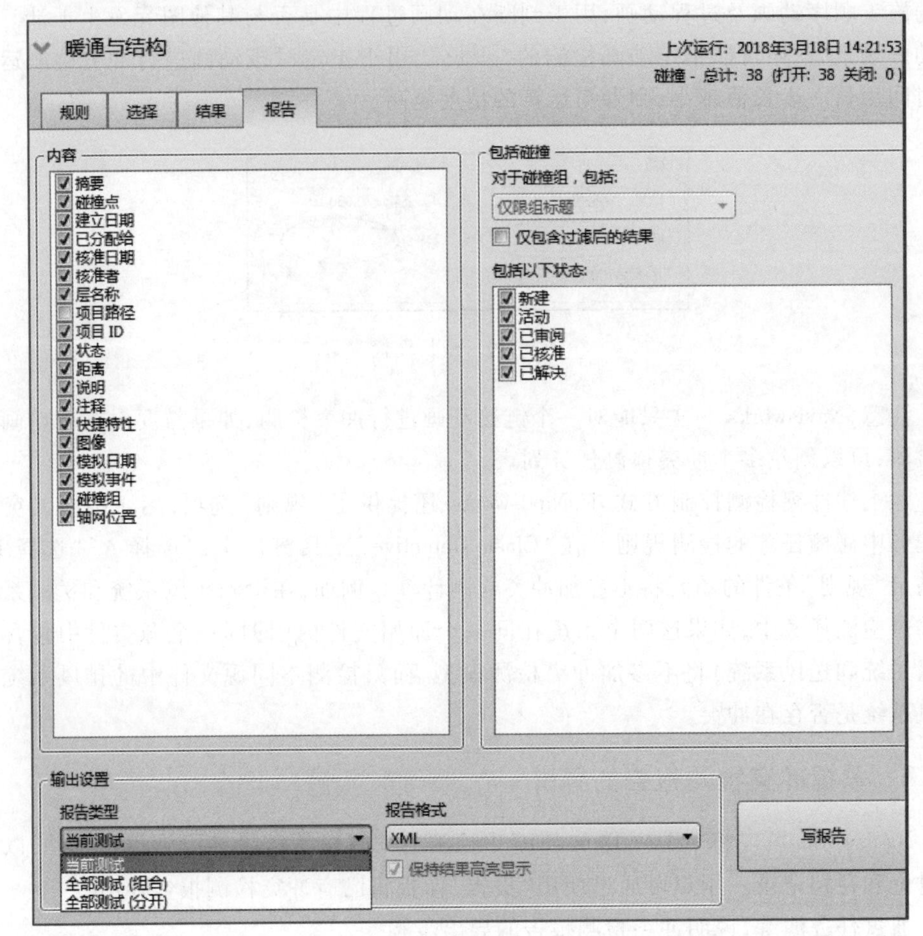

图 9-20 冲突报告设置

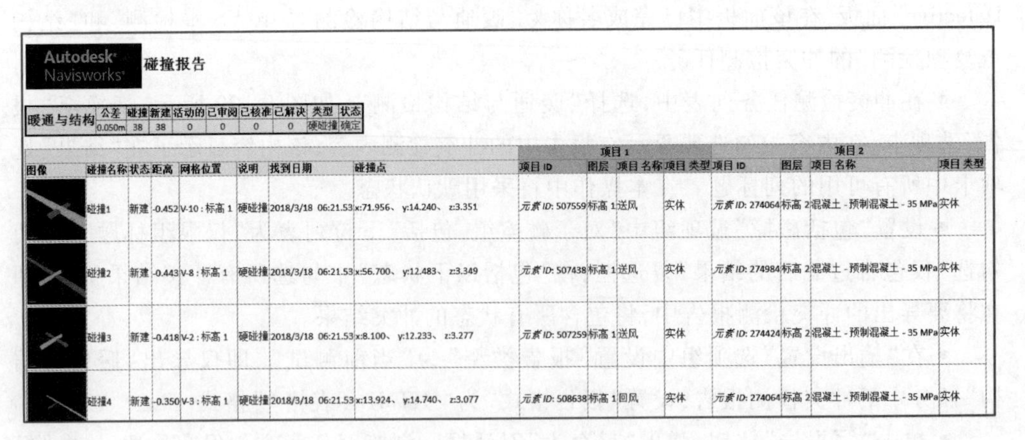

Autodesk Navisworks 碰撞报告

暖通与结构	公差	碰撞	新建	活动的	已审阅	已核准	已解决	类型	状态
	0.050m	38	38	0	0	0	0	硬碰撞	确定

图像	碰撞名称	状态	距离	网格位置	说明	找到日期	碰撞点	项目 1 项目 ID	项目 1 图层	项目 1 项目 名称	项目 1 项目 类型	项目 2 项目 ID	项目 2 图层	项目 2 项目 名称	项目 2 项目 类型
	碰撞1	新建	-0.452	V-10 : 标高 1	硬碰撞	2018/3/18 06:21.53	x:71.956、 y:14.240、 z:3.351	元素 ID: 507559	标高 1	送风	实体	元素 ID: 274064	标高 2	混凝土 - 预制混凝土 - 35 MPa	实体
	碰撞2	新建	-0.443	V-8 : 标高 1	硬碰撞	2018/3/18 06:21.53	x:56.700、 y:12.483、 z:3.349	元素 ID: 507438	标高 1	送风	实体	元素 ID: 274984	标高 2	混凝土 - 预制混凝土 - 35 MPa	实体
	碰撞3	新建	-0.418	V-2 : 标高 1	硬碰撞	2018/3/18 06:21.53	x:8.100、 y:12.233、 z:3.277	元素 ID: 507259	标高 1	送风	实体	元素 ID: 274424	标高 2	混凝土 - 预制混凝土 - 35 MPa	实体
	碰撞4	新建	-0.350	V-3 : 标高 1	硬碰撞	2018/3/18 06:21.53	x:13.924、 y:14.740、 z:3.077	元素 ID: 508638	标高 1	回风	实体	元素 ID: 274064	标高 2	混凝土 - 预制混凝土 - 35 MPa	实体

图 9-21 导出报告结果

- 再次设置“报告格式”为“作为视点”，勾选“保持结果高亮显示”复选框，如图 9-22所示。
- 再次单击“写报告”按钮，注意此时 Navisworks 将当前任务结果中所有冲突视点

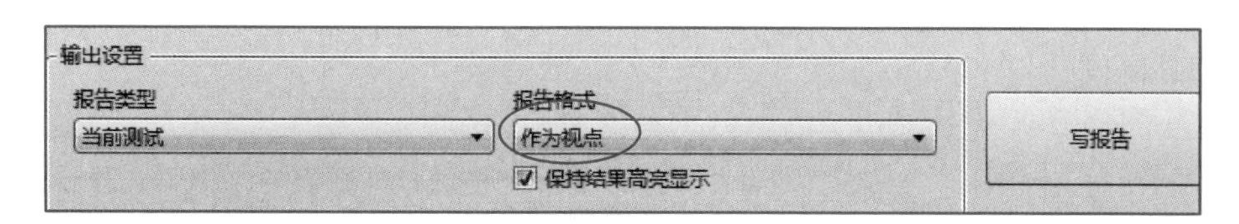

图 9-22 结果高亮显示

保存至“保存的视点”中，如图 9-23 所示。注意，“结果”选项组中设置为碰撞组的部分，其视点也按分组的方式导出。

• 至此完成本练习操作。关闭当前场景，不保存对场景的修改。

完成的文件见“第 9 章\冲突检测保存视点.nwd”。

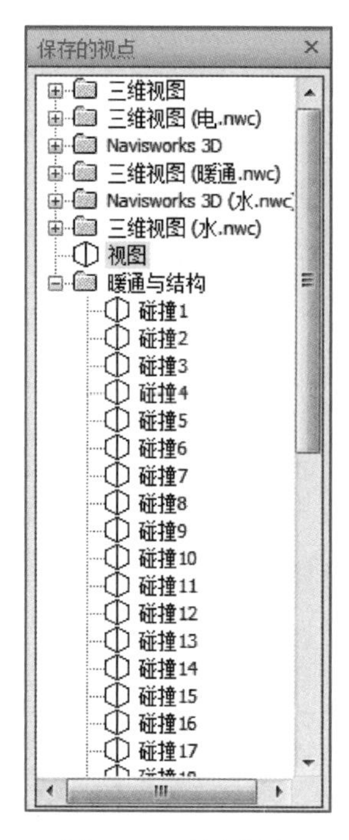

图 9-23 保存视点

在“包括碰撞”选项组的设置中，只有被选择的碰撞状态才能显示在报告中。用户可以设置对碰撞组的报告导出方式，包括“仅限组标题”“仅限单个碰撞”和“所有内容”。其中，“仅限组标题”将只在报告中显示组的标题和设置信息，对于组中包含的实际碰撞结果将不显示。而“仅限单个碰撞”选项将在报告中忽略碰撞组的特性，组中的每个碰撞都将显示在报告中。如果在“内容”中勾选“碰撞组”复选框，在生成报告时，Navisworks 将对于一个组中的每个碰撞，都向报告中添加一个名为“碰撞组”的额外字段以标识它。“所有内容”选项将既显示碰撞组的特性，又显示组中各碰撞的单独特性。

如果当前场景中保存了多个冲突检测任务，用户还可以在“输出设置”中设置导出的“报告类型”为“当前测试”，或是以“组合”或“分开”的方式导出全部冲突检测任务。其中，“组合”的方式将所有冲突检测任务导出在单一的成果文件中，而“分开”的方式将为每个任务创建一个冲突检测报告。

管线综合原则

9.2 掌握冲突检测的测量和审阅

在 Navisworks 中进行浏览和审查时，用户常需要在图元间进行距离测量，并对发现的问题进行标识和批注，以便于协调和记录。Navisworks 提供了测量和红线批注工具，用于对场景进行测量，并标识批注意见。

掌握测量工具的使用

9.2.1 掌握测量工具的使用

Navisworks 提供了点到点、点直线、角度、区域等多种不同的测量工具，用于测量图元的长度、角度和面积。用户可以通过“审阅”选项卡的“测量”面板来访问和使用这些工具。

通过实践演练，说明 Navisworks 中测量工具的使用方式。

• 单击“审阅”选项卡中的“测量”面板标题右下角箭头(图 9-24),打开“测量工具”工具窗口(图 9-25)。

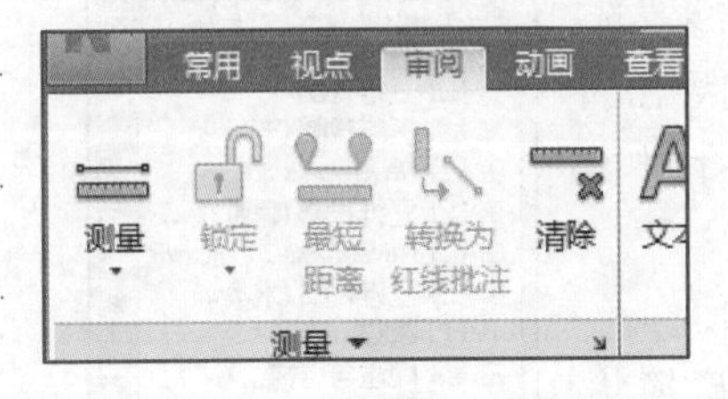

图 9-24 测量工具

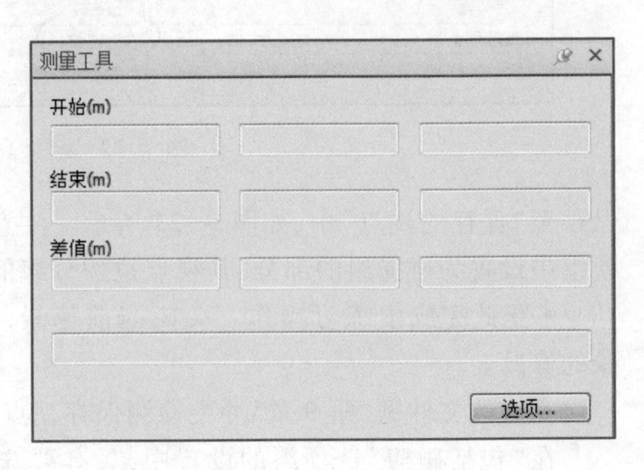

图 9-25 选项编辑器

• 单击“选项”按钮,打开“选项编辑器”对话框,并自动切换至“测量”选项设置窗口。在“测量工具”工具窗口中,显示了 Navisworks 中所有可用的测量工具。

• 单击“点到点”测量工具,在场景中分别单击两风管间边缘附近的任意位置,Navisworks 将标注显示所拾取两点间距离,同时“测量工具”面板中将分别显示所拾取的两点间 X、Y、Z 坐标值,两点间的 X 、Y、Z 坐标值差值以及测量的距离值,如图 9-26 所示。

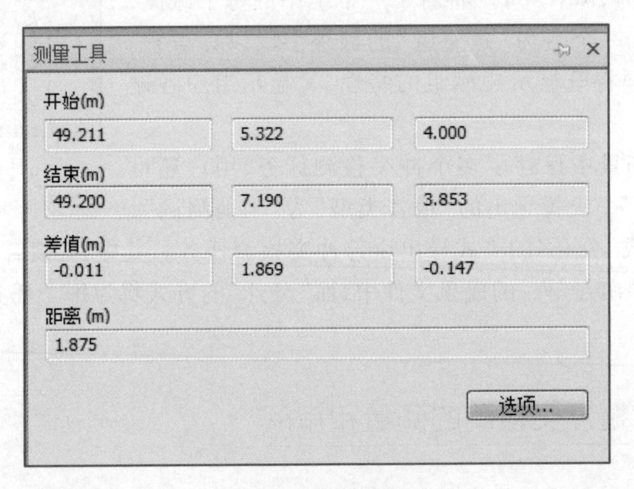

图 9-26 点到点测量

【注意】 测量的长度单位取决于 Navisworks 在“选项编辑器”对话框中对于“显示单位”的设置。

• 按 F12 键,打开“选项编辑器”对话框,如图 9-27 所示,切换至“捕捉”选项,在“拾取”选项组中,确认勾选“捕捉到顶点”“捕捉到边缘”和“捕捉到线顶点”复选框,即 Navisworks 在测量时将精确捕捉到对象的顶点、边缘以及线图元的顶点;设置“公差”为“5”,该值越小,光标需要越靠近对象顶点或边缘时才会捕捉。完成后单击“确定”按钮退出“选项编辑器”对话框。

● 单击“测量”面板中的“测量”下拉列表,在列表中选择“点直线”工具,注意此时“测量工具”面板中的“点直线”工具也将激活,如图 9-28 所示。

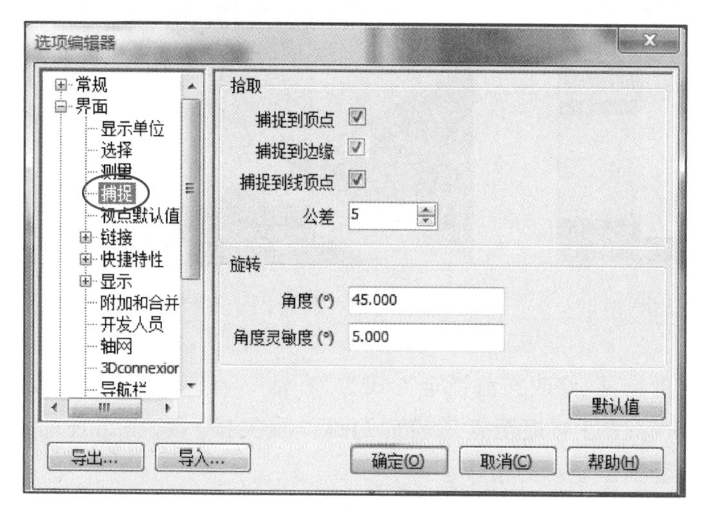

图 9-27 选项编辑器设置

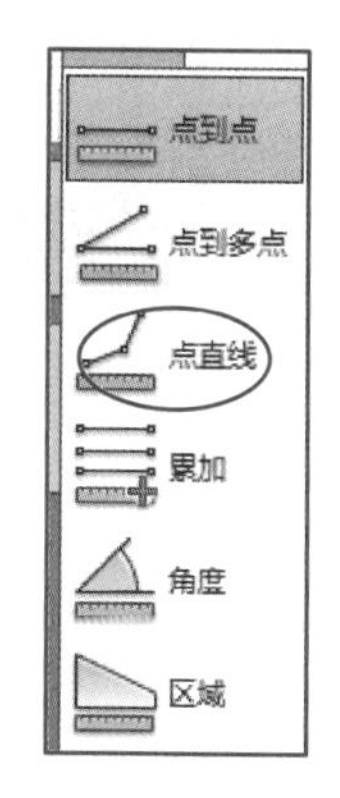

图 9-28 点直线测量

● 适当缩放视图,放大显示视图中楼板洞口位置。移动鼠标指针至洞口顶点位置,当捕捉至洞口顶点位置时,将出现图中所示的捕捉符号。依次沿洞口边缘捕捉其他顶点,并最后再捕捉洞口起点位置,完成后按 Esc 键退出当前测量,Navisworks 将累加显示各测量的长度,该长度为洞口周长。

● 单击“测量工具”面板中的“测量面积”工具,依次捕捉并拾取洞口顶点,Navisworks 将自动计算捕捉点间形成的闭合区域面积。按 Esc 键完成测量。注意 Navisworks 将清除上一次测量的结果。

● 切换至“测量”视点。按“Ctrl +1”快捷键进入选择状态。配合 Ctrl 键,单击选择任意两根消防管线。

● 注意此时“测量工具”面板中的“最短距离”工具变为可用。单击该工具,Navisworks 将在当前视图中自动在两图元最近点位置生成尺寸标注。

Navisworks 还提供了测量方向“锁定”工具,用于精确测量两图元间距离。

● 切换至“测量”视点。使用“点到点”测量工具,单击“测量”面板中的“锁定”下拉列表,如图 9-29 所示,在“锁定”工具下拉列表中选择“Z 轴”,即测量值将仅显示沿 Z 轴方向值。

● 移动鼠标指针至风管底面,捕捉至底面时,单击作为测量起点;再次移动鼠标指针至地面楼板位置,注意无论鼠标指针移动至任何位置,Navisworks 都将约束显示测量起点沿 Z 轴方向至鼠标指针位置的距离。单击楼板任意位置完成测量,Navisworks 将以蓝色尺寸线显示该测量结果,如图 9-30 所示。

● 使用类似的方式,分别锁定 X 轴、Y 轴测量风管的宽度,结果如图 9-31 所示。注意 Navisworks 分别以红色和绿色显示 X 轴和 Y 轴方向测量的结果。

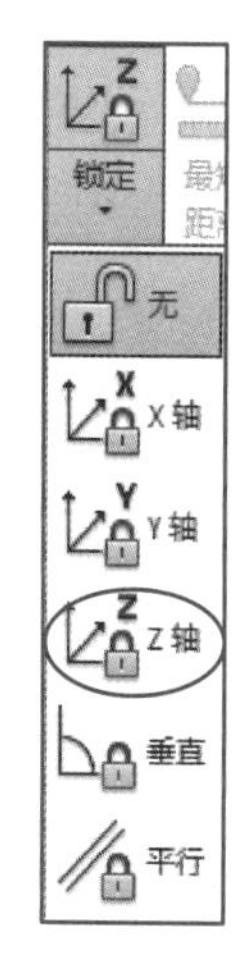

图 9-29 锁定列表

图 9-30 Z 轴测量结果

图 9-31 X 轴测量结果

• 使用“点到点”测量工具，修改当前锁定方式为“Y 轴”。移动鼠标指针至最左侧管线位置，注意 Navisworks 仅可捕捉至管道表面边缘。重复按+键，将出现缩放范围框。重复按+键，直到该范围框显示为最小。

• 保持鼠标指针位置不动。按住 Enter 键不放，Navisworks 将放大显示光标所在位置图元。如图 9-32 所示，移动鼠标指针捕捉至管道中心线，单击作为测量起点，完成后松开 Enter 键，Navisworks 将恢复视图显示。

• 使用类似的方式，移动鼠标指针至右侧相邻管线位置，按住 Enter 键不放，Navisworks 将放大显示该管线。捕捉至该管线中心线位置，单击作为测量终点，完成后松开 Enter 键，Navisworks 将恢复视图显示。

• 注意，此时标注了两管管间中心线距离，结果如图 9-33 所示。

• 切换至“位置对齐”视点。该视点显示了风管与结构墙碰撞，需要对风管进行移动以验证是否有足够的空间安装此风管。

• 使用“点到点”测量方式，确定锁定方式为“Y 轴”，如图 9-34 所示，分别捕捉至风管及墙边缘，生成测量标注，其距离为“0.896 m”。注意标注时拾取的顺序。

图 9-32 放大显示

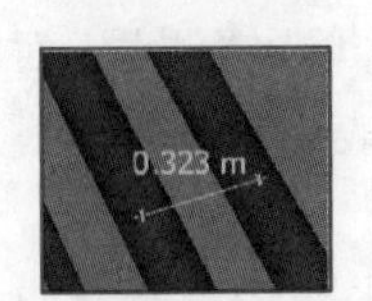

图 9-33 管道间距离

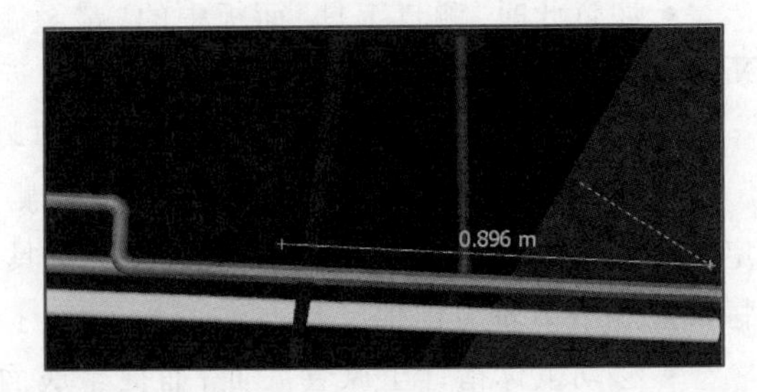

图 9-34 测量标注

• 至此完成测量操作练习。关闭当前场景，不保存对场景的修改。

完成的文件见“第 9 章\测量”。

在使用“测量”工具时，用户可以随时按 Enter 键对光标所在区域进行视图放大显示，以便于更精确捕捉测量点。缩放的幅度由缩放范围框大小决定，按+或-键可以对范围框缩小或放大,范围框越小,放大的倍率越高。

Navisworks 提供了多种不同的测量方式,各测量方式的图标、名称和功能见表 9-2。请读者自行尝试,Navisworks 中各测量工具的使用方式限于篇幅,在此不再赘述。

表 9-2 各测量方式的图标、名称和功能

图标	名称	功能
	点到点	测量两点之间距离长度
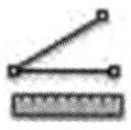	点到多点	以一点为起点,到多个不同点间的距离长度,例如找到最短距离
	点直线	连续测量直线并累加总长度,例如测量周长
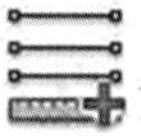	累加	多个任意直线距离的长度总和,例如测量不同管道的长度总和
	角度	测量任意三点间形成角度值
	区域	测量任意两点以上封闭区域的面积
	最短距离	所选择两个图元间的最短距离
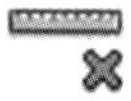	清除	消除视图中所有已有测量标注,等同于在测量模式下右击
	转换为红线批注	将测量标注转换为红线并保存于当前视点中

如图 9-35 所示,在“选项编辑器”对话框的“测量”选项卡中对测量的“线宽”“在场景视图中显示测量值”以及“使用中心线”等可自行选择。当勾选“三维”复选框时,Navisworks 将根据拾取图元的空间坐标将测量标注在三维空间中,该测量标注值可能会被其他模型图元遮挡,因此一般不建议采用。

在测量时,用户随时可采用“锁定”的方式来限定测量的方向,以得到精确的测量值。在测量时,用户可以使用快捷键来快速切换至锁定状态。各锁定功能及说明

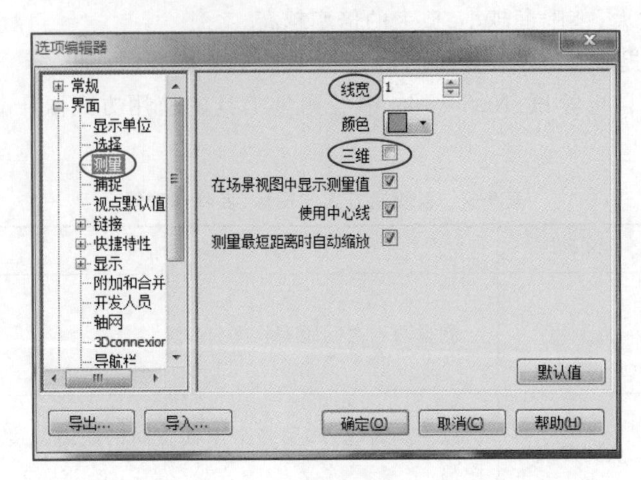

图 9-35 选项编辑器中测量设置

见表 9-3。

表 9-3 各锁定功能及说明

功能	快捷键	使用说明	测量线颜色
X 锁定	X	沿 X 轴方向测量	红色
Y 锁定	Y	沿 Y 轴方向测量	绿色
Z 锁定	Z	沿 Z 轴方向测量	蓝色
垂直锁定	P	先指定曲面,并沿该曲面法线方向测量	紫色
平行锁定	L	先指定曲面,并沿该曲面方向测量	黄色

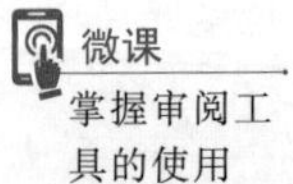

9.2.2 掌握审阅工具的使用

在 Navisworks 中,用户还可以使用审阅工具中的“红线批注”工具,随时对发现的场景问题进行记录与说明,以便于在协调会议时,随时找到审阅的内容。“红线批注”的结果将保存在当前视点中。

通过任务演练,说明在 Navisworks 中使用审阅工具的一般步骤。

• 打开练习文件中的“第 9 章\审阅. nwd”场景文件。切换至“红线批注”视点。该位置显示了与墙冲突的桥架图元,需要对该冲突进行批注,以表明审批意见。

• 适当缩放视图,在“保存的视点”工具窗口中将缩放后视点位置保存为“桥架批注视图”。

• 切换至“审阅”选项卡,如图 9-36 所示,在“红线批注”工具面板中单击“绘图”下拉列表,在列表中选择“椭圆”工具;设置“颜色”为“红色”,设置“线宽”为“3”。

• 如图 9-37 所示,移动鼠标指针至图中位置,单击并按住鼠标左键,向右下方拖动鼠标指针直到目标位置,松开鼠标左键,Navisworks 将在范围内绘制椭圆批注线。

• 设置“红线批注”面板中批注“颜色”为“黑色”;单击“红线批注”面板中的“文本”工具,在上一步生成的椭圆红线中间任意位置单击,弹出如图 9-38 所示的文本输入对话框，输入批注意见，单击“确定”按钮退出文本对话框。

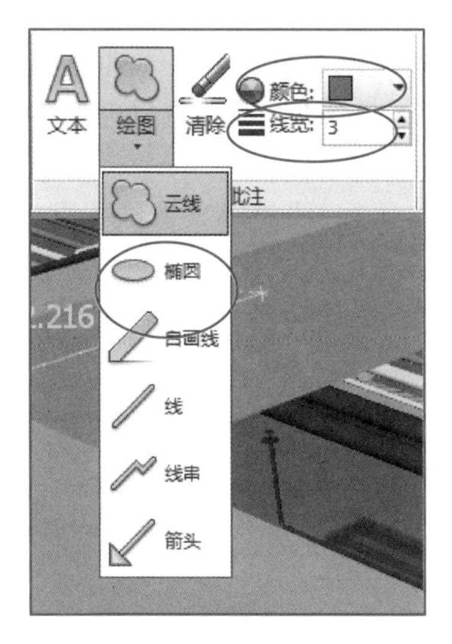

图 9-36 审阅选项卡

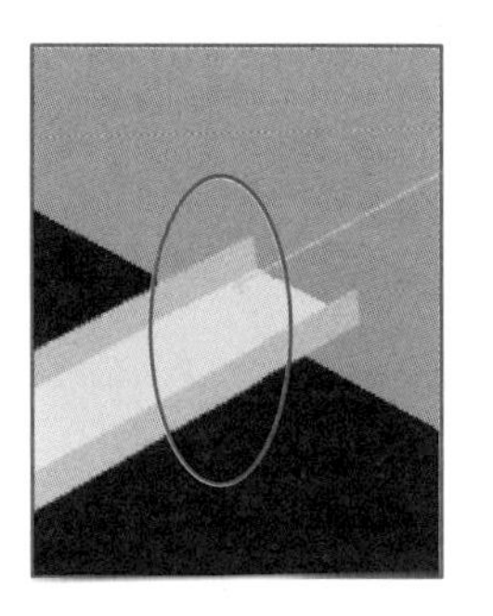
图 9-37 椭圆批注线

• Navisworks 将在视图中显示当前批注文本，如图 9-39 所示。

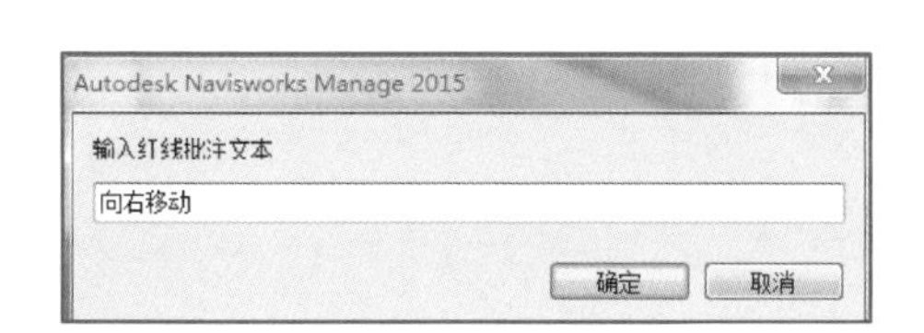

图 9-38 文本添加

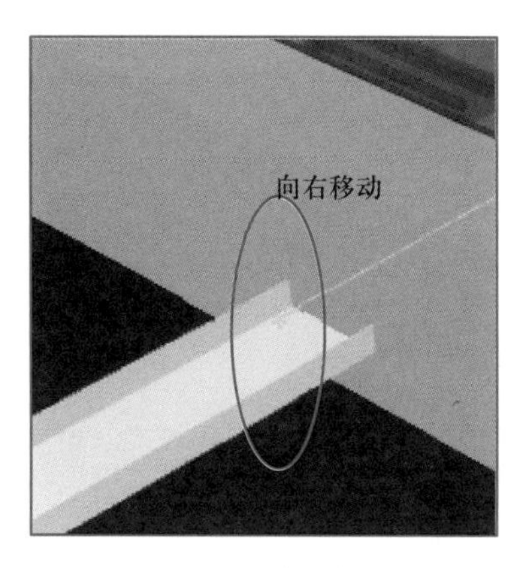

图 9-39 文本添加显示

• 使用“点到点”测量工具，按 y 键将测量锁定为“Y 轴”模式。测量桥架右侧边缘与墙左侧边缘距离。

• 在“保存的视点”工具窗口中切换至“风管批注视图”视点位置，注意已有的红线批注将再次显示在视图窗口中，同时，Navisworks 将显示上一步中生成的测量尺寸。

• 修改“红线批注”面板中批注“颜色”为红色。如图 9-40 所示，单击“测量”面板中的“转换为红线批注”工具。Navisworks 将测量尺寸转换为测量红线批注。

• 适当缩放视图，注意当前视图场景中所有红线批注消失。在“保存的视点”面板中切换至“风管批注视图”视点，所有已生成的红线批注将再次显示。

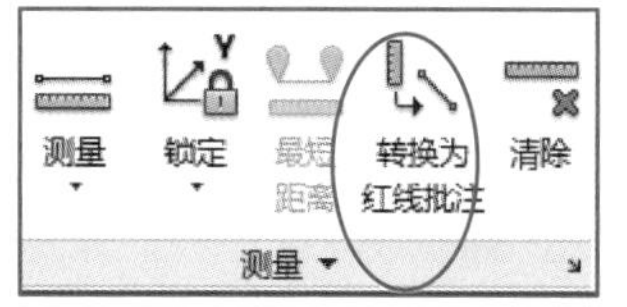

图 9-40 转换红色批注

- 至此完成红线批注练习。关闭当前场景,不保存对场景的修改。

完成的文件见"第 9 章\审阅.nwd"。

注意,当使用"转换为红线批注"工具将测量结果转换为红线批注时,Navisworks 会自动保存当前视点文件。Navisworks 可以建立多个不同的视点以存储不同的红线批注内容。

除椭圆外,Navisworks 还提供了云线、线、自画线、线串等其他红线批注形式,使用方法与椭圆类似。

第 10 章

虚拟施工

学习目标

掌握 TimeLiner 虚拟施工的制作步骤。掌握不同的施工任务类型，包括“构造”“拆除”和“临时”三种类型，任务类型决定该任务在施工模拟展示时图元显示的方式及状态。

掌握施工模拟参数设置的方法，包括“替代开始/结束日期”“时间间隔大小”“回放持续时间(秒)”“覆盖文本”“模拟设置”和“动画”设置栏。

“导出动画”工具可以直接导出“AVI”格式的视频，也可以导出“JPEG”格式的图片序列。

掌握自动匹配的方法。通过链接外部施工组织计划数据，通过自动对应规则，自动匹配对应构件，进行虚拟施工。

单元概述

单击“常用”选项卡“工具”面板中的“Animator”，打开“TimeLiner”工具窗口。单击“添加任务”按钮，在左侧任务窗格中添加新施工任务，也包括计划开始时间、计划结束时间、“构造”施工任务、附着集合。按照以上操作，完成所有工作任务和时间的添加。切换至 TimeLiner 工具窗口中的“模拟”选项卡，单击“播放”按钮在当前场景中预览施工任务进展情况。

施工任务类型包括“构造”“拆除”和“临时”三种类型。

添加外部施工组织数据“csv”文件，使用规则自动附着，选择集自动附着到该“任务”，切换至“模拟”选项卡，单击“播放”按钮，查看当前施工进程模拟动画。

除在 Navisworks 中浏览和查看三维场景数据外，还可以利用 Navisworks 提供的 TimeLiner 模块根据施工进度安排为场景中每一个选择集中的图元定义施工时间和日期及任务类型等信息，生成具有施工顺序信息的 4D 信息模型，并利用 Navisworks 提供的动画展示工具根据施工时间安排生成用于展示项目施工场地布置及施工过程的模拟动画。

利用 TimeLiner 模块，可以直接创建施工节点和任务，也可以导入 Project、Excel 等施工进度管理工具生成的进度数据，自动生成施工节点数据。

微课
施工模拟原理

10.1 掌握虚拟施工的原理

Navisworks 提供了 TimeLiner 模块，用于在场景中定义施工时间节点周期信息，并根据所定义的施工任务生成施工过程模拟动画。由于三维场景中添加了时间信息，使得场景由 3D 信息升级为 4D 信息，因此施工过程模拟动画又称为 4D 模拟动画。

虚拟施工的主要工具是“常用”选项卡下“工具”面板中的“TimeLiner”。

在 Navisworks 中，要定义施工过程模拟动画必须首先制定详细的施工任务。如图 10-1所示，施工任务用于定义各施工任务的计划开始时间、计划结束时间等信息。在 Navisworks 中，每个任务均可以记录以下几种信息：计划开始及结束时间，实际开始及结束时间，人工费、材料费等费用信息等。这些信息均将包含在施工任务中，作为 4D 施工动画的信息基础。

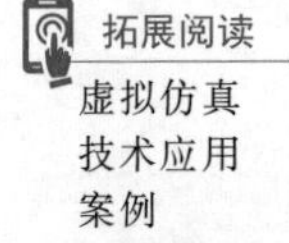

拓展阅读
虚拟仿真技术应用案例

已激活	名称	计划开始	计划结束	任务类型	附着的
☑	F1柱	2017/3/1	2017/3/7	构造	集合->F1柱
☑	F2楼板	2017/3/8	2017/3/14	构造	集合->F2楼板
☑	F2柱	2017/3/15	2017/3/21	构造	集合->F2柱
☑	F3楼板	2017/3/22	2017/3/28	构造	集合->F3楼板
☑	F3柱	2017/3/29	2017/4/4	构造	集合->F3柱
☑	F4楼板	2017/4/5	2017/4/11	构造	集合->F4楼板
☑	F4柱	2017/4/12	2017/4/18	构造	集合->F4柱
☑	F5楼板	2017/4/19	2017/4/25	构造	集合->F5楼板
☑	F5柱	2017/4/26	2017/5/2	构造	集合->F5柱
☑	F6楼板	2017/5/3	2017/5/9	构造	集合->F6楼板
☑	F1墙	2017/5/10	2017/5/16	构造	集合->F1墙
☑	F2墙	2017/5/17	2017/5/23	构造	集合->F2墙
☑	F3墙	2017/5/24	2017/5/30	构造	集合->F3墙
☑	F4墙	2017/5/31	2017/6/6	构造	集合->F4墙
☑	F5墙	2017/6/7	2017/6/13	构造	集合->F5墙
☑	门窗幕墙	2017/6/14	2017/6/20	构造	集合->门窗幕墙
☑	其他	2017/6/21	2017/6/27	构造	集合->其他

图 10-1 施工任务制定

可以自定义添加或修改施工任务，也可以导入 Microsoft Project、Microsoft Excel、Primavera P6 等常用施工任务管理软件中生成的 mpp、csv 等格式的施工任务数据，并依据这些数据为当前场景自动生成施工任务。

要模拟施工过程，必须将定义的施工任务与场景中的模型图元一一对应。可以使用 Navisworks 的选择集功能根据施工任务情况定义多个选择集并将选择集对应至施工任务中，使这些图元具备时间信息，成为 4D 信息图元。也可以使用选择集与施工任务自动映射的工具，以实现选择集图元与施工任务间的快速匹配。

在施工任务中除必须定义时间信息外，还必须指定各施工任务的任务类型。如图 10-2所示，Navisworks 默认提供了“构造”“拆除”、“临时”三种任务类型。任务类型用于显示不同的施工任务中各模型的显示状态。可以自定义各任务类型在施工模拟时的外观表现。例如，可定义“构造”工作的外观表现，当该任务开始时使用绿色 90% 透明显示，在该任务结束时以模型自身的外观显示；定义“拆除”工作的外观表现，当该任务开始时使用红色 90%透明显示，在该任务结束时隐藏模型；定义“临时”工作的外观表现，当该任务开始时使用黄色 90%透明显示，在该任务结束时隐藏模型。

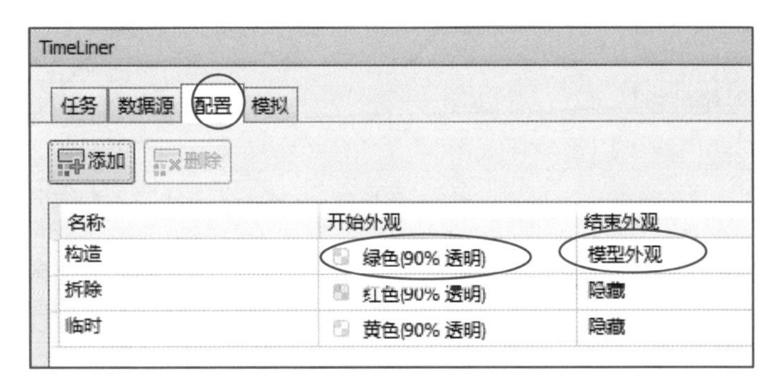

图 10-2 施工任务类型和外观表现设置

Navisworks 通过定义施工任务，设置施工任务的计划开始及完成时间、实际开始及完成时间、施工费用等信息，并将指定的选择集中图元与施工任务关联；设置施工任务的任务类型，以明确各任务在施工动画模拟中的表现。Navisworks 通过这些设置定义施工 4D 模拟过程所需的全部内容。

Navisworks 中施工过程模拟的核心基础是场景中图元选择集的定义，必须确保每个选择集中的图元均与施工任务要求一一对应，才能得到正确的施工模拟结果。因此，必须结合施工模拟要求及施工任务安排，合理定义模型的创建和拆分规则，并在 Navisworks 中定义合理的选择集，以满足施工任务的要求。

10.2 掌握 TimeLiner 的使用

10.2.1 掌握虚拟施工的制作步骤

定义施工任务是 Navisworks 施工模拟的基础。接下来通过练习介绍 TimeLiner 中定义施工任务的一般步骤。在本练习中，假设每个施工任务均需要 1 周的时间完成。

- 打开练习文件中“第 10 章\施工模拟. nwd”场景文件。
- 打开“集合”面板，当前场景中已定义了每层的柱、墙、板以及所有的门窗及其他构件 17 个选择集。
- 单击“常用”选项卡“工具”面板中的“TimeLiner”(图 10-3)，将打开“TimeLiner”工具窗口。
- 确认“TimeLiner”工具窗口当前选项卡为“任务”；单击工具栏中的“列”下拉列表，在列表中选择“基本”选项，注意 TimeLiner 左侧任务空格中各列名称中仅显示“计

图 10-3 TimeLiner 工具

划开始”“计划结束”“任务类型”“附着的”等基本任务信息(图 10-4)。

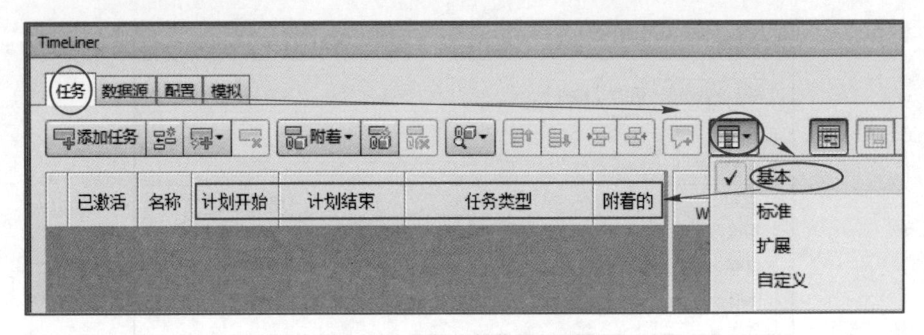

图 10-4 设置“基本”模式

【提示】 可单击“列”下拉列表,在列表中选择“标准”“扩展”“自定义”数据进行数据显示切换。当使用“自定义”时,Navisworks 允许用户在“选择 TimeLiner 列”对话框中指定要显示在任务列表中的信息。

• 单击“添加任务”按钮,在左侧任务窗格中添加新施工任务,该施工任务默认名称为“新任务”。单击任务“名称”列单元格,修改“名称”为“F1 柱”;单击“计划开始”列单元格,在弹出日历中选择 2017 年 3 月 1 日;使用同样的方式修改“计划结束”日期为“2017 年 3 月 7 日”。单击“F1 柱”施工任务中“任务类型”列单格,在“任务类型”下拉列表中选择“构造”。右键单击“F1 柱”行,在菜单中选择“附着集合”-“F1 柱”,将 F1 结构柱选择集附着给该任务(图 10-5)。

	已激活	名称	计划开始	计划结束	任务类型	附着的
▶	☑	F1柱	2017/3/1	2017/3/7	构造	集合->F1柱

图 10-5 设置 F1 柱的施工信息

任务类型:Navisworks 默认提供了“构造”“拆除”“临时”三种任务类型。在 TimeLiner 工具窗口的“配置”选项卡中,可自定义任务类型名称。

附着的:Naviswrks 允许用户附着选择集中图元,也允许用户使用“附加当前选择”的方式将当前场景中选择的图元附着给施工任务。任何时候单击“清除附加对象”选项,都可清除已附加至任务中的选择集或图元。

• 按照以上操作,按照图 10-6 中的数据完成所有工作任务和时间的添加。

• 选择所有行,单击鼠标右键,选择“向下填充”(图 10-7),“任务类型”类将自动全部显示为“构造”。

已激活	名称	计划开始	计划结束	任务类型	附着的
☑	F1柱	2017/3/1	2017/3/7	构造	集合->F1柱
☑	F2楼板	2017/3/8	2017/3/14		
☑	F2柱	2017/3/15	2017/3/21		
☑	F3楼板	2017/3/22	2017/3/28		
☑	F3柱	2017/3/29	2017/4/4		
☑	F4楼板	2017/4/5	2017/4/11		
☑	F4柱	2017/4/12	2017/4/18		
☑	F5楼板	2017/4/19	2017/4/25		
☑	F5柱	2017/4/26	2017/5/2		
☑	F6楼板	2017/5/3	2017/5/9		
☑	F1墙	2017/5/10	2017/5/16		
☑	F2墙	2017/5/17	2017/5/23		
☑	F3墙	2017/5/24	2017/5/30		
☑	F4墙	2017/5/31	2017/6/6		
☑	F5墙	2017/6/7	2017/6/13		
☑	门窗幕墙	2017/6/14	2017/6/20		
☑	其他	2017/6/21	2017/6/27		

图 10-6 设置所有的施工任务

图 10-7 向下填充

• 单击“使用规则自动附着”(图 10-8),默认被勾选的规则是“使用相同名称、匹配大小写将 TimeLiner 任务从列名称对应到选择集”,保持该选项被勾选,直接单击右下角“应用规则”(图 10-9)。此时,会看到“附着的”列将自动附着到与“名称”列的名称相同的集合。完成的样子见图 10-10。

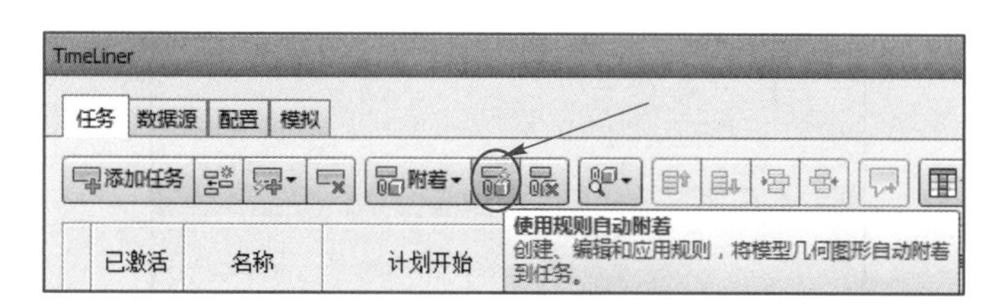

图 10-8 使用规则自动附着

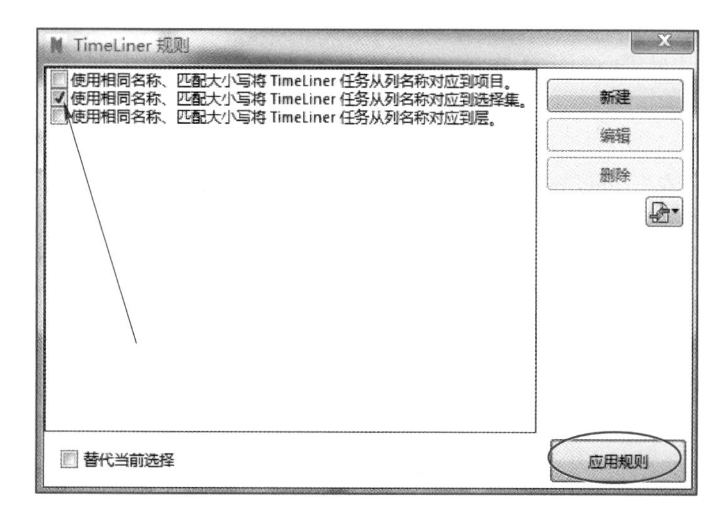

图 10-9 选择规则、应用规则

已激活	名称	计划开始	计划结束	任务类型	附着的
☑	F1柱	2017/3/1	2017/3/7	构造	集合->F1柱
☑	F2楼板	2017/3/8	2017/3/14	构造	集合->F2楼板
☑	F2柱	2017/3/15	2017/3/21	构造	集合->F2柱
☑	F3楼板	2017/3/22	2017/3/28	构造	集合->F3楼板
☑	F3柱	2017/3/29	2017/4/4	构造	集合->F3柱
☑	F4楼板	2017/4/5	2017/4/11	构造	集合->F4楼板
☑	F4柱	2017/4/12	2017/4/18	构造	集合->F4柱
☑	F5楼板	2017/4/19	2017/4/25	构造	集合->F5楼板
☑	F5柱	2017/4/26	2017/5/2	构造	集合->F5柱
☑	F6楼板	2017/5/3	2017/5/9	构造	集合->F6楼板
☑	F1墙	2017/5/10	2017/5/16	构造	集合->F1墙
☑	F2墙	2017/5/17	2017/5/23	构造	集合->F2墙
☑	F3墙	2017/5/24	2017/5/30	构造	集合->F3墙
☑	F4墙	2017/5/31	2017/6/6	构造	集合->F4墙
☑	F5墙	2017/6/7	2017/6/13	构造	集合->F5墙
☑	门窗幕墙	2017/6/14	2017/6/20	构造	集合->门窗幕墙
☑	其他	2017/6/21	2017/6/27	构造	集合->其他

图 10-10 自动附着完成

• 激活工具栏中的“显示或隐藏甘特图”按钮，如 10-11 所示，确认当前甘特图内容为“显示计划日期”，Navisworks 将在“TimeLiner”工具窗口中显示当前施工计划的计划工期甘特图，用于以甘特图的方式查看各任务的前后关系。移动鼠标至各任务时间甘特图位置，Navisworks 将显示该甘特图时间线对应的任务名称以及开始结束时间。按住并左右拖动滚动条可以修改任务时间线，此时不再修改。

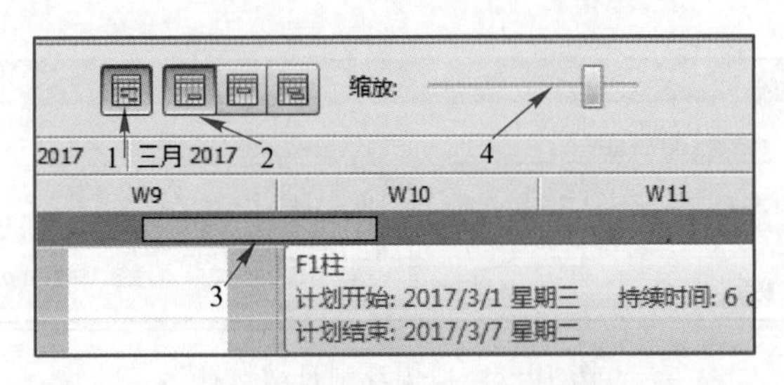

图 10-11 甘特图的显示和操作

修改任务甘特图将同时修改施工任务栏中该任务的计划开始和计划结束日期。

【提示】 在“TimeLiner”工具窗口的甘特图视口中，可显示施工任务的计划时间、实际时间及同时显示计划及实际时间。可在施工任务的“实际开始”和“实际结束”数据列中输入各任务的实际开始及结束时间。可通过拖动“缩放”滑块对甘特图显示日期范围进行缩放。

• 单击工具栏中的“列”下拉列表，在列表中选择“选择列”选项，弹出“选择 TimeLiner 列”对话框。如图 10-12 所示，在 TimeLiner 数据列名称列表中勾选“状态”“实际开始”“实际结束”“数据提供进度百分比”复选框，单击“确定”按钮退出“选择 TimeLiner 列”对话框。

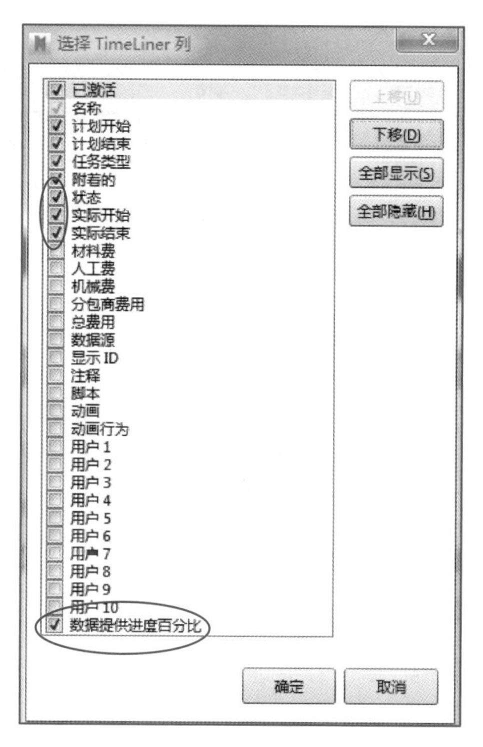

图 10-12 选择列

注意在施工任务列表中将出现“状态”“实际开始”“实际结束”“数据提供进度百分比”列，如图 10-13 所示。“数据提供进度百分比”列中将显示各任务的完成百分比数值。修改值将影响甘特图中任务完成百分比显示。

已激活	名称	计划开始	计划结束	任务类型	附着的	状态	实际开始	实际结束	

图 10-13 列扩充

修改“F1 柱”施工任务的“实际开始”和“实际结束”日期为 2017 年 2 月 27 日至 2017 年 3 月 9 日，即早于计划开始日期开始，晚于计划结束日期结束。注意 Navisworks 将在任务“状态”中标记该任务为 ，即早于计划开始日期开始，晚于计划结束日期结束。使用类似的方式参照图 10-14 中所示日期修改其他任务，注意观察任务状态的变化。注意任务实际开始时间早于计划开始日期的将以“蓝色”显示任务状态；实际结束日期晚于计划结束日期的状态任务将以“红色”表示；而处在计划日期内的将以“绿色”状态表示。

> **【提示】** 修改“实际开始”及“实际结束”不会修改任务完成百分比。

• 在“F4 柱”上单击鼠标右键，选择“降级”，所选择任务将作为其前置任务“F4 楼板”任务的一级子任务。同时“F4 楼板”任务前出现折叠符号，单击该符号可在任务列表中隐藏该任务包含的所有子任务；同时任务前折叠符号变为展开符号，单击展开符号可展开显示子任务(图 10-15)。

名称	计划开始	计划结束	任务类型	附着的	状态	实际开始	实际结束	
F1柱	2017/3/1 星期三	2017/3/7 星期二	构造	集合->F1柱		2017/2/27 星期一	2017/3/9 星期四	0.00%
F2楼板	2017/3/8 星期三	2017/3/14 星期二	构造	集合->F2楼板		2017/3/8 星期三	2017/3/14 星期二	0.00%
F2柱	2017/3/15 星期三	2017/3/21 星期二	构造	集合->F2柱		2017/3/16 星期四	2017/3/22 星期三	0.00%
F3楼板	2017/3/22 星期三	2017/3/28 星期二	构造	集合->F3楼板		2017/3/20 星期一	2017/3/26 星期日	0.00%
F3柱	2017/3/29 星期三	2017/4/4 星期二	构造	集合->F3柱		2017/4/4 星期二	2017/4/4 星期二	0.00%

图 10-14 设置实际开始和实际结束时间

已激活	名称	计划开始	计划结束	任务
☑	F1柱	2017/3/1 星期三	2017/3/7 星期二	构造
☑	F2楼板	2017/3/8 星期三	2017/3/14 星期二	构造
☑	F2柱	2017/3/15 星期三	2017/3/21 星期二	构造
☑	F3楼板	2017/3/22 星期三	2017/3/28 星期二	构造
☑	F3柱	2017/3/29 星期三	2017/4/4 星期二	构造
☑	⊟ **F4楼板**	2017/4/19 星期三	2017/4/25 星期二	构造
☑	F4柱	2017/4/19 星期三	2017/4/25 星期二	构造
☑	F5楼板	2017/4/19 星期三	2017/4/25 星期二	构造

图 10-15 子任务的设置

选择“F5 楼板”施工任务,单击右键选择“降级”,该任务将成为“F4 楼板”一级子任务;再次单击“降级”工具按钮,该任务将降级为“F4 柱”的子任务,成为“F4 楼板”的二级子任务(图 10-16)。单击工具栏中的“升级”工具按钮两次,提升该任务至主任务级别,回到原状态。

已激活	名称	计划开始	计划结束	任务类
☑	F1柱	2017/3/1 星期三	2017/3/7 星期二	构造
☑	F2楼板	2017/3/8 星期三	2017/3/14 星期二	构造
☑	F2柱	2017/3/15 星期三	2017/3/21 星期二	构造
☑	F3楼板	2017/3/22 星期三	2017/3/28 星期二	构造
☑	F3柱	2017/3/29 星期三	2017/4/4 星期二	构造
☑	⊟ **F4楼板**	2017/4/19 星期三	2017/4/25 星期二	构造
☑	⊟ **F4柱**	2017/4/19 星期三	2017/4/25 星期二	构造
☑	F5楼板	2017/4/19 星期三	2017/4/25 星期二	构造
☑	F5柱	2017/4/26 星期三	2017/5/2 星期二	构造

图 10-16 二级子任务的设置

- 单击工具栏中的“列”下拉列表,在列表中选择“扩展”选项,注意 TimeLiner 任务数据列表将显示“材料费”“工费”“脚本”“动画”等数据列名称。如图 10-17 所示,单击“F1 柱”施工任务“动画”单元格,在列表中选择“F1 柱生长\ F1 柱生长”动画;确认“动画行为”为“缩放”,即 Navisworks 将缩放 Animator 中已定义的动画时间长度,以适应当前任务在施工模拟显示时的播放时间。

【提示】 在 TimeLiner 中可设置“动画行为”方式为“缩放”“匹配开始”及“匹配结束”。“缩放”将自动缩放 Animator 动画时间以适应当前任务在施工模拟动画中的显示时间;而“匹配开始”和“匹配结束”将根据当前任务在施工模拟动画的开始或结束时间与 Animator 动画的开始或结束时间进行匹配。

已激活	名称	计划开始	计划结束	任务类型	附着的	状态	实际开始	实际结束		动画	动画行为
☑	F1柱	2017/3/1 星...	2017/3/7...	构造	集合->F1柱		2017/2/27 星...	2017/3/9...	0.00%	F1柱生长\F1柱生长	缩放
☑	F2楼板	2017/3/8 星...	2017/3/14...	构造	集合->F2楼板		2017/3/8 星...	2017/3/14...	0.00%		缩放
☑	F2柱	2017/3/15...	2017/3/21...	构造	集合->F2柱		2017/3/16 星...	2017/3/22...	0.00%		缩放
☑	F3楼板	2017/3/22...	2017/3/28...	构造	集合->F3楼板		2017/3/20 星...	2017/3/26...	0.00%		缩放

图 10-17 动画的添加

• 至此,完成施工任务设置。切换至 TimeLiner 工具窗口中的“模拟”选项卡,Navisworks 将自动根据施工任务设置显示当前场景。如图 10-18 所示,单击“播放”按钮在当前场景中预览施工任务进展情况。注意,当任务开始时,Navisworks 将以半透明绿色显示该任务中图元,而在任务结束时将以模型颜色显示任务图元。在模拟显示“F1 柱”任务时,还将播放“F1 柱生长”动画(该动画位于 Animator 中)。

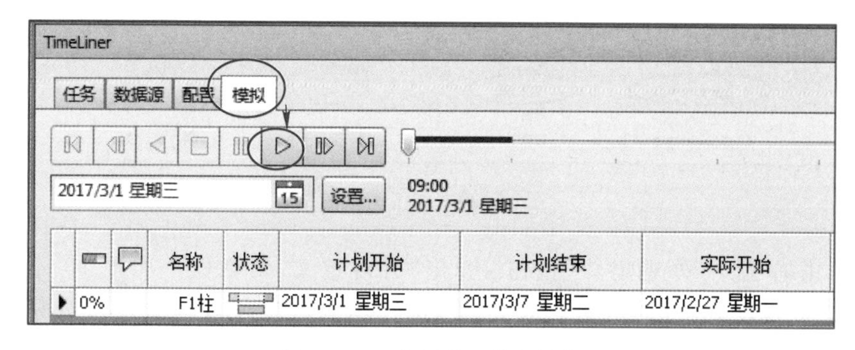

图 10-18 执行施工模拟操作

完成的项目文件见“第 10 章\施工模拟-完成.nwf”。

除定义计划和实际开始及结束时间外,Navisworks 还允许用户在 TimeLiner 中定义各任务的材料费、人工费、机械费等,如图 10-19 所示。Navisworks 会自动根据上述费用计算该任务的总费用信息,实现对施工任务的初步信息管理。

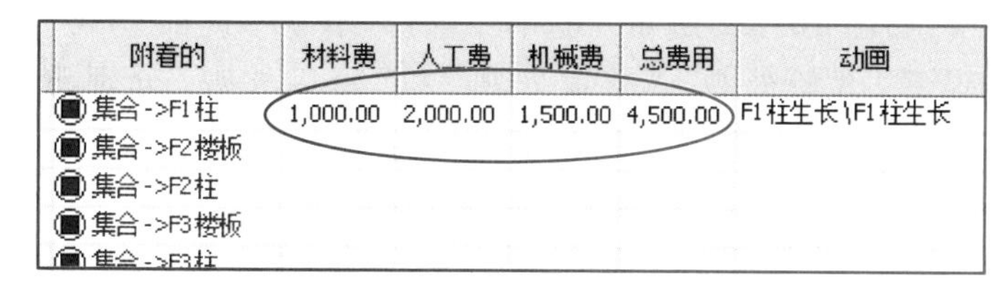

附着的	材料费	人工费	机械费	总费用	动画
集合->F1柱	1,000.00	2,000.00	1,500.00	4,500.00	F1柱生长\F1柱生长
集合->F2楼板					
集合->F2柱					
集合->F3楼板					
集合->F3柱					

图 10-19 费用的添加

在 TimeLiner 中,可以为各施工任务关联脚本和动画,以便于在施工模拟显示过程中显示各任务的同时触发脚本或播放动画,得到更加生动逼真的施工动画展示。例如,可以对结构柱施工任务中关联该选择集图元对应的 Z 轴缩放动画,在模拟显示该任务时将以生长动画的方式显示该任务。

10.2.2 掌握不同的施工任务类型

在定义施工任务时,必须为每个施工任务指定任务类型。在 TimeLiner 中,任务类型决定该任务在施工模拟展示时图元显示的方式及状态。

微课
不同施工任务类型

在上一节练习中,已定义每个施工任务的任务类型为“构造”。该状态在任务开始时显示为半透明绿色,而在任务结束时显示为模型颜色。接下来,将自定义“构造”任务类型的显示状态,以调整图元在施工模拟中的表现。

• 打开练习文件中“第 10 章\ 施工模拟-完成.nwd”场景文件。打开“TimeLiner”工具窗口,切换至“配置”选项卡。如图 10-20 所示,在“配置”列表中列举了当前场景中可用的任务类型,包括“构造”“拆除”和“临时”三种类型。任务类型“构造”在任务开始时“开始外观”显示为“绿色(90% 透明)”;而在任务完成后外观显示为“模型外观”。

TimeLiner

任务 数据源 配置 模拟

添加 删除

名称	开始外观	结束外观	提前外观	延后外观	模拟开始外观
构造	绿色(90% 透明)	模型外观	无	无	无
拆除	红色(90% 透明)	隐藏	无	无	模型外观
临时	黄色(90% 透明)	隐藏	无	无	无

图 10-20 施工类型的配置

• 单击右上方“外观定义”按钮,弹出“外观定义”对话框。如图 10-21 所示,在外观定义列表中显示了白色、灰色等 10 种场景默认外观样式。可分别修改各外观的名称、颜色及透明度等参数。单击“添加”按钮,在列表中新建自定义外观,修改该外观名称为“蓝色”;双击“颜色”色标,在弹出的“颜色”选择对话框中,选择“蓝色”图标,单击“确定”按钮退出“颜色”选择对话框;确认“蓝色”外观透明度为 0%,即不透明。保持其他设置不变,完成后单击“确定”按钮退出“外观定义”对话框。

• 单击“构造”行的“提前外观”下拉列表,注意上一步中定义的“蓝色”外观已显示在列表中,如图 10-22 所示。选择“蓝色”作为“提前外观”样式;使用类似的方式分别设置“开始外观”“结束外观”和“延后外观”分别为黄色、灰色和红色。

【提示】 单击工具栏中的“添加”或“删除”按钮,可在场景中添加新任务类型或删除已有任务类型。

• 切换至“模拟”选项卡,单击“播放”按钮在视口中预览施工进程模拟。注意观看场景区域内的图元,在任务开始时图元颜色已修改为黄色,而在任务结束时,将显示为灰色,如图 10-23 所示。

• 单击“模拟”选项卡“设置”按钮,打开“模拟设置”对话框。如图 10-24 所示,在“模拟设置”话框中修改“视图”显示方式为“计划与实际”,单击“确定”按钮退出“模拟设置”对话框。即 Navisworks 将根据任务“实际”的开始与结束时间与“计划”的开始与结束时间分析任务提前或延后,并对场景中任务图元应用提前外观或延后外观显示

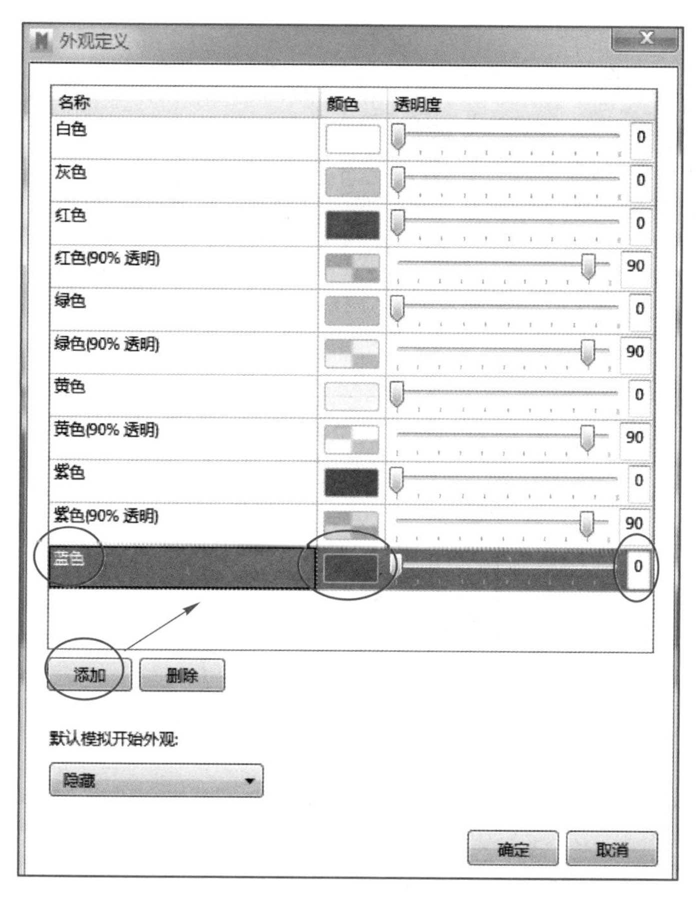

图 10-21 添加新的外观定义

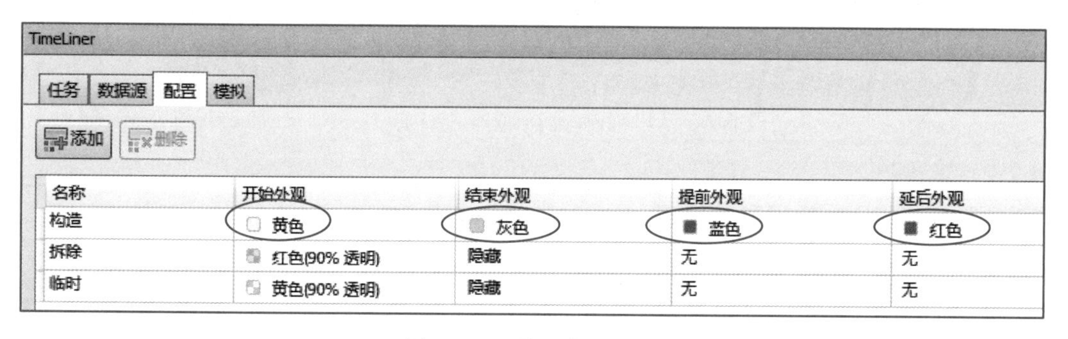

图 10-22 构造外观的设置

施工动画模拟过程。

- 单击“播放”按钮在视口中预览显示施工进程模拟,如图 10-25所示。在施工到三层楼板时,由于二层结构柱实际开始时间(3 月 16 日)晚于计划开始时间(3 月 15 日),所以显示“红色”;三层楼板实际开始时间(3 月 20 日)先于计划开始时间(3 月 22 日),所以显示“蓝色”。

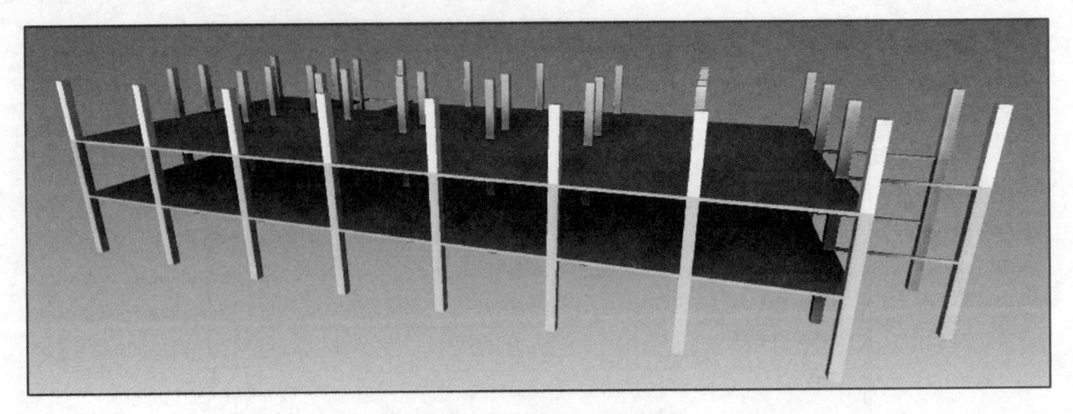

图 10-23 施工进度的模拟

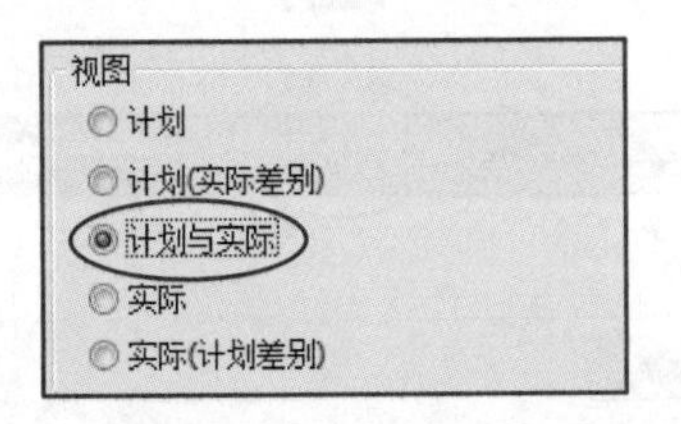

图 10-24 设置“计划与实际”视图

图 10-25 “计划与实际”状态下视图的显示

【重要说明】 对于未定义实际开始与实际结束的任务,Navisworks 将采用“延后外观”显示该任务图元,即显示为“红色”。

完成的项目文件见“第10章\施工模拟-任务类型修改完成.nwf”。

TimeLiner 利用任务类型中定义的开始外观、结束外观、提前外观和延后外观来控制施工模拟时图元外观的显示,以此来标识图元的任务状态。除外观定义中定义的颜色和透明度外,Navisworks 还提供了两种系统默认的外观状态,即“模型外观”和“隐藏”(图 10-26)。“模型外观”将使用模型自身的材质中定义的颜色状态,而“隐藏”则在视图中隐藏图元。隐藏状态通常用于施工机械、模板等任务结束后即消失的任务图元。

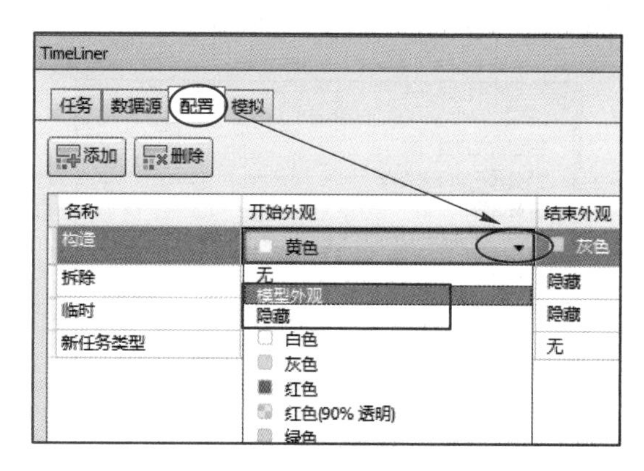

图 10-26 模型外观和隐藏

10.2.3 掌握施工模拟参数设置的方法

微课
施工模拟参数的设置

完成施工任务设置及任务类型配置之后,可随时通过 TimeLiner 的"模拟"选项卡对施工任务进行模拟,Navisworks 将以 4D 动画的方式显示各施工任务对应的图元先后施工关系。在前述两节操作中已使用动画预览功能对施工模拟动画在场景中进行预览。

Navisworks 允许用户设置施工动画的显示内容、模拟时长、信息显示等信息。接下来通过练习说明设置 TimeLiner 施工动画的详细步骤。

• 打开练习文件中"第 10 章\施工模拟动画设置.nwd"。打开 TimeLiner 工具窗口,切换至"模拟"选项卡。单击"播放"按钮,在当前场景中预览当前施工动画。

• 某一天的状态显示:如图 10-27 所示,单击工具栏中的"日历"图标,在日历中选择 2017 年 4 月 3 日,Navisworks 将在 TimeLiner 中显示当天的施工任务名称、状态及计划开始结束时间等信息及对应的甘特图情况,同时施工动画滑块将移动至该日期对应的时间位置,并在场景中显示该日期的施工状态。

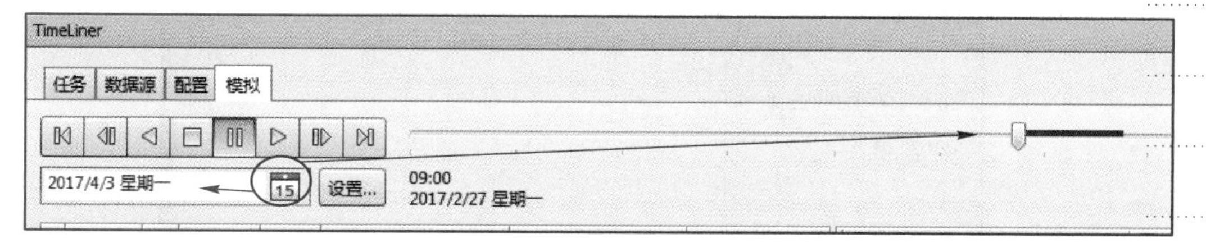

图 10-27 选择时间点

• 单击"设置"按钮,打开"模拟设置"对话框。如图 10-28 所示,"替代开始/结束日期" 选项用于设置仅在模拟时模拟指定时间范围内的施工任务,在本操作中不勾选该选项;"时间间隔大小"值用于定义施工动画每一帧之间的步长间隔,可按整个动画的百分比以及时间间隔进行设置;修改"时间间隔大小"值为"1"、单位为"天",即每天生成一个动画关键帧;"回放持续时间(秒)"选项用于定义播放完成当前场景中所有已定义的施工任务所需要的动画时间总长度，修改该值为30 s，即施工模拟的动画总时长为30 s。单击“确定”按钮退出“模拟设置”对话框。

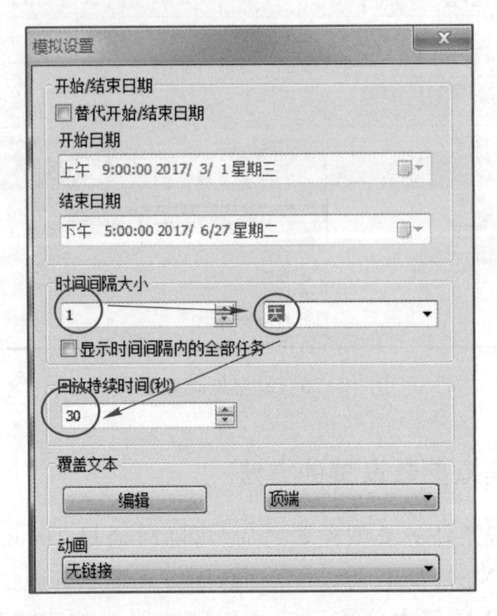

图10-28 模拟设置

• 单击“播放”按钮预览施工模拟动画，注意此时Navisworks将以1天为单位显示场景中每一帧，持续时间为30 s。注意，左上角施工信息文字显示了当前任务的时间信息内容。

• 再次打开“模拟设置”对话框。如图10-29所示，单击“覆盖文本”设置栏中的“编辑”按钮，打开“覆盖文本”对话框。移动光标至文本末尾，单击“其他”按钮，在弹出列表中选择“当前活动任务”，Navisworks将自动添加“$TASKS”字段。完成后单击“确定”按钮退出“覆盖文本”对话框。再次单击“确定”按钮退出“模拟设置”对话框。

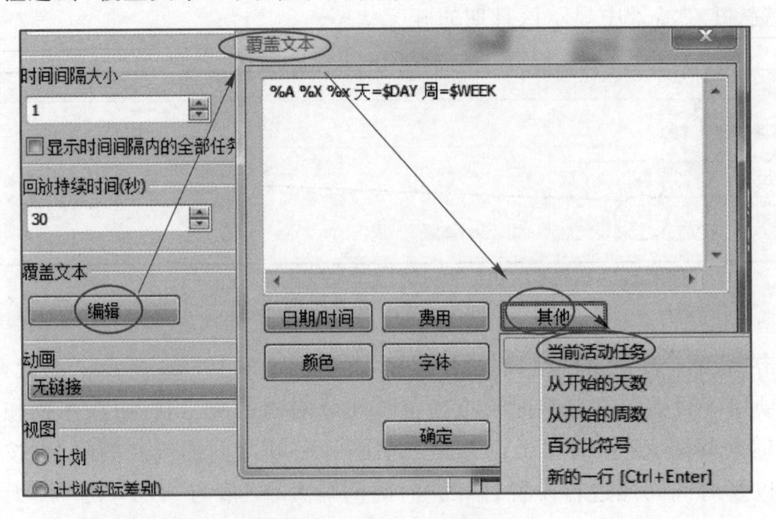

图10-29 覆盖文本的添加

• 再次单击动画播放工具,注意左上角文字信息中将包含当前任务名称信息(图 10-30)。

• 再次打开“模拟设置”对话框。单击“动画”设置栏中的下拉列表,在列表中选择“相机”-“相机 1”(图 10-31),该动画为使用 Animator 功能制作的相机动画。完成后单击“确定”按钮退出“模拟设置”对话框。

图 10-30 文字信息的显示

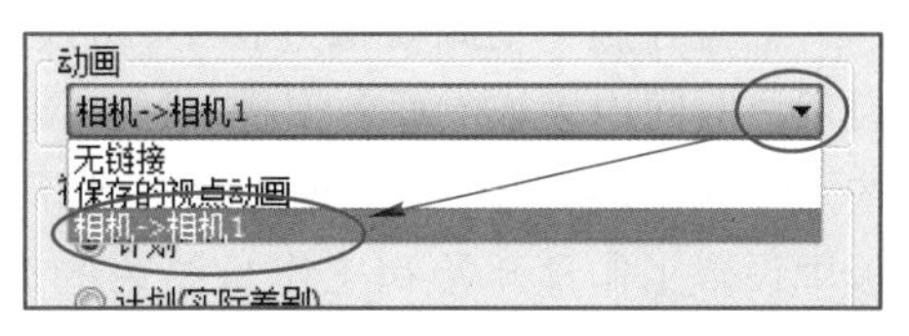

图 10-31 添加相机动画

【说明】 仅相机动画和视点动画才能够在施工模拟设置中使用,图元动画、剖面动画等不能使用。

• 再次使用播放工具预览当前施工任务模拟,注意 Navisworks 在显示施工任务的同时将播放旋转动画,实现场景旋转展示。

完成的项目文件见“第 10 章\施工模拟动画设置-完成.nwf”。

• 单击“TimeLiner”面板右上角“导出”按钮(图 10-32),打开“导出动画”对话框。

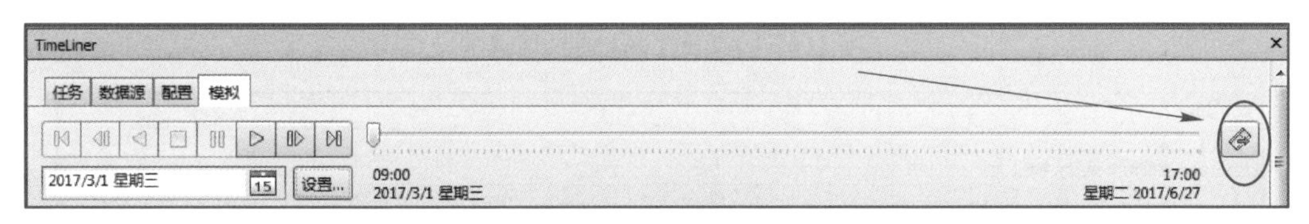

图 10-32 导出动画

• 在“导出动画”对话框中设置导出动画“源”为“TimeLiner 模拟”,可以直接导出为“AVI”格式的视频,也可以导出格式为“JPEG”格式的图片序列(图 10-33)。若导出图片格式,可以再使用 Primer 等后期制作工具将图片序列生成施工模拟动画电影。本操作中单击“取消”按钮取消导出动画操作。

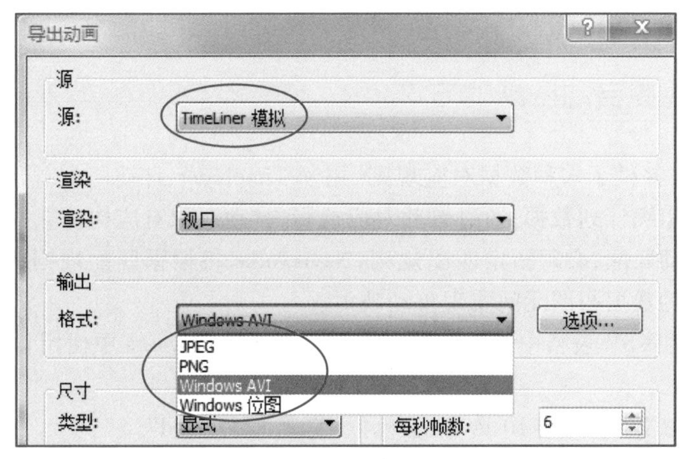

图 10-33 导出动画的设置

至此完成本操作，关闭当前场景，不保存对场景的修改。

每个施工动画仅可关联一个相机动画。如果需要在施工模拟中关联多个相机动画，可以根据需要使用“模拟设置”中“替代开始/结束日期”的方式，分别针对每一时间段内的施工任务关联指定的相机动画，并分别导出每一段施工动画，最终再使用后期编辑工具合成完整的施工动画。

注意在施工动画模拟过程中，在夜晚等非工作时段 Navisworks 将不显示施工任务，表示该时间内无施工任务安排。Navisworks 允许用户自定义工作时间，如图 10-34 所示，按 F12 快捷键打开“选项编辑器”，展开“工具”-“TimeLiner”设置选项，可在右侧设置面板中设置工作日开始和工作日结束的时间，并设定 TimeLiner 任务中日期的显示方式。勾选“显示时间”选项，还将在任务中显示任务开始的具体时间，如图 10-35 所示。

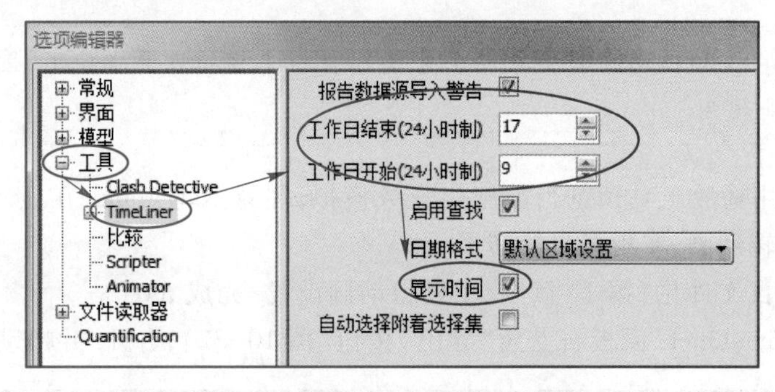

图 10-34 TimeLiner 的全局选项

图 10-35 显示时间点

自动匹配

10.3 掌握自动匹配的方法

Navisworks 提供了多种数据对应规则，用于 TimeLiner 自动匹配。例如，可以通过链接外部施工组织计划数据，通过自动对应规则，自动匹配对应构件。

要实现自动匹配，必须指定匹配规则，Navisworks 将根据匹配规则的设定，在满足指定对应关系的数据与图元间实现自动映射。

以自动匹配 CSV 表格中的施工进度为例，说明 Navisworks 中使用自动匹配规则的一般方法。

- 打开练习文件中“第 10 章\施工模拟-自动匹配. nwd”。

• 使用 Excel 打开练习文件中“第 10 章\施工进度计划. csv”文件,观察到该 CSV 文件定义了任务名称、计划开始、计划结束及任务类型几列数据(图 10-36)。

• 返回 Navisworks,激活“TimeLiner”工具窗口。切换至“数据源”选项卡,单击“添加”按钮,弹出 Navisworks 支持的 TimeLiner 施工组织数据格式列表;在列表中选择“CSV 导入”选项(图 10-37),弹出“打开”对话框。浏览练习文件中“第 10 章\施工进度计划. csv”文件,单击“打开”按钮,弹出“字段选择器”对话框。

任务名称	计划开始	计划结束	任务类型
F1柱	2017/3/1	2017/3/7	构造
F2楼板	2017/3/8	2017/3/14	构造
F2柱	2017/3/15	2017/3/21	构造
F3楼板	2017/3/22	2017/3/28	构造
F3柱	2017/3/29	2017/4/4	构造
F4楼板	2017/4/5	2017/4/11	构造
F4柱	2017/4/12	2017/4/18	构造
F5楼板	2017/4/19	2017/4/25	构造
F5柱	2017/4/26	2017/5/2	构造
F6楼板	2017/5/3	2017/5/9	构造
F1墙	2017/5/10	2017/5/16	构造
F2墙	2017/5/17	2017/5/23	构造
F3墙	2017/5/24	2017/5/30	构造
F4墙	2017/5/31	2017/6/6	构造
F5墙	2017/6/7	2017/6/13	构造
门窗幕墙	2017/6/14	2017/6/20	构造
其他	2017/6/21	2017/6/27	构造

图 10-36 施工进度计划

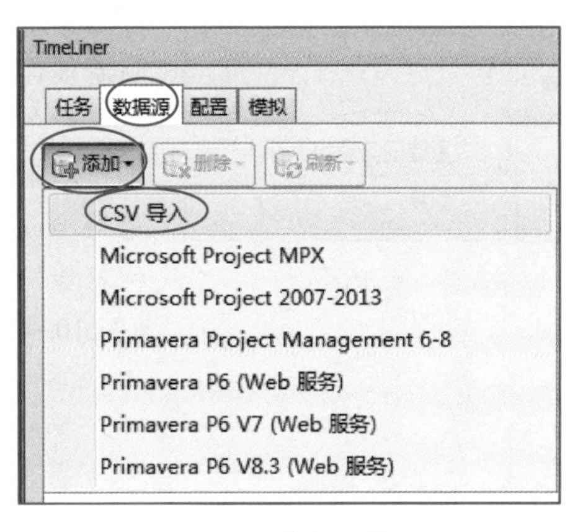

图 10-37 外部文件导入

• 在“字段选择器”对话框中,勾选“行 1 包含标题”选项,即认为该 CSV 文件的第 1 行是标题行;设置时间日期格式为“自动检测日期/时间格式”;设置列中“任务名称”对应外部字段名为“任务名称”,“任务类型" 对应外部字段名为“任务类型”,“同步 ID”对应外部字段名为“任务名称”,“计划开始日期”对应外部字段名为“计划开始”,“计划结束日期”对应外部字段名为“计划结束”,其他参数默认(图 10-38)。单击“确定”按钮退出“字段选择器”对话框,弹出“CSV 设置无效”的提示(图 10-39),点击“否”。此时,将在 TimeLiner 中显示上一步中添加的 CSV 数据源。

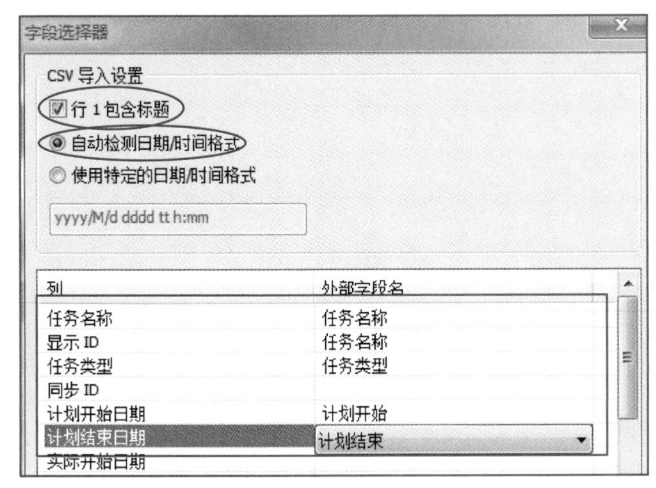

图 10-38 字段选择器的设置

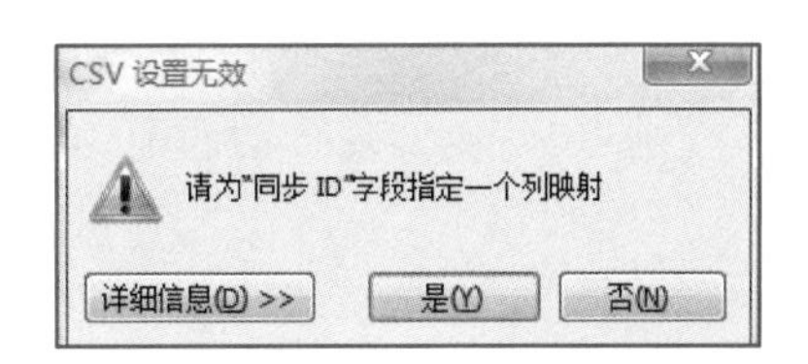

图 10-39 CSV 设置无效面板

【说明】 同步 ID 用于指定在外部数据发生变化时,Navisworks 以何字段作为变化检索的依据,一般以任务名称作为同步 ID。

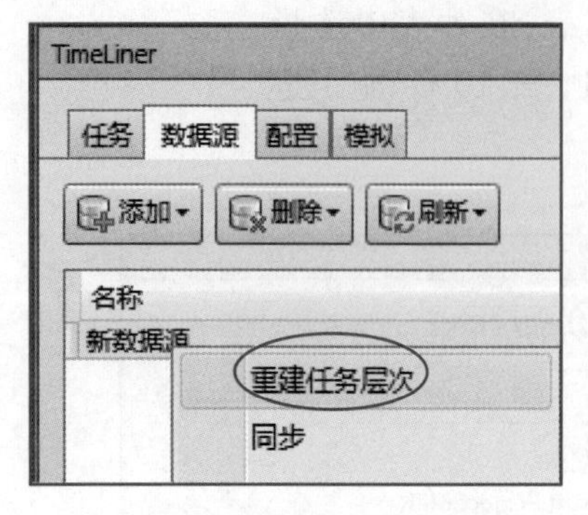

图 10-40 重建任务层次

• 在数据源名称上单击鼠标右键,在弹出的快捷菜单中选择"重建任务层次"选项(图 10-40)。切换至"任务"选项卡,会看到 Navisworks 已经根据 CSV 文件中定义的任务名称、计划开始时间、计划结束时间、任务类型生成施工任务。注意,目前这些任务还未附着任何对象图元。

• 在本例中,任务名称与选择集名称相同,因此单击"使用规则自动附着"工具按钮(图 10-41),选择"使用相同名称、匹配大小写将 TimeLiner 任务从列名称对应到选择集",会看到"选择集"名称若与"任务"名称相同,则该选择集将自动附着到该"任务"(图 10-42)。

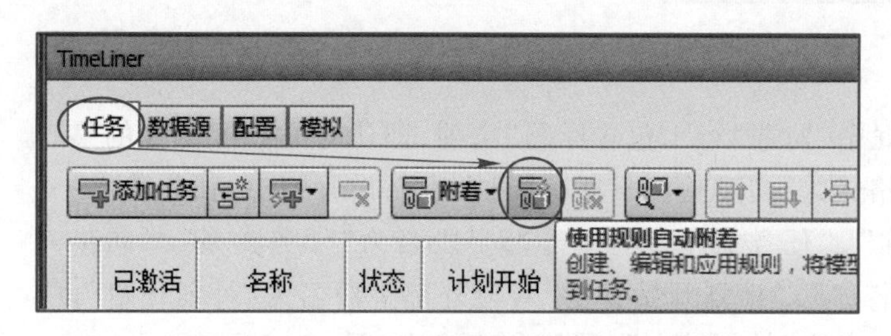

图 10-41 使用规则自动附着

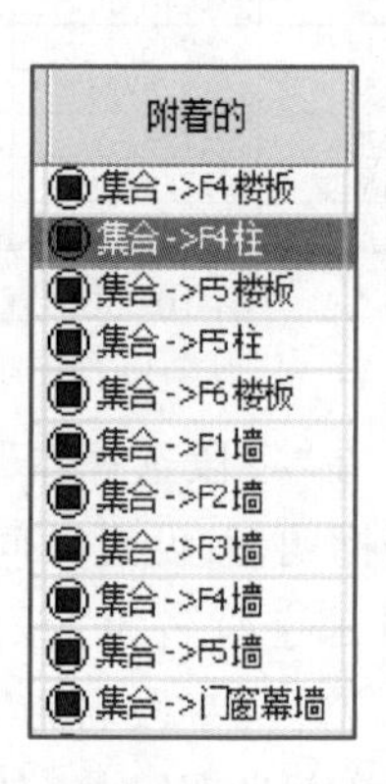

图 10-42 集合自动附着

• 切换至"模拟"选项卡,单击"播放"按钮,查看当前施工进程模拟动画。

完成的文件见"第 10 章\施工模拟-自动匹配完成.nwf"。

第11章

工程量计算

学习目标

掌握 Quantification 的组成，用户界面由“Quantification 工作簿”“项目目录”和“资源目录”组成。

掌握 Quantification 算量的方法，步骤为：① 打开 Quantification；② 创建目录；③ 创建算量；④ 虚拟算量；⑤ 算量导出。

掌握算量模板应用。把一些设置类的工作应用到其他项目中，比如“项目目录”。将项目目录导出为 XML 文件，再单击“导入目录”，“重新应用 Quantification 外观”，即可更新模型项目颜色。

单元概述

单击“常用”选项卡“工具”面板中的 Quantification，打开“Quantification 工作簿”工具窗口。在列表中确定勾选“项目目录”和“资源目录”。新建“组名称”为“墙”，“新建项目”命名为“外墙”，设置外墙的“工作分解结构”“对象外观”“项目映射规则”。单击“特性映射”，单击“+”号，设置相关的参数关联。在“选择树”上选中此外墙类型拖拽到 Quantification 的“外墙”项目中，此类型的所有墙就在外墙的分类下创建了算量。在 Quantification 工具窗口顶部右侧，选择“将工料导出为 Excel”，导出算量结果。

在导出工料表的时候，选择“将目录导出为 XML”，在新创建的 Navisworks 模型中，单击“导入目录”，可以应用该算量模板。也可以将当前已经做好的算量另存成 NWD 文件，其他项目再用时，使用“附加”命令把此新模型附加进来，然后在选择树中删除该 NWD 文件。这样新的项目文件就可以使用之前做好的算量相关的各种设置了。

最后单击“Quantification 工作簿”中的“重新应用 Quantification 外观”，即可更新模型项目颜色。

拓展阅读
“建筑信息模型技术员”职业技能标准

11.1 掌握 Quantification 的组成

使用 Quantification 模块进行工程量统计，该模块基于 Navisworks 中的场景模型进行工程量计算。

• 打开练习文件中“第 11 章\工程量计算.nwd”场景文件。单击“常用”选项卡“工具”面板中的 Quantification，打开“Quantification 工作簿”工具窗口。

Quantification 用户界面由“Quantification 工作簿”“项目目录”和“资源目录”组成（图 11-1）：

微课
Quantification 的组成

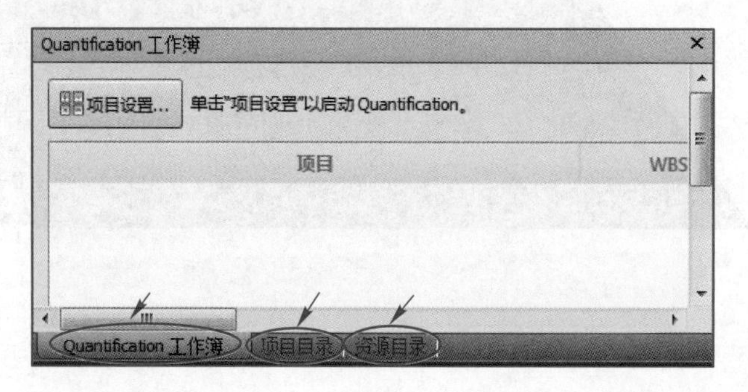

图 11-1 “Quantification 工作簿”“项目目录”和“资源目录”

Quantification 工作簿：是主要的工作空间。通常在此处进行模型（自动）算量或虚拟（手动）算量。

项目目录：通常用来定义项目的组织结构，并且包含用于算量的项目和材质分组，同时它是用于算量的数据库组织。“项目目录”和“资源目录”共享相同的结构、选择树、变量窗格和常规信息。“项目目录”中的项目可以直接与模型对象（如墙或窗）相关联。项目可以单独存在，也可以包含资源。

资源目录：是项目的资源数据库。资源根据功能和类型（例如材质、设备或工具）进行关联，并且可以包括墙板、涂层或结构构件。

11.2 掌握 Quantification 算量的方法

Quantification 工作流大致如下：

1. 打开 Quantification

• 打开练习文件中“第 11 章\工程量计算.nwf”。

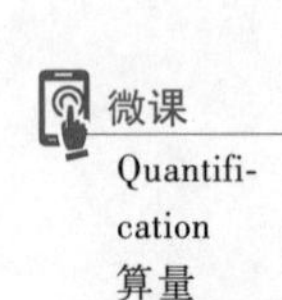

微课
Quantification 算量

• 在“常用”选项卡，“工具”面板单击“Quantification”按钮。打开算量工具窗口。此时，因为算量功能还没有开启，所以需要单击“项目设置”，进行初始化，见图 11-2。

• 单击“项目设置”按钮，弹出“Quantification 设置向导”对话框，在对话框中，可以选择本项目算量的项目目录结构。Navisworks 内置 CSI-16、CSI-48 及 Uniformat 几种预设的项目 WBS 组织结构。在本操作中，选择“无”并单击“下一步”按钮，即不使用任

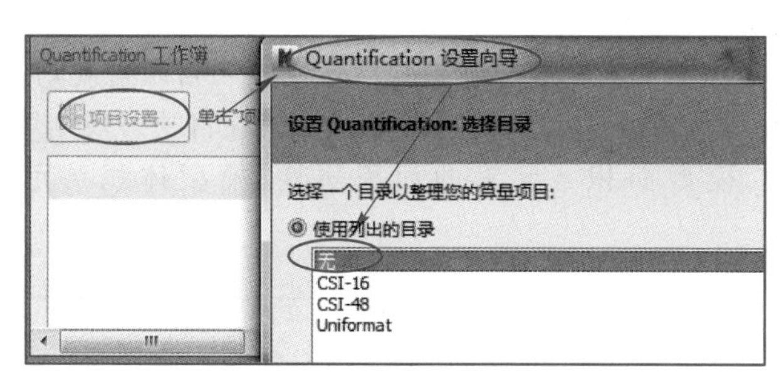

图 11-2 Quantification 设置向导

何预设的标准。

【提示】 CSI-16、CSI-48 及 Uniformat 是由美国建筑标准协会(CSI)提出的建筑分解方式。其中 CSI-16、CSI-48 又称 MasterFormat,该规则是按构件材料特性进行分类;Uniformat 则按构件的建筑功能进行分类。

- 设置测量单位为"公制"。即不论原场景中单位如何,都将按公制单位进行测量和计算。单击"下一步"按钮,进入"Quantification:选择算量特性"设置。可分别设置模型的长度、宽度采用的单位。本练习不做任何修改,单击"下一步"按钮。
- 单击"完成"按钮退出"Quantification 设置向导"对话框。

2. 创建目录

统计墙的时候不仅按墙的功能统计,同时也需要按墙的材质进行统计,所以建立这个墙目录的时候,要进行一定的归纳。

- 单击"Quantification 工作簿"工具窗口中的"显示或隐藏项目目录或资源目录"按钮,在列表中确定勾选"项目目录"和"资源目录"(图 11-3)。此时"项目目录"和"资源目录"窗口名称位于"Quantification 工作簿"工具窗口下方(图 11-4),单击下方的"项目目录"打开"项目目录"。

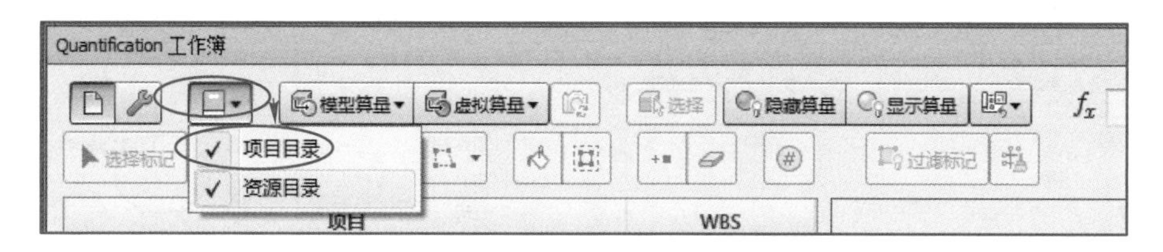

图 11-3 确保勾选"项目目录"和"资源目录"

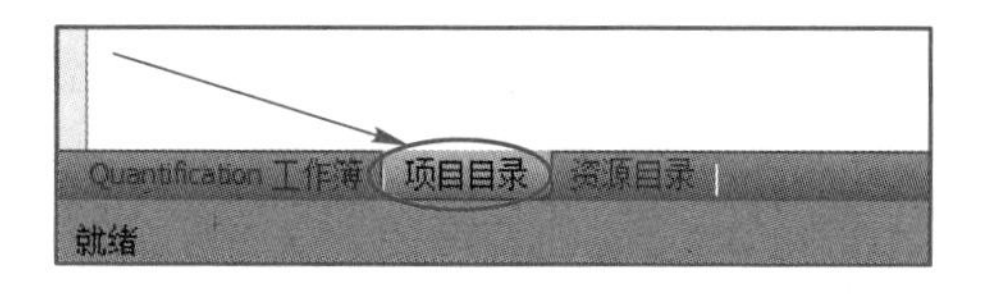

图 11-4 打开"项目目录"

- 在"项目目录"中单击"新建组"按钮,创建新分组,修改"组名称"为"墙"。然后在“墙”的这组级别下再单击“新建项目”命名为“外墙”(图 11-5)。

• 接着设置外墙的“工作分解结构”“对象外观”“项目映射规则”。此例中设置工作分解结构为 1.1,颜色为绿色、50%的透明度;单击“项目映射规则”,设置模型长度=元素的长度属性、模型面积=元素的面积属性、模型体积=元素的体积属性,见图 11-6。

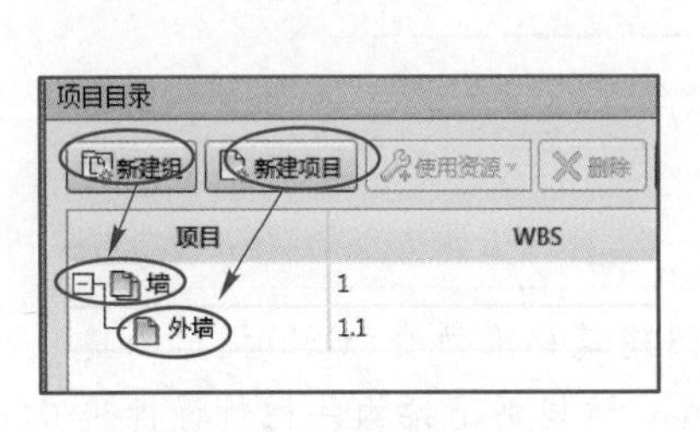

图 11-5 新建组和项目

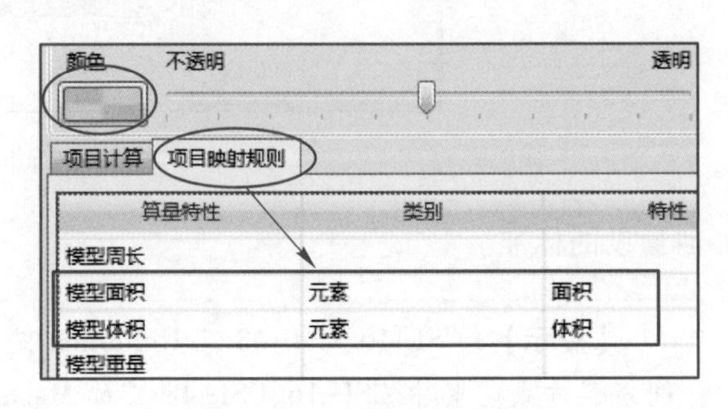

图 11-6 “外墙”项目的设置

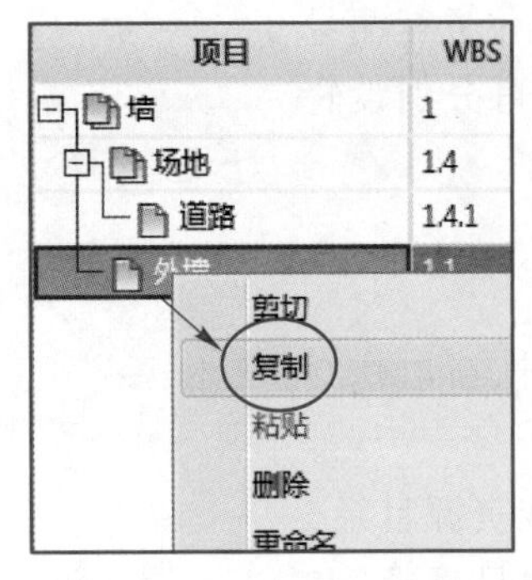

图 11-7 复制“外墙”项目

• 建立内墙项目,方法有两种。第一种就是按建外墙的方法创建一遍。第二种,可以选择复制外墙项目(图 11-7),然后在“墙”组单击鼠标右键进行粘贴,重命名为“内墙”。

这里要注意的是,复制过后的内墙还是延续了之前的工作分解结构(WBS),所以还需要把其值进行递增和修改,即工作分解结构改为“2”,把颜色改为紫色,50 %透明度,见图 11-8。

• 可以添加资源,以添加“材质”资源为例进行说明。继续在“墙组”上单击右键,选择“新建组”命名为“材质”。选择“材质”,选择“使用资源”-“使用新的主资源”(图 11-9),分别建立“砖石”和“面砖”,同时设置为不同的颜色和 WBS 序列,并单击“项目映射规则”,设置模型体积=元素的体积,见图 11-10 操作 。

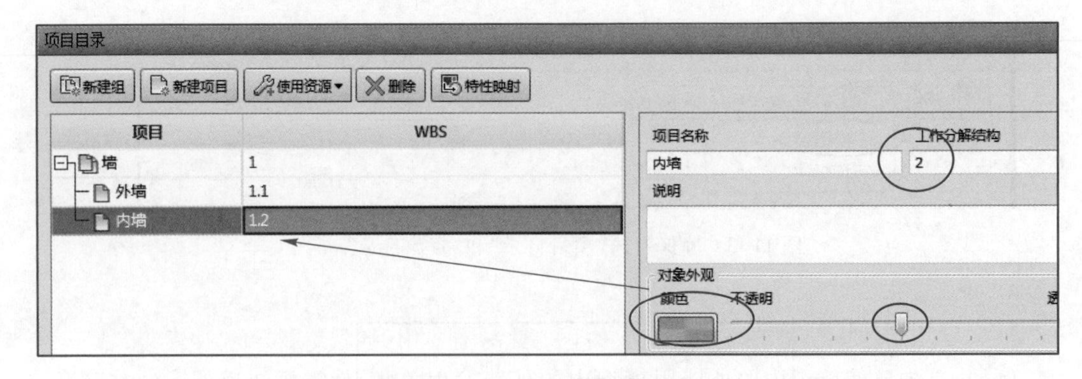

图 11-8 “内墙”项目的设置

工作流第 3 步之前,再做一个准备工作,即创建一个“特性映射”,这设定会让后面创建的算量自动关联指定的一些特性属性。如下:

• 在“项目目录”顶部中间的位置,单击“特性映射”,然后单击“+”号,设置相关的参数关联,见图 11-11。

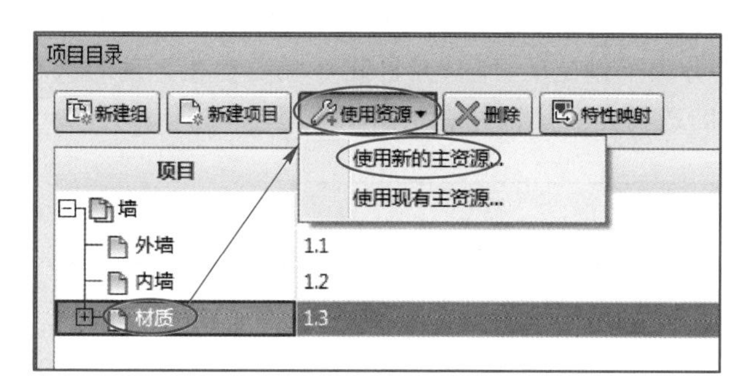

图 11-9 新建“材质”组

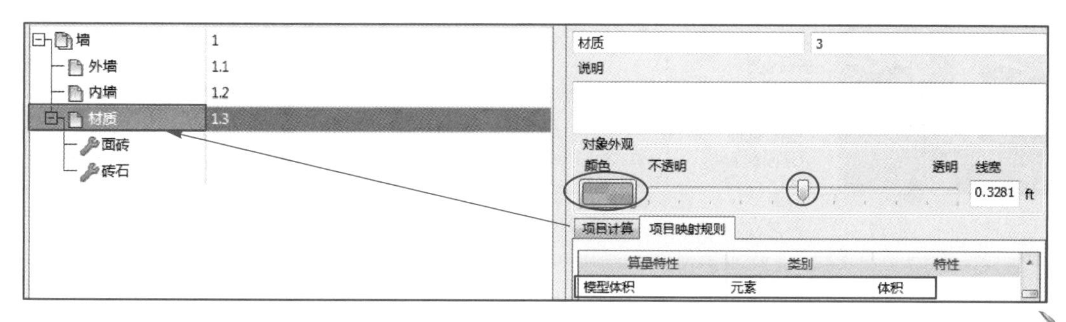

图 11-10 建立新资源并设置“材质”的算量属性

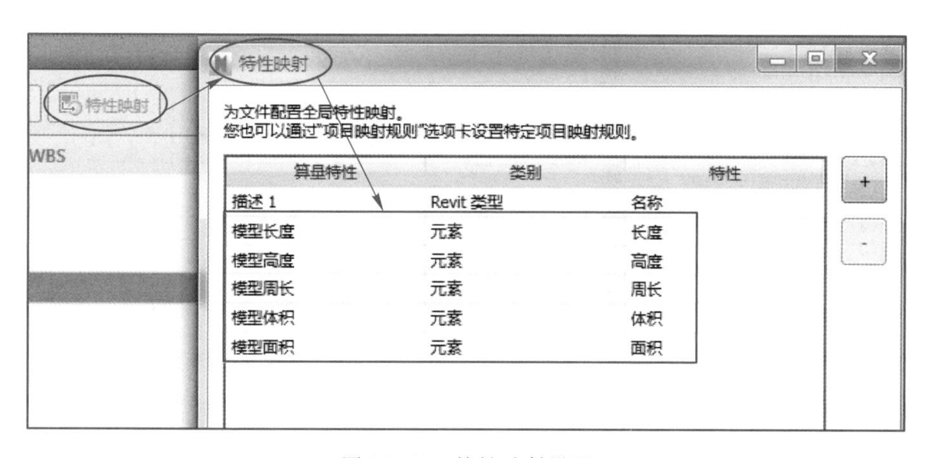

图 11-11 特性映射设置

3. 创建算量

把需要算量的模型跟项目目录产生关联。此时需要用到“选择树”或“搜索集”。

例如,首先要使墙组中的外墙跟模型中的外墙发生关联,就需要知道外墙的名称是什么。如下操作:

• 在模型上选择一层的一面外墙,在“特性”中查看“元素”的“类型”,见图 11-12。从特性中,可以得知外墙的元素名称为“外墙-真石漆”。

• 打开“选择树”并把它切换为“特性”,在“元素”下找到“类型”(图 11-13),找到

“外墙-真石漆”,在“选择树”上选中此外墙类型。打开“Quantification 工作簿”,将“选择树”上选中此外墙类型拖拽到“外墙”项目上,然后松开(图 11-14)。此时此类型的所有墙就在外墙的分类下创建了算量,并且此外墙模型在算量的状态下变成了之前设置过的绿色,50 %的透明度。模型外观见图 11-15。

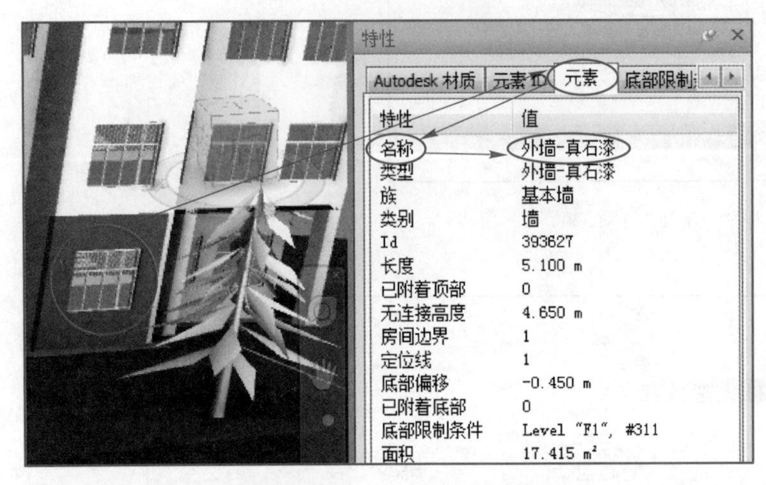

图 11-12 查看元素类型

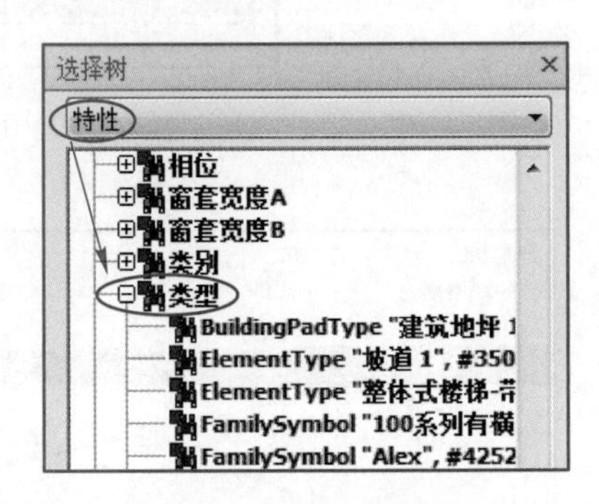

图 11-13 选择树

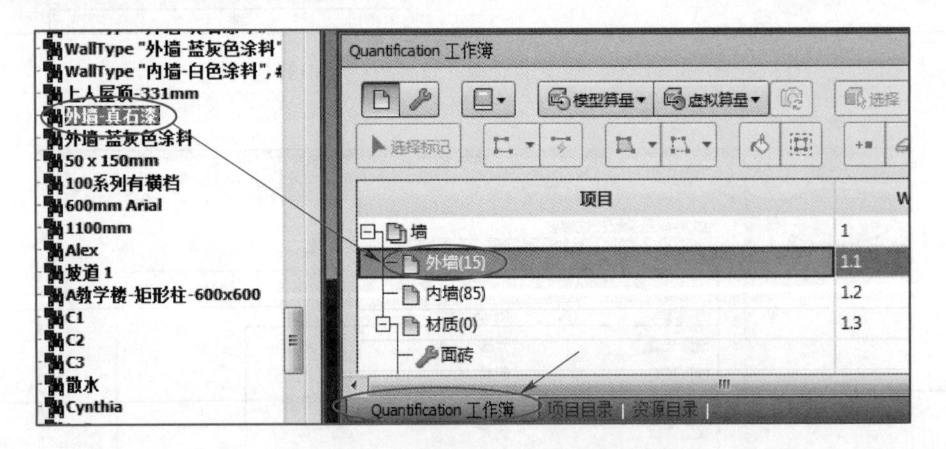

图 11-14 拖拽进 Quantification 工作簿

• 接下来,按照同样的方法,先在“特性”中查找内墙的类型,然后在“选择树”中拖拽到内墙分类下(图 11-16),同时内墙也以不同的颜色透明度显示出来。

同时,还可以看到 Quantification 窗口已经生成了相关模型的一些工程量,比如外墙或内墙的一些体积、面积、长度等信息,见图 11-17。

• 选择 Quantification 窗口顶部的“隐藏算量”功能(图 11-18),把已经进行算量的模型隐藏起来,减少模型在视觉上的干扰,以便可以更快地选择到需要的模型,进行下一步的模型关联工作。模型外观见图 11-19。

4. 虚拟算量

并不是所有的模型都有属性值可以提取,那么没有属性的模型如何算量呢?在 Navisworks 中是通过创建“虚拟算量”的方式来解决的。

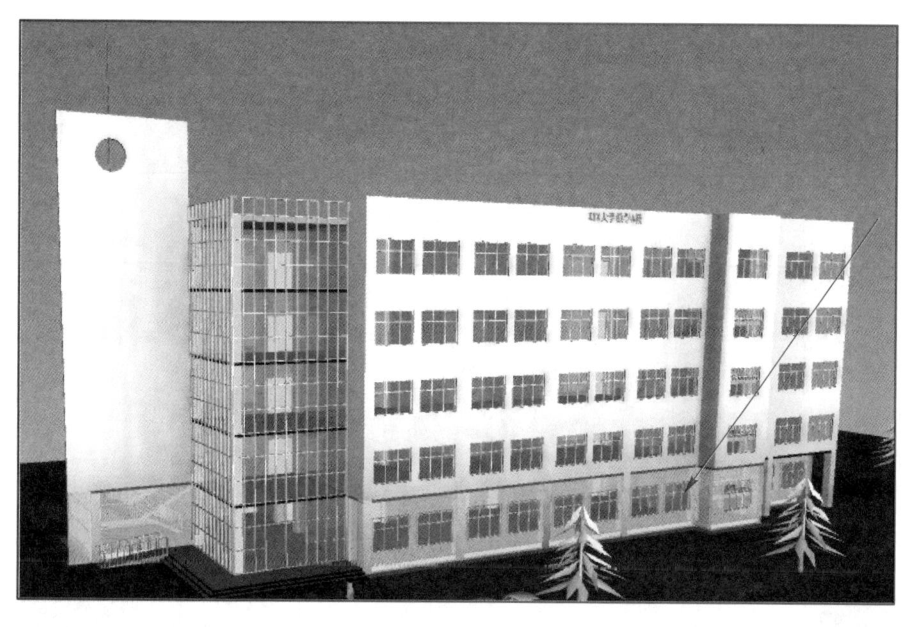

图 11-15 模型外观

RPC 甲虫
TJ-150
整体式楼梯-带踏板踢面
松树
内墙-白色涂料
玻璃
旗帜
建筑地坪 1
类型 ID
结构
结构用途
编号
自标高的底部偏移
自标高的高度偏移
表面积
计算的单位面积冷负荷
计算的单位面积热负荷
Quantification 工作簿
模型算量
虚拟算量
选择标记
项目
墙
外墙(15)
内墙(85)
材质(0)
面砖
Quantification 工作簿
项目目录
资源目录

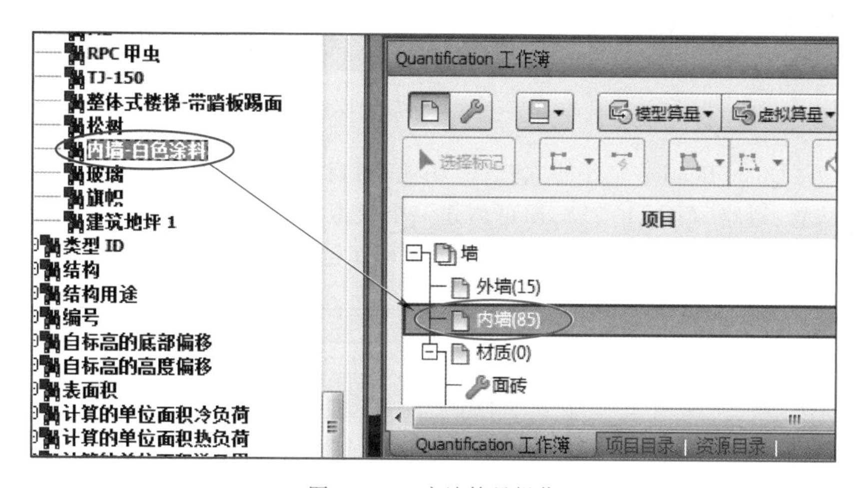

图 11-16 内墙算量操作

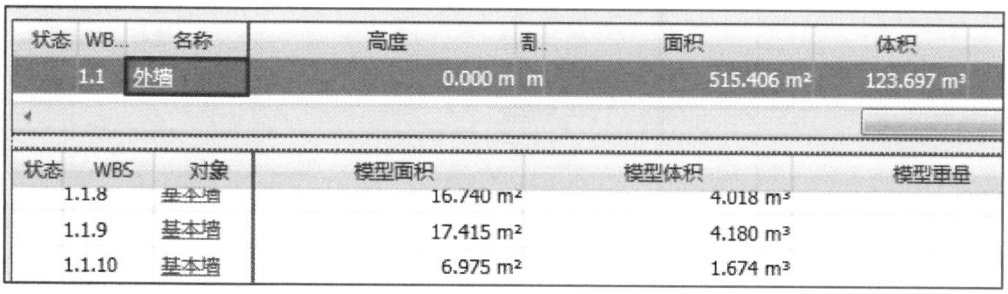

状态 WB... 名称 高度 周... 面积 体积
1.1 外墙 0.000 m m 515.406 m² 123.697 m³
状态 WBS 对象 模型面积 模型体积 模型重量
1.1.8 基本墙 16.740 m² 4.018 m³
1.1.9 基本墙 17.415 m² 4.180 m³
1.1.10 基本墙 6.975 m² 1.674 m³

图 11-17 内墙算量结果

以计算场地周长为例进行说明。场地周长信息是地形上没有的信息，可以用场地上的各地块来创建虚拟算量，具体操作如下：

- 在“项目目录”中新建“场地”组，新建“道路”项目(图 11-20)。

图 11-18 隐藏算量

图 11-19 隐藏算量后的模型外观

• 打开“Quantification 工作簿”，选择“场地”项目下的“道路”，单击“虚拟算量”选择“创建位置:道路”（图 11-21），即可创建一个虚拟算量对象。然后对其模型周长数据进行编辑，比如输入模型周长值为 500 m，按回车键即可，见图 11-22。

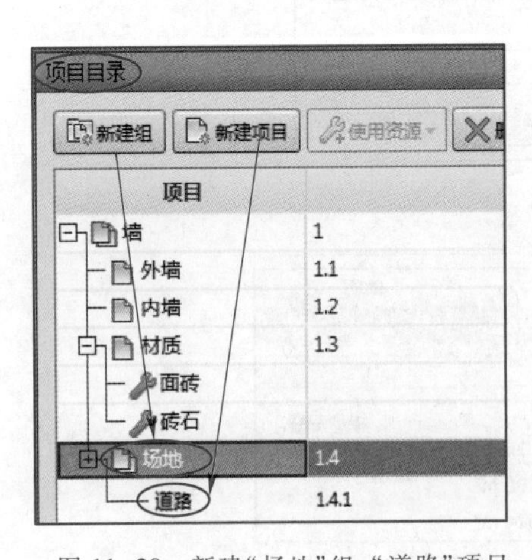

图 11-20 新建“场地”组、“道路”项目

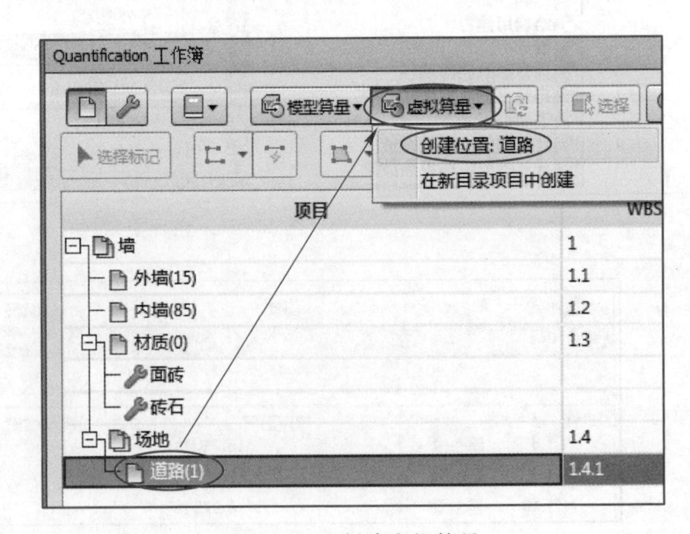

图 11-21 创建虚拟算量

5. 导出算量

对于算量成果导出汇总的方法，可以在 Quantification 工具窗口顶部右侧，选择“将工料导出为 Excel”，并命名，见图 11-23。算量结果见图 11-24。

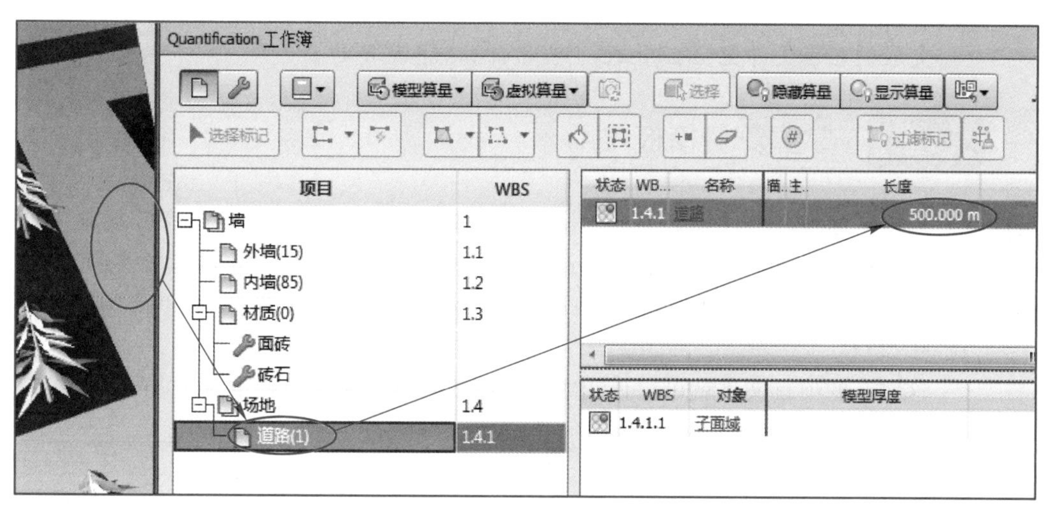

图 11-22 进行虚拟算量

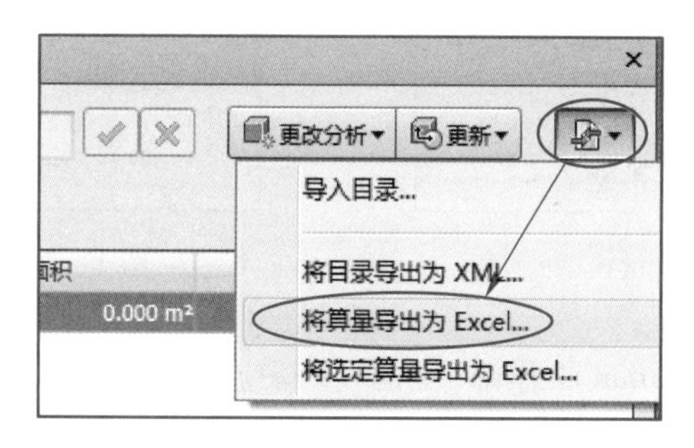

图 11-23 导出算量结果

WBS/I	组1	项目	对象	描述 1	模型长	模型	模型面积	模型	模型体积	模型
1	**墙**									
1.1	**墙**	**外墙**								
1.1.1	墙	外墙	基本墙	外墙-真石漆	3.900 m		18.693 m²		4.486 m³	
1.1.2	墙	外墙	基本墙 (2)	外墙-真石漆	6.300 m		29.295 m²		7.031 m³	
1.1.3	墙	外墙	基本墙 (3)	外墙-真石漆	7.800 m		23.670 m²		5.681 m³	
1.1.4	墙	外墙	基本墙 (4)	外墙-真石漆	2.400 m		11.160 m²		2.678 m³	
1.1.5	墙	外墙	基本墙 (5)	外墙-真石漆	44.400 m		135.900 m²		32.616 m³	
1.1.6	墙	外墙	基本墙 (6)	外墙-真石漆	18.400 m		81.240 m²		19.498 m³	
1.1.7	墙	外墙	基本墙 (7)	外墙-真石漆	10.500 m		33.225 m²		7.974 m³	
1.1.8	墙	外墙	基本墙 (8)	外墙-真石漆	3.600 m		16.740 m²		4.018 m³	
1.1.9	墙	外墙	基本墙 (9)	外墙-真石漆	5.100 m		17.415 m²		4.180 m³	
1.1.10	墙	外墙	基本墙 (10)	外墙-真石漆	1.500 m		6.975 m²		1.674 m³	
1.1.11	墙	外墙	基本墙 (11)	外墙-真石漆	28.800 m		88.560 m²		21.254 m³	
1.1.12	墙	外墙	基本墙 (12)	外墙-真石漆	2.100 m		9.207 m²		2.210 m³	
1.1.13	墙	外墙	基本墙 (13)	外墙-真石漆	8.400 m		39.060 m²		9.374 m³	
1.1.14	墙	外墙	基本墙 (14)	外墙-真石漆	6.600 m		2.970 m²		0.713 m³	
1.1.15	墙	外墙	基本墙 (15)	外墙-真石漆	3.000 m		1.296 m²		0.311 m³	
1.2	**墙**	**内墙**								
1.2.1	墙	内墙	基本墙	内墙-白色涂料	7.800 m		24.120 m²		5.789 m³	
1.2.2	墙	内墙	基本墙 (2)	内墙-白色涂料	7.900 m		32.172 m²		7.721 m³	
1.2.3	墙	内墙	基本墙 (3)	内墙-白色涂料	7.900 m		32.172 m²		7.721 m³	

图 11-24 算量结果

导出的文件见“第 11 章\新建算量报告. xlsx”。

完成的项目文件见“第 11 章\工程量计算-完成.nwf”。

微课
算量模板应用

11.3 掌握算量模板应用

可以快速地把一些设置类的工作应用到其他项目中，比如“项目目录”的复用等。

第一种，在导出工料表的时候，选择“将目录导出为 XML”（图 11-25），导出的文件见“第 11 章\新建算量报告.xml。然后在新创建的 Navisworks 模型中，单击“导入目录”（图 11-26）。

这样新的项目文件就可以使用之前做好的算量相关的各种设置了。

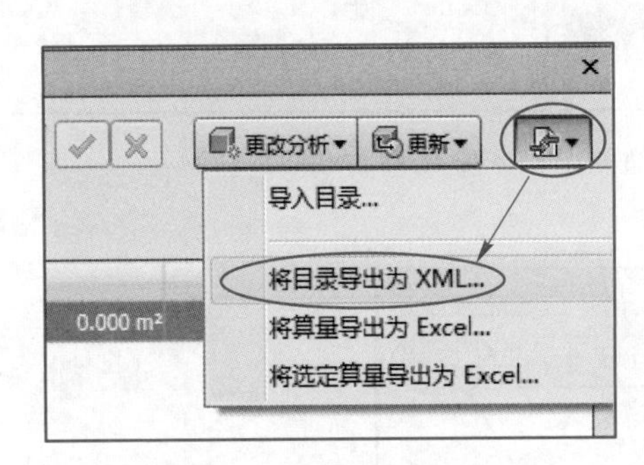

图 11-25 导出算量模板

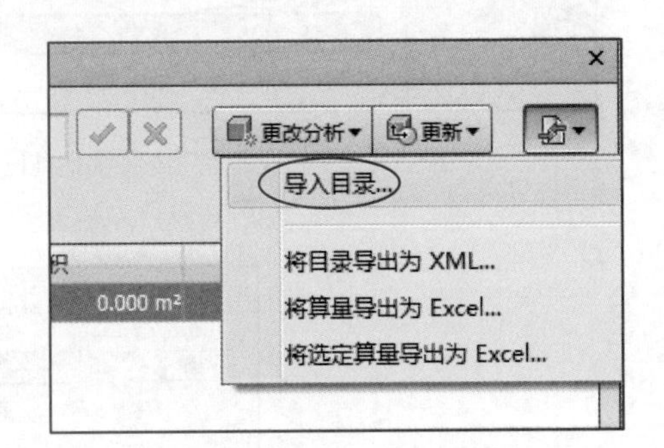

图 11-26 算量模板的导入

最后单击“Quantification 工作簿”中的“重新应用 Quantification 外观”（图 11-27），即可更新模型项目颜色。

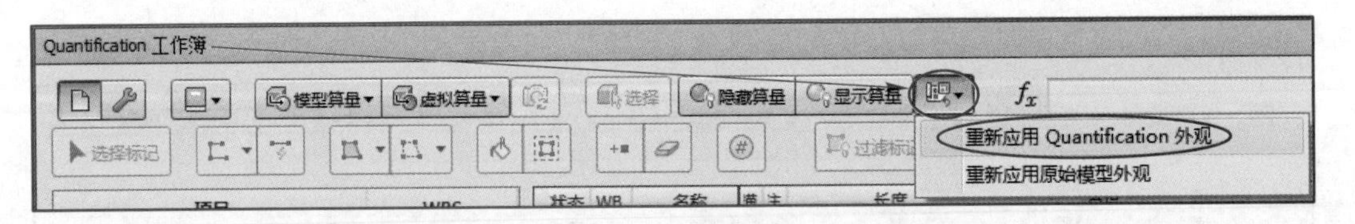

图 11-27 重新应用 Quantification 外观

这样就相当于有了自己的算量样板文件，在进行以后的项目中可以不断积累并更新此样板，最终形成不同精度或需求的算量样板。在没有设计文件，只有 Navisworks 项目模型的情况下，也能相对比较容易得到自己需要的一些项目上的估算成果。

第12章 数据整合管理

学习目标

掌握链接外部数据的方法,包括链接“图像”和“网站”。可在Navisworks“选项编辑器”中进行“链接”设置。

掌握整合图纸信息的方法,通过导入图纸和模型,选择模型上任一构件,可以在二维图纸上自动查找该图元。

单元概述

单击“项目工具”上下文选项卡,单击“链接”面板中的“添加链接”工具,在“添加链接”对话框中可以添加图像或网址。单击“常用”选项卡下“显示”面板中的“链接”工具,将在当前场景视图中显示所有已添加链接。单击“项目工具”选项卡“链接”面板中的“编辑链接”,可以对链接进行编辑修改。

单击Navisworks右下角的“图纸浏览器”按钮,打开“图纸浏览器”工具窗口。单击“导入图纸和模型”按钮,导入DWF文件。选择二楼南侧的任一扇窗户,单击鼠标右键,选择“在其他图纸和模型中查找项目”选项,Navisworks将给出包含所选择窗图元的所有图纸搜索结果。选择“图纸:A101-未命名”,单击“视图”按钮,Navisworks将打开该图纸视图——南立面图,并在南立面图中高亮显示所选择窗位置,便于用户查看该窗在图纸中与其他图元的位置关系。

微课
单元学习目标和概述

Navisworks 是 BIM 数据与信息整合和管理的平台工具。除前述章节中介绍的模型整合查询外，还可以在 Navisworks 中整合图像、表格、文档、超链接等多种不同格式的数据。通过整合不同类型的数据，形成更加完整的工程信息管理数据平台。例如，可以为 Navisworks 中整合施工现场照片，形成完整的施工现场过程记录；也可以为 Navisworks 场景中的机电设备添加实景照片、性能参数等信息数据，形成运营维护数据库。

12.1 掌握链接外部数据的方法

微课
掌握链接外部数据的方法(1)

Navisworks 提供了链接工具，用于将外部图像、文本、超链接等数据文件链接至当前场景中，并与场景中指定的图元进行关联，起到对该图元进行说明和信息整合的作用。在 Navisworks 中，必须针对指定的图元添加外部数据链接。

接下来，以说明施工过程中施工现场信息数据为例，说明在 Navisworks 中启用链接的一般过程。

- 打开练习文件中“第 12 章\数据整合管理.nwd”数据文件。切换至“柱视点”视点位置。
- 使用选择工具，确认当前选取精度为“最高层级的对象”，单击“柱视点”中位于西南角的柱子。Navisworks 将自动显示“项目工具”上下文选项卡。
- 单击“项目工具”上下文选项卡，单击“链接”面板中的“添加链接”工具（图 12-1），打开“添加链接”对话框。

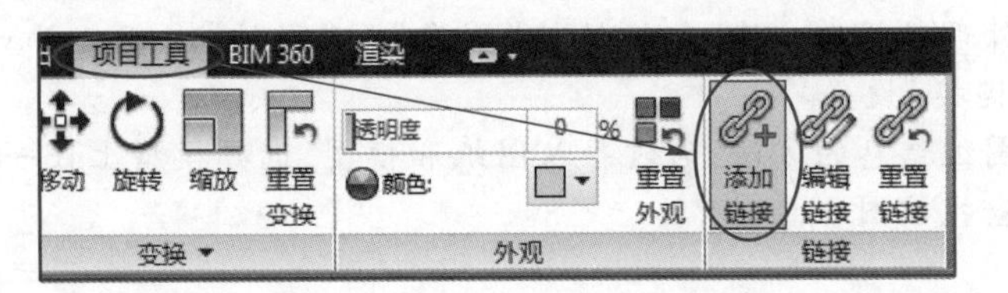

图 12-1 “添加链接”工具

> 【提示】 也可以选择图元后单击鼠标右键，在弹出的快捷菜单中选择“链接”-“添加链接”选项，打开“添加链接”对话框。

- 如图 12-2 所示，① 在“添加链接”对话框中，输入本次链接数据的“名称”为“5F 柱施工照片”，即当前添加链接将记录该图元施工现场照片。② 单击“链接到文件或 URL”栏中的“浏览”按钮，弹出“选择链接”对话框。设置“文件类型”为“图像”格式；浏览练习文件中“练习文件\第 12 章\外部数据”文件夹，选择“柱施工照片. jpg”图片文件。单击“打开”按钮返回“添加链接”对话框。③ 在“添加链接”对话框中设置链接的“类别”为“标签”。④ 单击“连接点”中的“添加”按钮，进入链接添加模式。鼠标指针变为圈，用于指定链接符号放置位置。移动鼠标指针至所选择结构柱上任意一点，单击放置连接点。注意，放置成功后“添加链接”对话框中的“连接点”将修改为“1”，即已经为当前图元添加了一个连接点。⑤ 单击“确定”按钮退出“添加链接”对话框。
- 确认结构柱仍处于选择状态。继续使用“添加链接”工具。如图 12-3 所示，在

“添加链接”对话框中修改“名称”为“施工单位信息”；输入该施工单位的网址；设置“类别”为“超链接”；单击“添加”按钮，在所选择结构柱任意位置单击添加新连接点，注意“连接点”数量自动修改为“2”。单击“确定”按钮，退出“添加链接”对话框。

● 如图 12-4 所示，单击“常用”选项卡下“显示”面板中的“链接”工具，将在当前场景视图中显示所有已添加链接。

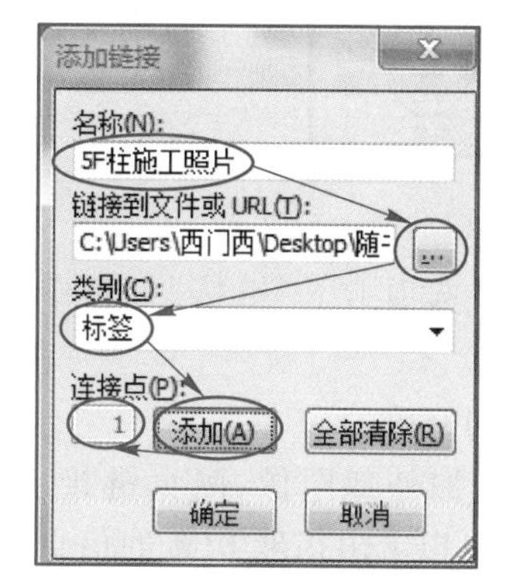

图 12-2 添加链接 1

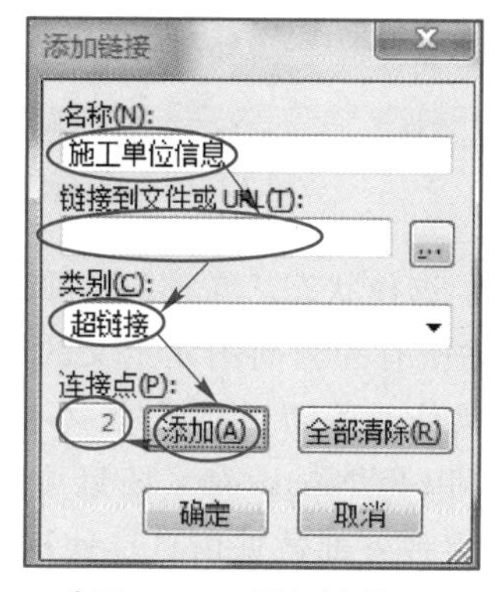

图 12-3 添加链接 2

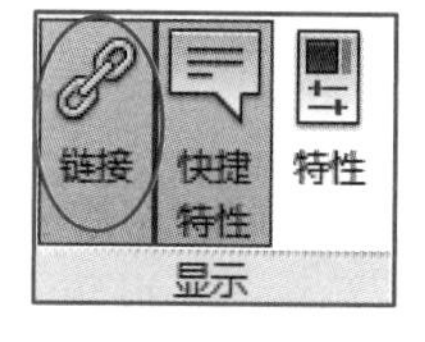

图 12-4 显示链接

如图 12-5 所示，在当前视图中，已显示所有已添加的链接符号。单击“施工现场照片”标签，Navisworks 将直接调用 Winodws 默认照片查看器查看工程现场照片；单击超链接符号，将使用系统默认的浏览器打开施工单位相关信息网站。

图 12-5 链接的显示

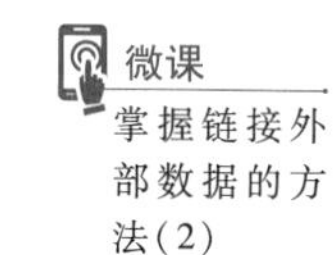

微课

掌握链接外部数据的方法(2)

【提示】 启用“链接”显示后，不仅显示本节练习中添加的连接点位置符号，还将显示与当前视点位置相关的视图符号。

• 继续选择该结构柱图元，单击“项目工具”选项卡“链接”面板中的“编辑链接”(图12-6)，可以对链接进行编辑修改。在本操作中不对链接做任何修改，单击“确定”按钮退出“编辑链接”对话框。

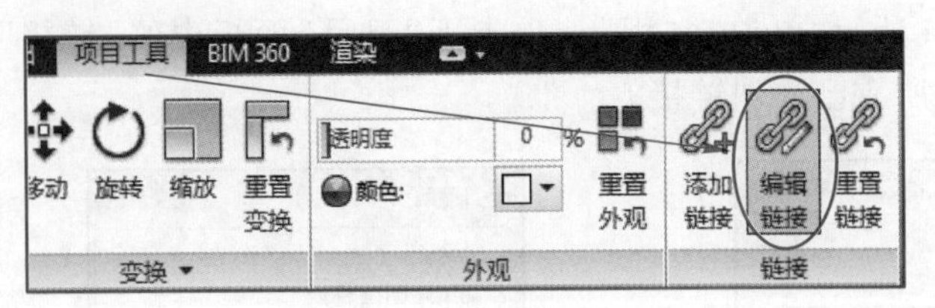

图12-6 “编辑链接”工具

• 保持结构柱处于选择状态。单击“项目工具”上下文选项卡下“链接”面板中的“重置链接”工具，清除所有为当前图元定义的链接。

• 至此完成链接操作。关闭当前场景，不保存对项目的修改。

微课
掌握链接外部数据的方法(3)

使用链接工具，可以为 Navisworks 场景中任意图元添加外部图像、网页链接、音频、视频、PDF 文档等多种外部数据信息。使用这种方式，可以无限拓展 BIM 的信息形式。使 Navisworks 具备了成为 BIM 数据信息管理平台的能力。

在 Navisworks 中，定义的链接数据具有两种不同的形式：超链接和标签。使用超链接形式将定义的连接点显示为链接图标；而使用标签的方式，则将显示为带有名称的标签。不论何种形式，单击超链接图标或标签时，都将打开链接的外部数据内容。

当对于同一个位置图元定义多个超链接时，默认仅将显示第1个放置的超链接图标。可以在“编辑链接”对话框中设置默认的链接信息，并通过“上移”或“下移”按钮修改各链接符号的前后顺序。

除本节操作中自定义的超链接和标签外，Navisworks 还将显示系统自动生成的链接标记，包括视点、Clash Detective、TimeLiner、选择集合和红线批注标记。Navisworks 使用不同的图标来代表不同功能。不同类型图标功能见表12-1。

表12-1 链接图标

图标	功能	生成方式
	视点位置	在视点位置自动生成
	图像链接	手动添加图像链接
	文件链接	手动添加文件链接
	注释链接	自动添加注释
	碰撞位置	Clash Detective 为冲突构件自动添加
	网页链接	手动添加 Web 链接

续表

图标	功能	生成方式
	选择集合	包含在选择集中的图元自动生成
	TimeLiner	TimeLiner 中添加时间节点的图元自动生成

如果场景中包含的链接数量过多,可通过 Navisworks“选项编辑器”对话框对链接显示进行设置。如图 12-7 所示,在“选项编辑器”对话框的“界面”-“链接”设置中,可以对当前场景中链接显示进行控制。其中,①“显示链接”选项的功能与“常用”选项卡下“显示”面板中的“链接”功能相同。②勾选“三维”选项,链接图标将以三维的形式显示在场景空间中,其他图元对象可能会遮挡以三维形式显示的链接图标。③“消隐半径”用于控制视点与链接图标的距离小于指定值时才显示链接图标,否则将不显示该链接图元,用于减少场景中的链接图标数量,并控制在漫游或浏览时仅显示当前视点附近的链接图标。默认值为 0 时将不启用该选项。

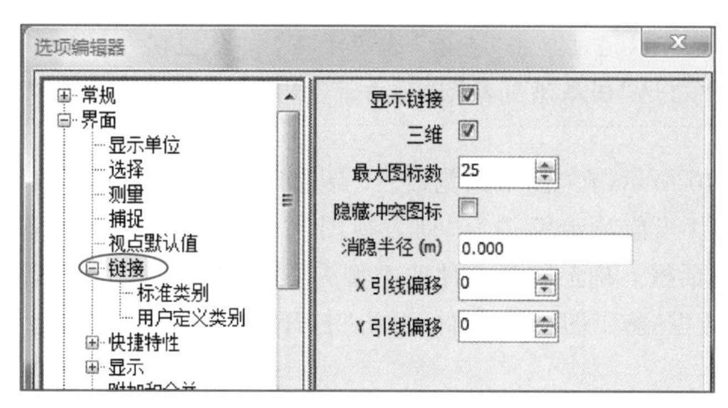

图 12-7 链接的全局选项

• 如图 12-8 所示,展开“选项编辑器”对话框中的“链接”类别,在“标准类别”中可以设置 Navisworks 支持的各类链接类型的显示方式,例如,可设置该类型的图标是否可见,以及以图标还是文字的形式显示该类别的图标内容。如果将图标类型设置为“文字”,则将以文字的方式直接显示该链接的名称。

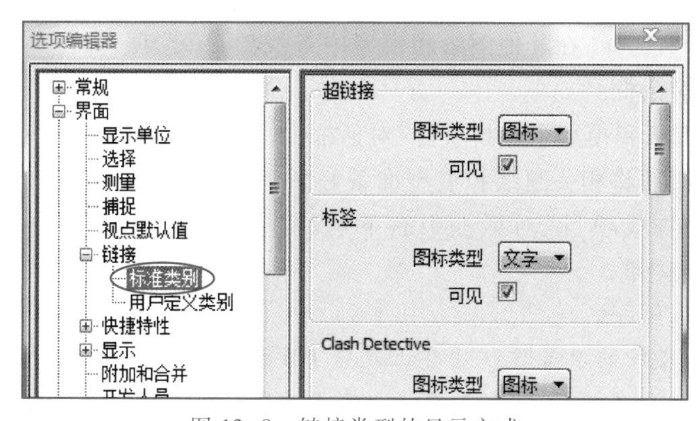

图 12-8 链接类型的显示方式

微课
掌握整合图纸信息的方法

12.2 掌握整合图纸信息的方法

在浏览和查看三维场景时，要了解所选择图元的更加详细的设计信息，最好的办法就是将三维场景与二维工程图纸组合起来查看和浏览。在 Navisworks 中，可以将三维场景与 DWF/DWFX 格式的二维图纸文档整合，实现在浏览三维场景时随时在二维图纸中对所选择图元进行定位和查看。接下来，通过练习说明在 Naviswrks 中进行二维图档定位的一般操作过程。

● 打开练习文件中"第 12 章\数据整合管理. nwf"场景文件。

● 如图 12-9 所示，单击 Navisworks 右下角的"图纸浏览器"按钮，打开"图纸浏览器"工具窗口。

图 12-9 图纸浏览器

【提示】 也可以通过单击"查看"选项卡下"工作空间"面板中的"窗口"下拉列表，在列表中勾选"图纸浏览器"选项打开"图纸浏览器"工具窗口。

● 如图 12-10 所示，在"图纸浏览器"工具窗口中，显示了当前项目场景中已载入的数据文件。确认当前显示模式为"列表视图"；单击"导入图纸和模型"按钮，弹出"从文件插入"对话框。确定打开文件的类型为"All Files(*. *)"；浏览练习文件中"第 12 章\外部数据\施工图.dwf"文件，单击"打开"按钮载入该文件。返回"图纸浏览器"工具窗口。

● "图纸浏览器"工具窗口中将列表显示上一步骤中所选择的 DWF 文档中包含的所有图纸视图名称。如图 12-10 所示，切换至"缩略视图"显示模式，还将缩略显示各图纸中的内容。注意，当前载入的 DWF 文档中的图纸仅列表显示在"图纸浏览器"工具窗口中，所有图纸还尚未准备好，因此各图纸名称旁出现"未准备好"的标识，即 Navisworks 还不能对图纸中的图元进行浏览和检索。

在场景中单击选择二楼南侧的任一扇窗户，单击鼠标右键，在弹出的如图 12-11 所示的快捷菜单中选择"在其他图纸和模型中查找项目"选项，弹出"在其他图纸和模型中查找项目"对话框。

● "在其他图纸和模型中查找项目"对话框中，由于载入的 DWF 文件尚未准备好，Navisworks 提示必须将相关图纸和模型准备好后才可以进行查找。因此，单击"在其他图纸和模型中查找项目"对话框中右下角的"全部备好"按钮，Navisworks 将准备 DWF 文件中所有图纸。

【提示】 文件的准备过程实际上是将 DWF 文件中的图纸转换为 NWC 格式文档的过程。当准备好后，将额外生成一个名为"施工图"的 NWC 文件。

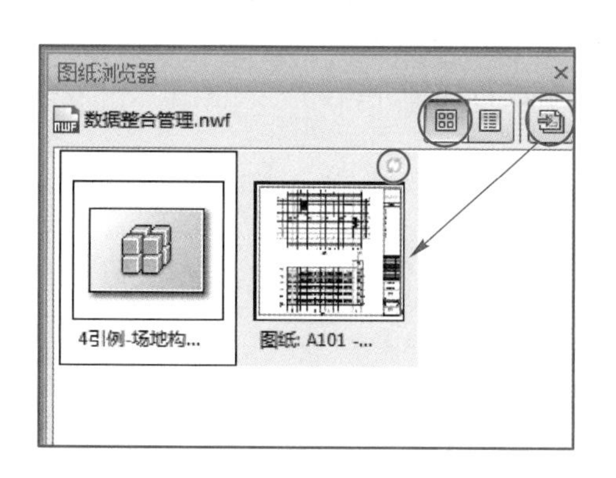

图 12-10 导入图纸

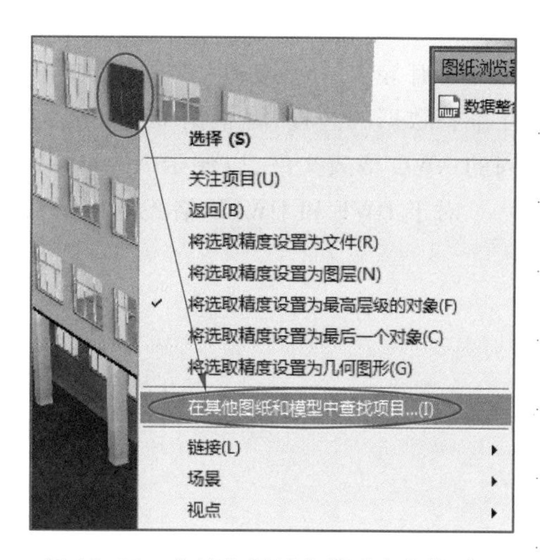

图 12-11 在其他图纸和模型中查找项目

• 转换完成后，Navisworks 将给出包含所选择窗图元的所有图纸搜索结果。如图 12-12所示，在列表中选择“图纸：A101-未命名”，单击“视图”按钮，Navisworks 将打开该图纸视图——南立面图，并在南立面图中高亮显示所选择窗位置，便于用户查看该窗在图纸中与其他图元的位置关系。

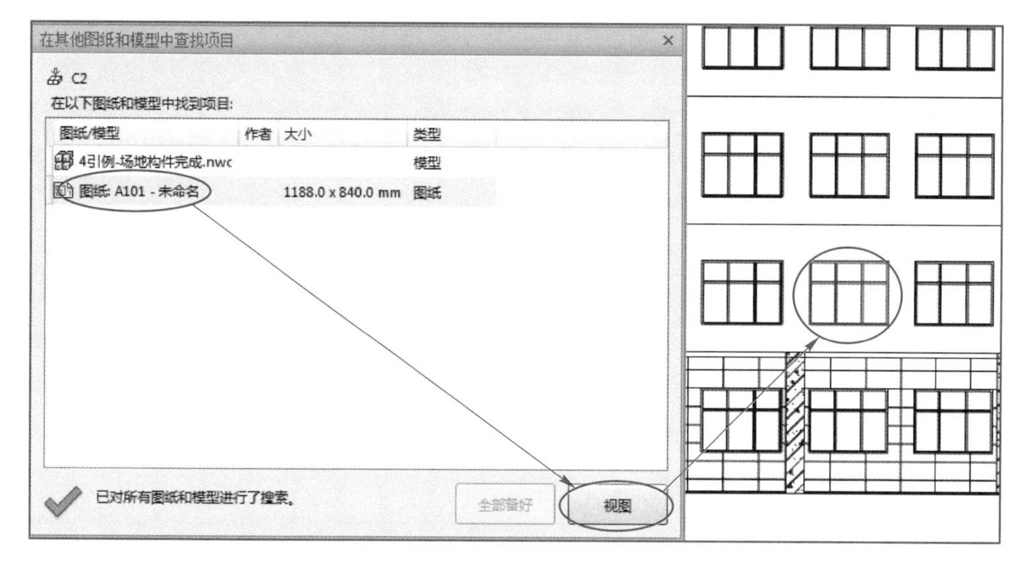

图 12-12 模型与图纸关联

• 单击选择“4 引例-场地构件完成. nwc”，单击“视图”按钮，Navisworks 将切换至场景视图中，并同时在场景视图中高亮显示所选择的窗。

• 至此完成本练习。关闭当前场景文件，不保存对场景的修改。

要实现在 Navisworks 中对平面图纸进行定位和查找，必须满足两个条件，一是 DWF 或 DWFX 格式的图纸文件；二是 DWF 图纸及 Navisworks 中的场景模型必须由同一个 Revit 模型生成。只有上述两个条件均满足时，Navisworks 才能在其他图纸中查找并定位图元。

所有导入 Navisworks 的外部数据必须准备好后才能进行查找和定位。Navisworks 在准备数据的过程，将根据 DWF 中各图纸在相同文件下生成独立的并与图纸名称相同的 NWC 格式文件，以便于 Navisworks 快速载入相关图纸数据。

对于 DWF 和 DWFX 格式的讲解，将在第 13 章进行详细介绍。

第13章

数据发布

学习目标

掌握发布和导出不同数据格式的方法。使用 Navisworks 的输出功能将当前场景发布为 NWD、DWF、FBX、Google Earth KML 格式数据；通过导出功能将当前场景导出为 DWF/DWFX、FBX 和 KML 格式。

掌握批处理的方法。如果有多个数据需要转换为 NWC 格式或对不同版本的 Navisworks 文件进行版本转换，可以使用 Navisworks 提供的 Batch Utility 进行批量转换。含批处理运行命令和批处理调度命令。

单元概述

单击“应用程序按钮”中的“发布”，可以将场景文件发布为 NWD、DWF、FBX、Google Earth KML 格式的文件。在“发布”对话框中，可对发布的 NWD 数据添加标题、作者等项目注释信息，也可以对该发布的 NWD 数据设置密码。

单击“应用程序按钮”中的“导出”，可以将当前场景导出为 DWF/DWFX、FBX 和 KML 格式的文件。

单击“常用”选项卡“工具”面板中的 Batch Utility 工具，弹出“Navisworks Batch Utility”对话框。单击“添加文件”按钮即可将文件添加至转换任务中，可以“作为多个文件”输出也可以“作为单个文件”输出。每个文件会生成同名的 NWC 文件。

在 Navisworks Batch Utility 对话框中，还可以通过单击“调度命令”按钮，设置运行该计划的日期和时间，当到达指定时间时，Windows 会自动运行 Batch Utility 中指定的文件转换任务，而无须人为干预。

在 Navisworks Mange 中完成数据整合、校审后，可以将场景数据发布为第三方数据格式，以便于脱离 Navisworks Mange 环境在其他软件或设备上进行查看。例如，可以将场景模型发布为 3D DWF 格式，可以使用免费的 Autodesk Design Review 查看场景三维模型；也可以发布为更加安全的 NWD 数据格式，使用免费的 Navisworks Freedom 在 PC 端进行浏览和查看；还可以将 NWD 格式的数据传递至 iPad，使用免费的 Autodesk BIM 360 Glue 在 iPad 上浏览和查看三维场景。

13.1 掌握发布和导出不同数据格式的方法

13.1.1 掌握发布的方法

微课
数据的发布

使用 Navisworks 的输出功能将当前场景发布为其他数据格式。Navisworks 支持 NWD、DWF、FBX、Google Earth KML 格式数据的输出。Navisworks 支持的所有输出工具均集中于“输出”选项卡中，如图 13-1 所示。

图 13-1 “输出”选项卡

NWD 数据是 Navisworks 的文档数据格式。当前场景中所有模型、审阅信息、视点、Time Liner 设置等信息均可保存于 NWD 格式的数据中。除直接另存为 NWD 数据格式外，Navisworks 还提供了输出为 NWD 的方式。

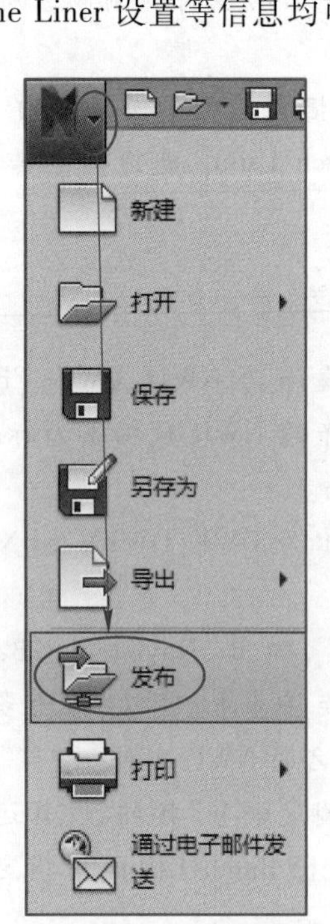

图 13-2 “发布”工具

• 单击“应用程序按钮”中的“发布”（图 13-2），弹出“发布”对话框。

如图 13-3 所示，在“发布”对话框中，可对发布的 NWD 数据添加标题、作者等项目注释信息。并且可以对该发布的 NWD 数据设置密码，使得发布的 NWD 数据更加安全。除使用密码对 NWD 数据进行加密外，还可以设置“过期”日期。当 NWD 数据过期时，即使该 NWD 数据加密，也将无法再打开该 NWD 文件。同时，还可以在发布 NWD 数据时，将当前场景中已设置的材质纹理、链接的数据库进行整合，便于得到完整的工程数据库。

• 按照图 13-3 中的数据进行设置。密码设置为“123”，单击“确定”。

• 在弹出的密码确认面板中，输入“123”，单击“确定”。

完成的文件见“第 13 章\数据发布-完成.nwd”。

打开该文件时，需要输入“123”密码。

图 13-3 “发布”对话框

13.1.2 掌握导出的方法

• 单击“应用程序按钮”中的“导出”(图 13-4)，可以将当前场景导出为 DWF/DWFX、FBX 和 KML 格式。

(1) DWF 格式

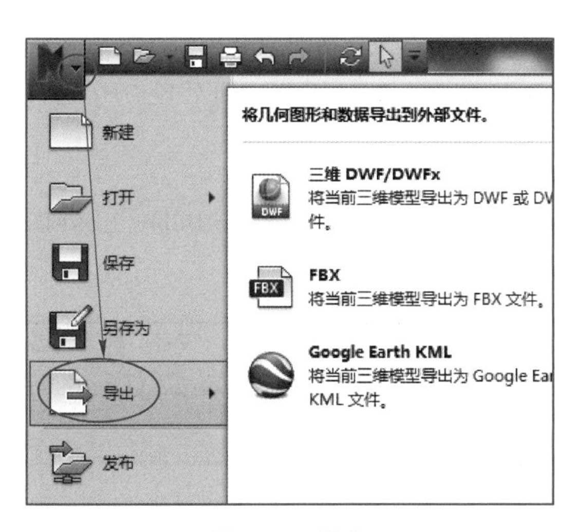

图 13-4 导出

DWF 全称为 Drawing Web Format(Web 图形格式),是由 Autodesk 开发的一种开放、安全的文件格式。它可以将丰富的设计数据高效率地分发给需要查看、评审或打印这些数据的任何人。DWF 文件高度压缩,因此比设计文件更小,传递起来更加快速。Autodesk 提供了免费的 Autodesk Design Review 用于查看和管理 DWF 格式文件。DWFX 格式是 DWF 格式的升级版本,全称为 Drawing Web Format XPS, 以 XML 格式记录 DWF 的全部数据,使之更加适合 Internet 网络集成与应用。

Autodesk 的所有产品包括 Revit 在内,均支持导出为 DWF 数据格式文件。

在 DWF 文件中不仅可以保存二维图档信息,还可以保存三维模型。DWF 文件中仍然保留了 Revit 等 BIM 软件设置的相关信息。例如,在导出 DWF 时,DWF 文件中各对象将保留 Revit 中的图元 lD,而图元 ID 是 BIM 数据中唯一的索引数据,因此通过 Revit 导出的图纸以及同一 Revit 模型导出的 NWC 模型,才能实现在第 12 章中讲到的 Navisworks 自动查找。

由于 DWF 格式文件的定位为在 Web 中进行传递和浏览,其在 Autodesk 360 的云服务中, 可以使用 IE、Chrome 等 Web 浏览器查看三维或二维 DWF 文档。

(2) FBX 格式

FHX 格式是 Autodesk 开发的用于在 Maya、3D Max 等动画软件间进行数据交换的数据格式。目前 Autodesk 公司的多数产品包括 3D Max、Revit、AutoCAD 等均支持该数据格式的导出。在 FBX 文件中,除保存三维模型外,还将保存灯光、摄影机、材质设定等信息,以便于在 3D Max 或 Maya 等动画软件中制作更加复杂的渲染和动画表现。

(3) KML 格式

KML 格式用于将模型发布至 Google Earth 中,在 Google Earth 中显示当前场景与周边已有建筑环境的关系,用于规划、展示等。

13.2 掌握批处理的方法

如果有多个数据需要转换为 NWC 格式或对不同版本的 Navisworks 文件进行版本转换,可以使用 Navisworks 提供的 Batch Utility(批处理工具)进行批量转换。

13.2.1 掌握批处理运行命令

微课
掌握批处理运行命令

• 单击“常用”选项卡“工具”面板中的 Batch Utility 工具(图 13-5),弹出“Navisworks Batch Utility”对话框。

图 13-5 “Batch Utility”工具

• 具体过程如图 13-6 所示。在“Navisworks Batch Utility”对话框中,在“输入”栏

指定到练习文件中“第 13 章\批处理”文件夹,在右侧文件列表中将显示当前文件夹中所有可以进行转换的数据。配合键盘上的 Ctrl 或 Shift 键可以多选需转换的文件,单击“添加文件”按钮即可将文件添加至转换任务中。注意,可以在任务中添加多个不同的文件夹,从而为分布于不同文件夹中的文档进行转换。

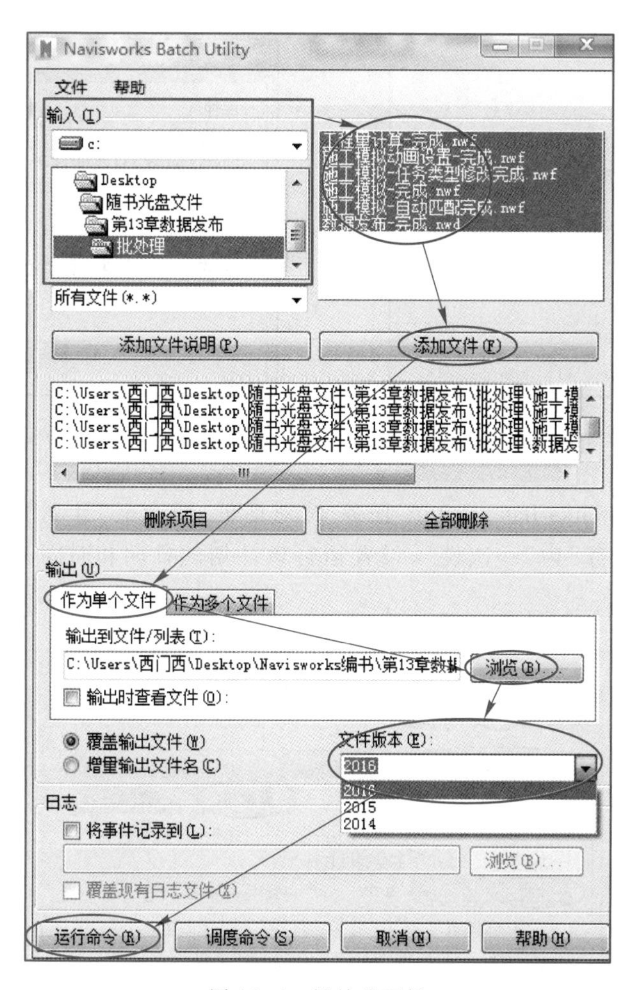

图 13-6 批处理面板

- 在“输出”栏中可以指定“作为单个文件”输出或“作为多个文件”输出。此时,我们选择“作为单个文件”,再单击“浏览”按钮,将弹出“将输出另存为”对话框,输入文件名为“批处理生成单个文件-完成”。当选择“作为多个文件”的方式输出时,将为每个文件生成同名的 NWC 文件。
- 不论何种文档输出方式,都可以指定输出文件的 Navisworks 版本。完成后单击“运行命令”按钮,Navisworks Batch Utility 将自动按指定的格式转换全部指定的文件。

完成的文件见“第 13 章\批处理生成单个文件-完成.nwd”。

13.2.2 掌握批处理调度命令

在 Navisworks Batch Utility 对话框中,还可以通过单击“调度命令”按钮进行批处理。

- 以上设置完成后，单击 Navisworks Batch Utility 对话框下方的“调度命令”，在弹出的“调度任务”对话框中输入文件名称“批处理调度命令-完成”（图 13-7），单击“保存”。
- 弹出“调度任务”对话框，单击“确定”（图 13-8）。

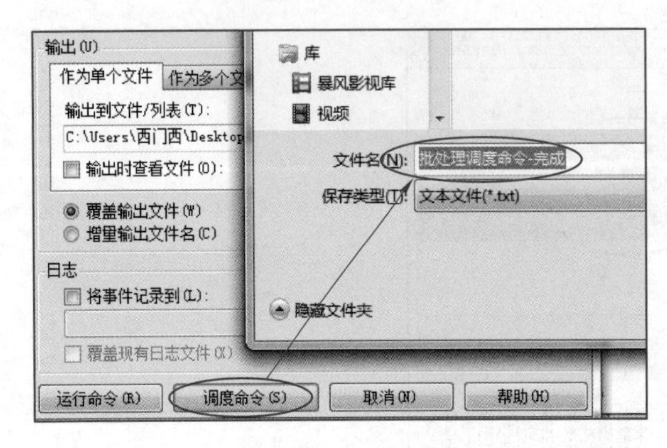

图 13-7 调度命令

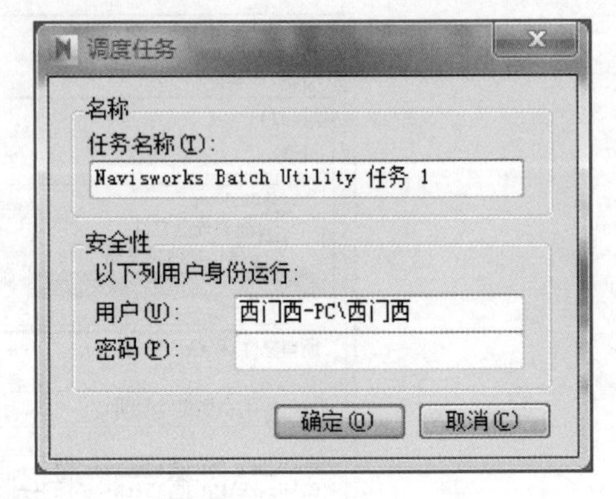

图 13-8 调度任务

微课 掌握批处理调度命令

- 弹出“Navisworks Batch Uitlity 任务 1”对话框，切换至“计划”选项卡，单击“新建”，设置“计划任务”为“一次性”，设置运行该计划的日期和时间，单击“确定”按钮（图 13-9）。

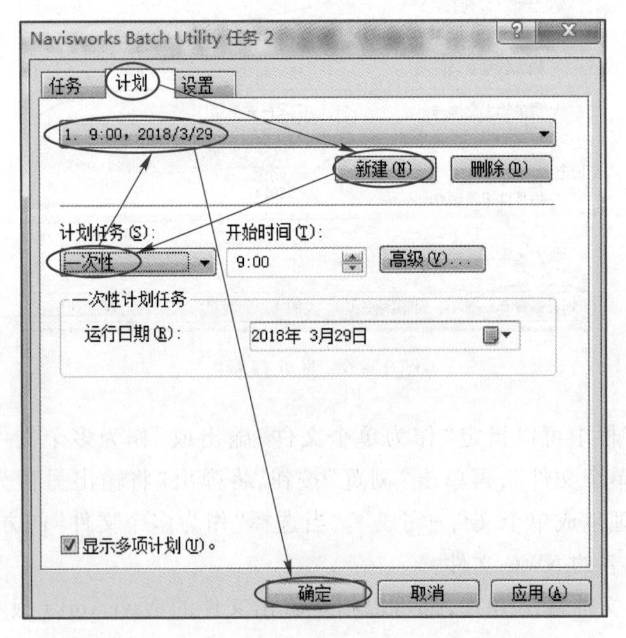

图 13-9 “Navisworks Batch Uitlity 任务 1”对话框

当到达指定时间时，Windows 会自动运行 Batch Utility 中指定的文件转换任务，而无须人为干预。

在实际工作中，Batch Utility 工具非常高效和实用。例如，在需要将同一个项目中所有RVT格式文件转换为NWF格式数据文件时,即可以使用Batch Utility工具进行批量转换。Batch Utility可以设置为无人值守运行,从而利用计算机空余时间完成这些耗时的文件转换工作,节约转换工作时间。

【说明】 可以在iPad上下载免费的BIM 360 Glue,将NWD文件导入,在iPad上进行查看、测量、显示控制等操作。该操作在本教材中不做详细讲解。

参考文献

[1] 刘庆. Autodesk Navisworks 应用宝典[M]. 1 版. 北京:中国建筑工业出版社,2015.

[2] 王君峰. Autodesk Navisworks 实战应用思维课堂[M]. 1 版. 北京:机械工业出版社,2015.

读者意见反馈

为收集对教材的意见建议,进一步完善教材编写并做好服务工作,读者可将对本教材的意见建议通过如下渠道反馈至我社。

咨询电话　400-810-0598

反馈邮箱　gjdzfwb@pub.hep.cn

通信地址　北京市朝阳区惠新东街4号富盛大厦1座

高等教育出版社总编辑办公室

邮政编码　100029